普通高等教育教材

服装结构

设计基础

陈晓芬 编著

Fundamentals
of Garment Structure
Design

·北 京·

内容简介

本书系统介绍了服装结构设计的基础理论与实践方法。以服装结构设计的基本原理和方法为主线，系统讲述了服装结构设计的基础知识、人体尺寸测量与号型规格、服装结构设计原理与方法、各类服装的结构设计实例等内容。围绕服装结构设计的基本原理与方法，依次介绍了裙子、上衣、领子、袖子等常见结构设计方法，并通过大量实例演示，引导读者逐步掌握各类服装款式的结构设计要点与技巧。

本书可以作为服装与服饰设计专业、服装设计与工程专业的教材，也可以作为服装设计行业从业人员的参考书，还可以作为服装设计初学者的入门读物。

图书在版编目（CIP）数据

服装结构设计基础 / 陈晓芬编著. -- 北京 : 化学工业出版社, 2025. 4. --(普通高等教育教材).
ISBN 978-7-122-47824-5

Ⅰ. TS941. 2

中国国家版本馆 CIP 数据核字第 2025FR1519 号

责任编辑：贾　娜　　　　装帧设计：史利平
责任校对：李雨晴

出版发行：化学工业出版社
（北京市东城区青年湖南街 13 号　邮政编码 100011）
印　　装：北京云浩印刷有限责任公司
787mm×1092mm　1/16　印张 12½　字数 270 千字
2025 年 4 月北京第 1 版第 1 次印刷

购书咨询：010-64518888　　　售后服务：010-64518899
网　　址：http://www.cip.com.cn
凡购买本书，如有缺损质量问题，本社销售中心负责调换。

定　　价：49.00 元

前言

在全球时尚产业持续繁荣的当下，服装行业已成为集创意、科技与商业于一体的综合性领域。从巴黎、米兰、纽约等国际时尚之都引领的潮流趋势，到新兴市场本土品牌的崛起，服装行业正经历着前所未有的变革与发展。随着消费者对服装品质、款式及个性化需求的不断提升，服装企业对专业人才的要求也日益严苛，不仅需要其具备敏锐的时尚洞察力和创新设计能力，更要掌握扎实的服装结构设计技能。

服装结构设计作为服装从创意构思到成品实现的关键环节，犹如建筑设计之于房屋建造，是决定服装造型、合体性与功能性的核心要素。作为服装与服饰设计专业、服装设计与工程专业的核心课程，服装结构设计是连接服装造型设计与工艺制作的桥梁。

笔者长期从事服装结构设计教学与科研工作，结合自身教学经验，参考国内外最新研究成果，编写了这本《服装结构设计基础》，旨在为服装专业学生和从业人员提供一本系统、实用、紧跟时代发展的参考书。

本书在内容编排上，遵循由浅入深、循序渐进的原则，系统介绍了服装结构设计的基础理论与实践方法。开篇剖析了服装结构设计的定位及意义，以服装结构设计的基本原理和方法为主线，系统讲述了服装结构设计的基础知识、人体测量与号型规格、服装结构设计原理与方法、各类服装的结构设计实例等内容。随后，围绕服装结构设计的基本原理与方法，依次介绍了裙子、上衣、领子、袖子等常见结构设计方法，并通过大量实例演示，引导读者逐步掌握各类服装款式（如上衣、裙子等）的结构设计要点与技巧。此外，本书还探讨了服装结构设计中的变化与创新，介绍了服装结构的创意设计手法以及数字化技术在服装结构设计中的应用，拓宽读者的设计视野与思维方式。

本书具有以下特点。

1. 理论与实践紧密结合。为避免理论知识的枯燥讲解，本书设置了丰富的案例分析与实践操作环节，通过详细的步骤演示与案例解析，帮助读者将抽象的理论知识转化为实际的设计能力，真正做到学以致用。

2. 案例丰富实用。本书结合大量实际案例，图文并茂地讲解了各类服装的结构设计方法，并附有详细的制图步骤和说明，便于读者学习和参考。

3. 内容与时俱进。在快速发展的服装行业背景下，本书紧跟时代步伐，及时将新兴的设计理念、技术手段以及市场趋势融入教材中，使读者能够掌握新的行业动态与发展方向。

4. 内容系统全面。本书内容从基础知识到实践应用，涵盖了服装结构设计的各个方面，逻辑清晰，便于读者理解和掌握。

本书适用对象如下。

1. 对服装设计充满热情、怀揣从事服装服饰业梦想的学员。

2. 对服装设计和服装纸样设计感兴趣的学员。

3. 服装设计及服装工程专业的学生。

本书精心挑选了典型的结构设计案例，确保了教学内容既有理论深度，又具备实践的可操作性。本书内容能够深化读者对设计与版型之间关系的理解，培养分析和判断设计作品的能力，提升表现设计作品的技能，帮助读者成长为既精通设计又擅长技术的服装造型师，使他们能够在服装行业中发挥关键作用，实现自己的职业梦想。

授课计划：授课时间为 6 周，每周 8 节，共计 48 课时左右。

第一周：样板与人体、裙子原型结构设计。

第二周：裙子款式变形结构设计与制作。

第三周：女上衣原型结构设计。

第四周：女上衣省道转移结构设计。

第五周：袖子原型结构设计与变形。

第六周：领子结构设计与变形。

本书由浙江科技大学陈晓芬编著。衷心希望《服装结构设计基础》一书能够成为广大服装专业学子开启服装结构设计大门的钥匙，助力他们在服装行业的广阔天地中施展才华；同时，也希望本书能为服装行业从业人员提供有益的参考与借鉴，共同推动我国服装行业向更高水平迈进。

由于编者水平所限，书中难免存在不足之处，恳请广大读者批评指正。

编著者

目录

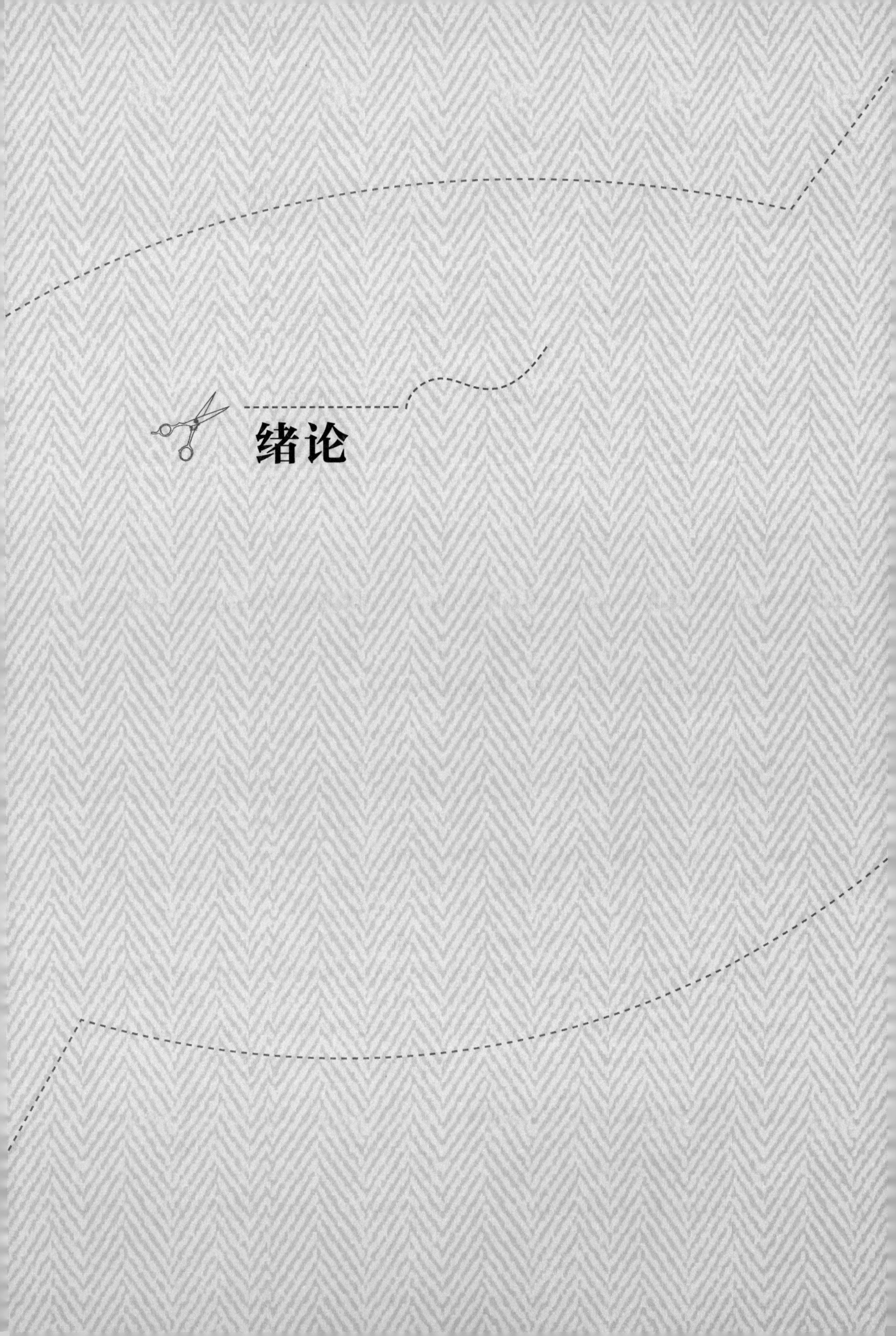

绪论

一、为什么学服装结构设计

服装结构设计是服装产业中的核心学科，它不仅是一门实用性极强的技术，也是整个服装生产过程中的关键环节。这一学科的重要性在于它直接关系到服装的功能性、美观性以及穿着的舒适度，从而决定着整个产业的竞争力和发展水平。

在服装产业中，服装结构设计的作用体现在多个方面。首先，它确保了服装的合理性和实用性，通过对服装结构的精确设计，可以提高服装的穿着舒适度和功能性。其次，服装结构设计也是实现服装创意和美学价值的重要手段，样板师通过巧妙的结构设计，将设计创意转化为可生产、可穿着的服装产品。此外，服装结构设计还涉及材料的选择、成本控制以及生产效率的优化，这些都是提升产业竞争力的关键因素。

在就业市场中，掌握服装结构设计技能的专业人员可以在多个岗位上发挥重要作用。他们可以担任服装设计师，有助于设计拓展空间，有助于将设计创意转化为具体的设计图纸和样板；可以成为样板师，专注于服装样板的制作和修改，确保服装的版型准确无误；还可以在服装生产管理、质量控制以及产品开发等岗位发挥作用，利用他们的专业知识来优化生产流程，提高产品质量。

总之，服装结构设计是连接创意与生产、艺术与技术的重要桥梁，在服装产业中扮演着不可或缺的角色。掌握这一技能的专业人员，不仅能够为服装产业的发展作出贡献，也能在就业市场上拥有广阔的职业发展前景。

二、服装纸样在服装产业中的价值与地位

服装纸样是服装结构设计的呈现形式，是服装生产过程中的关键技术文件，它在服装行业中扮演着举足轻重的角色。纸样不仅是设计师创意的具体化，而且是将艺术构思转化为可操作生产流程的重要媒介。在服装的设计和制作过程中，纸样确保了服装版型的精确性，使得设计师的理念得以完美呈现。精准的纸样对于服装的美观度、舒适度和功能性至关重要，它能够确保服装在穿着时更加贴合人体曲线。

在服装生产线上，标准化的纸样对于提高生产效率和保证产品质量具有重要作用。它指导裁剪师傅如何高效地利用面料，减少浪费，同时确保批量生产中每一件服装的一致性。这种一致性对于品牌形象和市场竞争力至关重要。

随着个性化需求的日益增长，纸样的灵活性和可定制性显得尤为重要。它使得设计师和制作师能够根据不同消费者的体型和偏好调整纸样，以满足个性化的穿着需求，同时达到控制成本的目的。这种个性化的服务不仅提升了消费者的满意度，也为服装品牌在市场上赢得了独特的竞争优势。

三、纸样的核心作用与创新发展

1. 质量保障的关键

精准的纸样能够确保服装生产过程的标准化，减少返工和瑕疵，提高生产效率。其准

确性直接影响服装版型与人体曲线的贴合度，以及设计美感和功能性的展现。

2. 设计创新的推动力

纸样在服装设计创新中扮演着重要角色。设计师通过对纸样的修改和创新，实现服装款式的多样化和个性化。其灵活性为设计师提供了不断尝试新版型和结构的可能，持续推动服装设计的边界扩展。

3. 技术传承的载体

纸样是服装企业技术传承和知识积累的重要载体。一套成熟的纸样体系能够体现企业的技术水平和工艺特色，是企业宝贵的无形资产。通过对纸样的不断优化和完善，企业能够形成核心竞争力，提升品牌价值。

4. 数字化发展趋势

随着计算机辅助设计（CAD）技术的发展，纸样设计和管理变得更加高效和精确。数字化纸样便于存储、传输和跨国界合作，加速了全球服装产业的一体化进程，为行业发展带来新的机遇。

四、平面裁剪与立体裁剪的区别

1. 平面裁剪

通过平面制图在纸张或布料上进行裁剪的方法也称为平面裁剪（图 0-0-1）。通过使用预先设计好的样板或模板，按照人体尺寸和比例进行裁剪。这种方法通常用于大批量生产，因为它可以快速复制相同的设计。平面裁剪依赖于精确的测量和计算，以确保服装的合适度。它需要进行一些尺寸调整，以适应不同体型的人。

2. 立体裁剪

立体裁剪也称为立体制图或直接裁剪，是一种在模特或人体模型上直接进行裁剪的方法。这种方法允许设计师直观地看到服装在三维空间中的效果，并进行即时调整。立体裁剪通常用于定制服装或高级时装，因为它可以更好地适应个体的体型和动作。它更加灵活，可以创造出更加合体和有创意的设计。立体裁剪可能需要更多的时间和技能，但它可以提供更精确的服装贴合度。

总的来说，平面裁剪更适合标准化和批量生产，而立体裁剪则更适合个性化和定制化的服装制作。打版师会根据项目的需求、预算和时间来选择最合适的裁剪方法。立体裁剪和平面裁剪都是以人体结构为基础来进行样板的展开、设计的。平面制版的方法会有很多种，原型的制版方式也因企业、市场、版型设计师的风格不同而不同。平面裁剪和立体裁剪是服装制作中两种不同的裁剪技术，它们各有特点和适用场景。

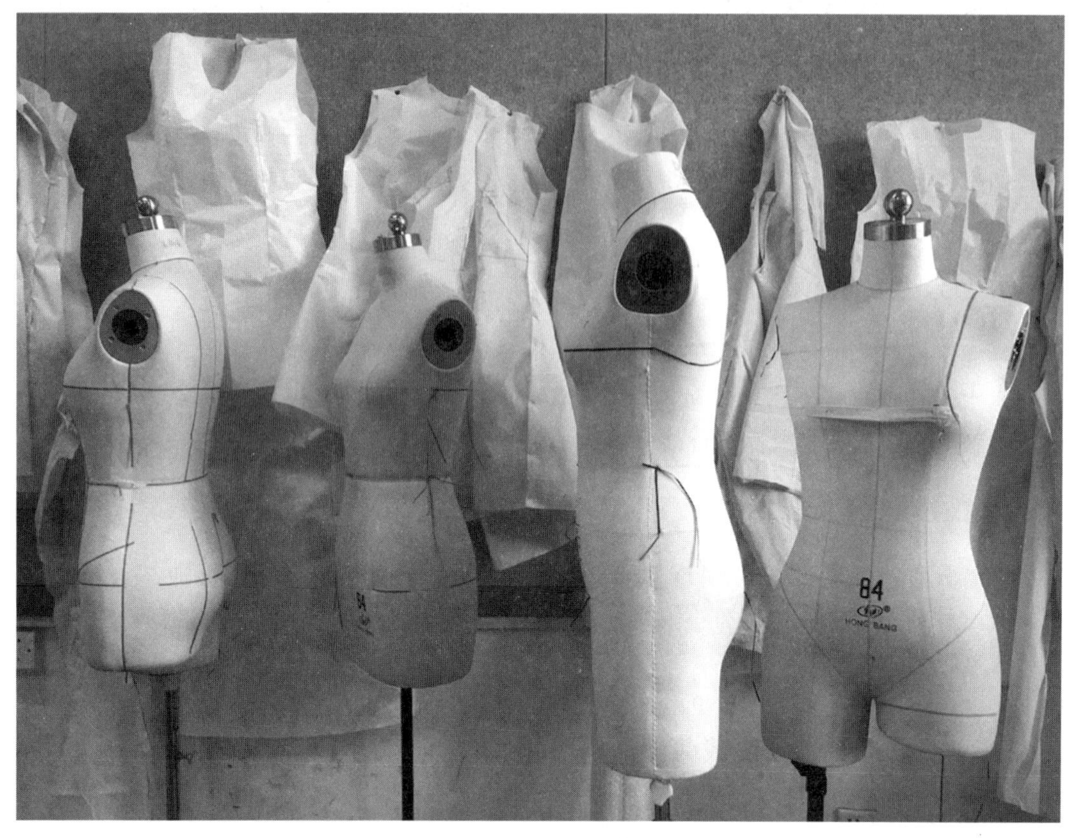

图 0-0-1　平面裁剪

五、如何才能成为一名成功的纸样师

纸样是现代服装工业的专用术语，含有“样板”“版型”等意思，既是服装工业标准化的必要手段，更是服装设计进入实质性阶段的标志和工艺参数化的依据。同时，它也是达到服装设计者设计意图的积累和媒介，以及从设计思维、想象到服装造型的重要技术条件。作为一名成功的纸样师，首先要有精湛的技术，这是根本；其次要有敏锐的判断力、时尚的品位，以及对当前流行趋势的了解把握，并付诸实践工作之中。

1. 纸样制作流程

（1）风格与需求分析。首先，确立服装的风格、宽松度以及目标顾客群体的需求。这一步骤至关重要，所有后续操作都将基于此进行。

（2）基型选择。根据初步确定的风格和顾客体型，选择合适的基础纸样。例如，若设计为裙装，则需制作裙装基础纸样；若为上衣，则制作上衣基础纸样。

（3）底图设计。分析新款式的具体要求和特征，并根据这些要求在基础纸样上进行调整。调整方法包括几何作图法、剪切法等，直至满足新款式的需求。

（4）纸样复制与设计。在底图上复制出纸样，并在此基础上进行结构设计的变化。

（5）纸样审核。制作完成后，必须对纸样的准确性和完整性进行检查，确保无误。

2. 影响纸样成品造型的关键因素

（1）服装结构。规格设计是否合理至关重要。不同部位需有不同的规格设计，同时需根据人体活动频率和幅度进行适当调整，避免仅以静态服装规格作为衡量标准。

（2）服装面料。面料厚度、弹力及大小、垂直性等因素都会对纸样成品造型产生影响。

（3）服装工艺。不同部位需采用不同的缝制方法、线迹、线粗细等。对于弹力服装，还需注意缝纫时手对服装的拉力，以确保成品的质量和造型。

第一章

人体尺寸测量及纸样

第一节 人体测量

在人体测量中，胸围、腰围、臀围、背长、腰节长、臂长、腰围高（下身长）是几个关键部位数据，如图 1-1-1 所示，以这几个数据作为基础按照一定的比例关系进行拓展。数据测量越多，所制作的样板越符合对象人体。当然，不同的服装品类，例如上衣、裙子、裤子等，所需要测量的关键部位也是不同的。

一、人体测量关键部位名称

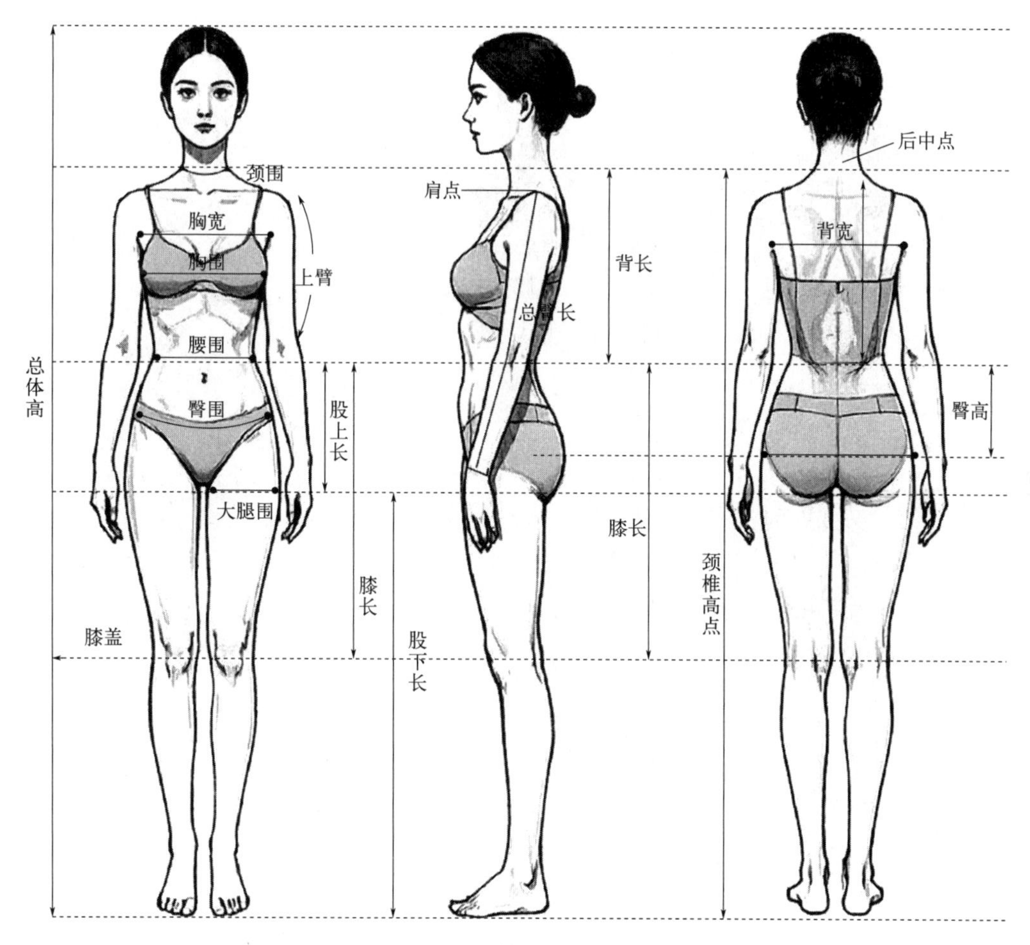

图 1-1-1　人体关键部位名称

二、测量方法

进行人体测量时，通常需要被测者穿着紧身内衣，保持自然站立或放松的姿势，以确保测量的准确性。测量工具可以是软尺，它能够贴合身体曲线，提供准确的读数。在实际的服装设计和制作过程中，打版师还会根据服装的款式和功能，对这些基本测量数据进行适当的调整。

总之，服装服饰的人体测量是为了确保服装的合体性和舒适性，主要测量的人体部位和尺寸通常包括以下几个。

（1）身高（Height/Stature）：测量从头顶到脚底的垂直距离。标准中间体，身高为160cm。

（2）胸围（Bust Girth）：在胸部最丰满处，水平测量一圈，如图1-1-2所示。注意：后背因为肩胛骨凸起，软尺容易向下滑落，一定要用手抚平，以免造成尺寸差错，如图1-1-3所示。按目前的人体尺寸标准，160cm身高，胸围大约为84cm。

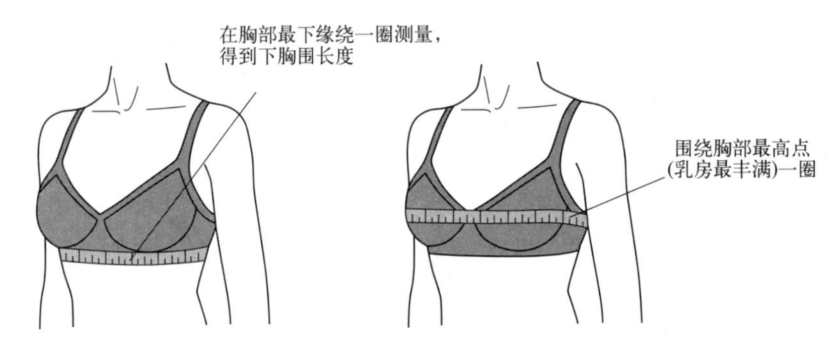

图1-1-2 胸围测量具体部位

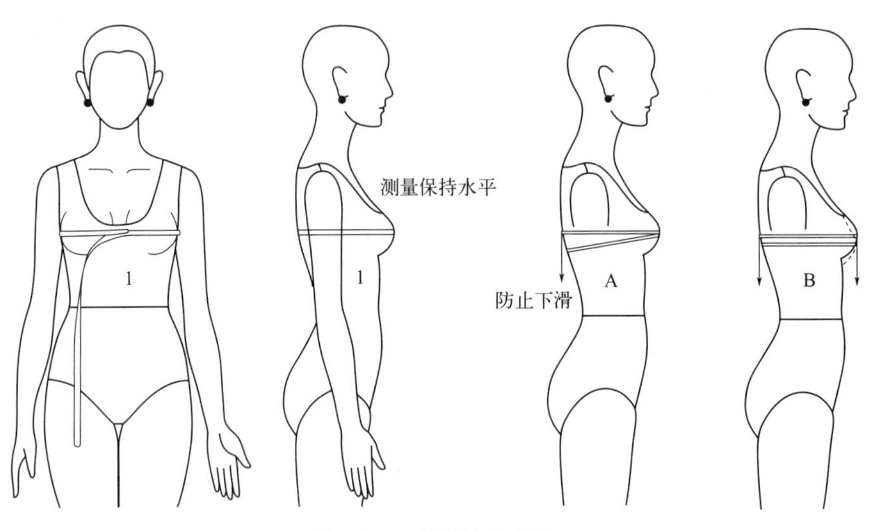

图1-1-3 胸部测量方法

（3）胸宽（Bust Width）：从前胸左腋窝点水平量至右腋窝点间的距离，测量部位如图1-1-1所示。160cm身高，胸宽大约为34cm，如图1-1-4中的尺寸标注所示。

（4）乳间距（Bust Point to Bust Point）：从左乳头点水平量至右乳头点间的距离。160cm身高，乳间距大约为18cm。

（5）背宽（Back Width）：在背部从左后腋窝点沿体表量至右后腋窝点的体表实长。160cm 身高，背宽一般为 35cm，如图 1-1-4 中的尺寸标注所示。

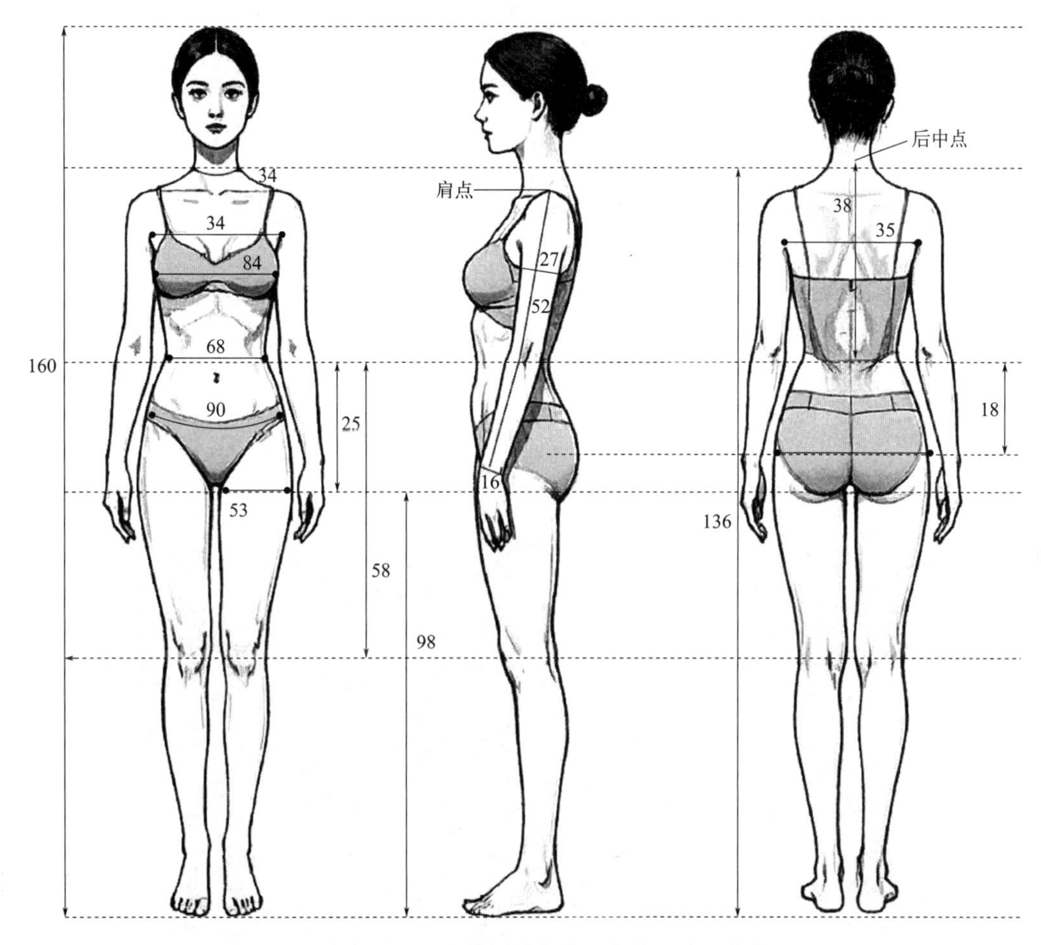

图 1-1-4 身高 160cm 人体测量部位及规格尺寸（单位：cm）

（6）背长（Nape to Waist）：从后中点垂直向下量至腰围中点的长度。如图 1-1-4 所示，160cm 身高，背长大约为 38cm。

（7）腰围（Waist Girth）：经过腰部最细处水平围量一周的长度。160cm 身高，标准的腰围为 66～70cm。

（8）臀围（Hip Girth）：在臀部最宽处，即在臀部最丰满处水平围量一周的长度。如图 1-1-4 所示，160cm 身高，臀围大约为 90cm。

（9）腕围（Wrist Girth）：经过腕关节茎突点围量一周的长度。如图 1-1-4 所示，160cm 身高，腕围约 16cm。

（10）大腿根围（Thigh Size）：在大腿根部水平围量一周的长度。如图 1-1-4 所示，身高 160cm，大腿根围为 53cm。

（11）颈围（Neck Girth）：通过喉结，在颈部围量一周的长度，如图 1-1-5 所示。

（12）后颈点（Back Neck Point）：在人体后中心线上的第七节颈椎的突起处，低头

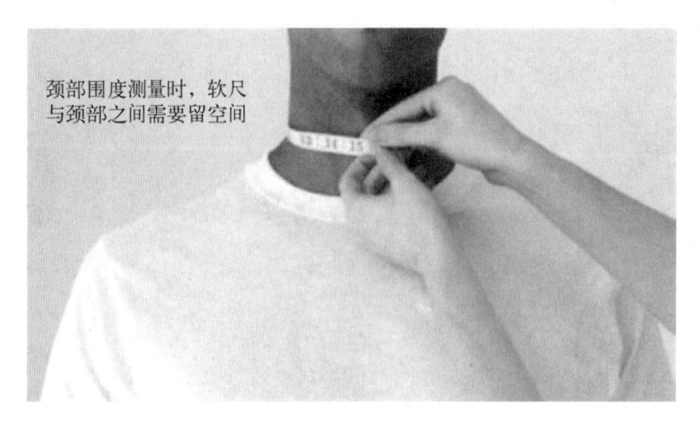

图 1-1-5 颈部围度测量

时可以明显触摸到，这是测量衣长、背长等的基准点。

(13) 肩宽（Shoulder Width）：从左肩端点通过颈后中点量至右肩端点的距离。具体测量方式如图 1-1-6 所示。160cm 身高，肩宽大约为 38cm。

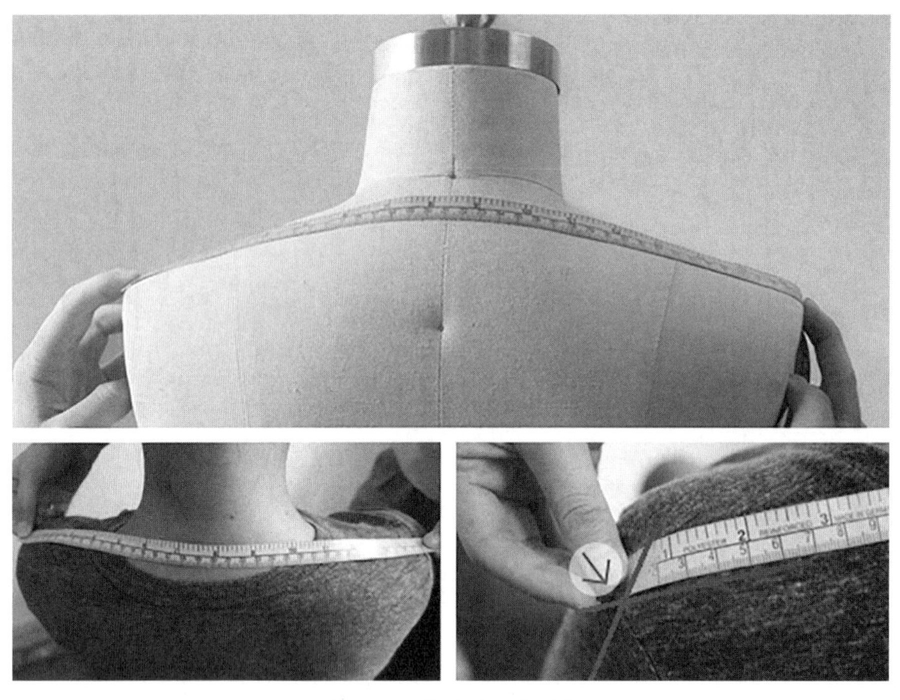

图 1-1-6 肩膀的宽度测量

(14) 小肩宽（Shoulder Width）：肩端点量至肩颈点的距离，如图 1-1-7 所示。

(15) 袖长（Sleeve Length）：从肩关节（或肩点）到手腕或袖口的距离。具体测量方式如图 1-1-8 所示。

(16) 上臂长（Upper Arm Length）：从肩端点向下量至肘点的距离。

(17) 上臂围（Upper Arm Girth）：在上臂最粗处，水平测量一圈。

(18) 前身长（Front Body Length）：从颈侧点开始，经过胸部最高点，量至腰围处。

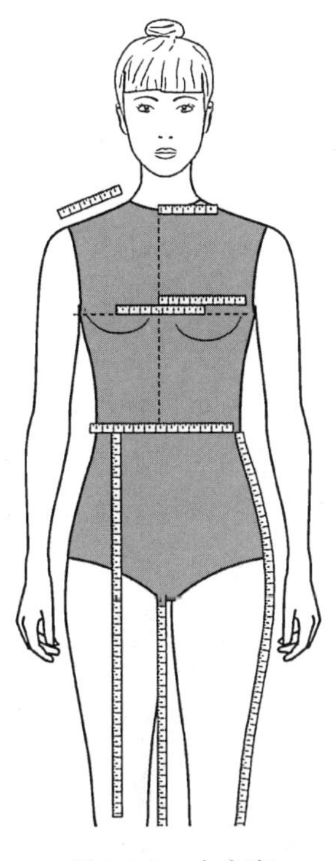

图 1-1-7　小肩宽

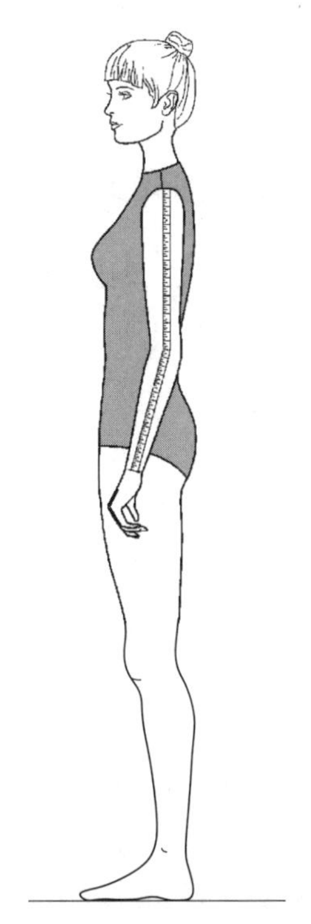
图 1-1-8　袖长

(19) 后身长 (Back Body Length)：从颈后中心点垂直测量到臀线。

(20) 前腰长 (Front Waist Length)：由前肩线中点通过胸高点量至腰围线的长度。

(21) 裤长 (Inseam Length)：从胯骨垂直测量到裤脚或脚踝。

(22) 大腿围 (Thigh Girth)：在大腿最粗处，水平测量一圈。

(23) 小腿围 (Calf Girth)：在小腿最粗处，水平测量一圈。

(24) 足长 (Foot Length)：从脚跟到最长脚趾的直线距离。

(25) 足宽 (Foot Width)：测量脚的前部最宽处。

通过对人体各部位的围度和长度进行细致测量，可以归纳出服装结构设计的两大基本原则。首先，服装的基本测量点主要基于人体的“关节点”和显著的“凹凸部位”。例如，胸围、腰围、臀围的测量基准点分别是乳点、腰节和大转子点，长度测量同样遵循这一原则。其次，这些测量部位通过科学的空间定位，共同构建了服装的基础结构框架，从而确立了人体与服装结构之间的映射关系：人体的关节点和体表特征点⟶人体测量数据⟶服装基础结构线这一完整的逻辑链条。

那么，服装的基本结构是如何体现的呢？只需将人体测量的关键尺寸在人体模型上清晰标注，如胸围线、腰围线、臀围线、颈根围线、前身长延长线、后身长延长线、前后中线以及左右侧体分界线，服装的基本结构便一目了然。打版师通过熟练掌握这些基本结构线，并运用创造性的设计思维，不仅能够丰富服装结构的表现力，提升服装的艺术美感，还能深化对服装纸样设计构思过程的理解。从这一过程中可以看出，服装的人体测量并非最终目的，它仅为纸样设计提供必要的功能性和合理性数据。其真正目的是实现理想化的版型设计，为成衣制造提供可靠的款式、工艺和技术结构造型的支持。

三、袖窿深线与胸围线关系

袖窿深（Armscye Depth）线按照胸围来计算，公式为 $B/6+7.5$（cm）（B 为胸围）。袖窿深线与胸围线是服装设计中的两个重要概念，互为平行线，它们在服装结构设计中扮演着不同的角色。

在服装制版领域，袖窿深线指的是从肩端点向下量取的深度，这个深度直接影响服装的穿着舒适度和手臂的活动范围。袖窿深的确定对于服装是否方便穿着、手臂活动是否自如以及在手臂抬起时是否有牵扯感至关重要。袖窿深的具体数值会根据服装款式和人体尺寸的不同而有所变化，但通常有一个基本的计算方法，如“$B/6+7.5$（cm）”“$B/8+10.5$（cm）”或“$2B/10+2.2$（cm）”等。其中，在原型上衣制图中，BL（袖窿深）$=B/6+7.5$（cm）。根据不同的服装类型，这个基本公式会有所调整，例如紧身类、无袖类、针织类服装的袖窿深可能是 $2B/10$（cm），而宽松类服装的袖窿深可能是 $2B/10+2+x$，其中，x 的值根据服装的宽松程度在 6～8cm 之间变化。简而言之，袖窿深线是服装制版中确保服装合身和舒适的一个关键测量线。

胸围线则是指通过人体胸部最丰满处，即乳头位置的水平线。在服装设计中，胸围线是确定服装胸部尺寸和形状的关键参考线，它影响着服装的胸围大小和整体的合身度。虽然是看似不怎么关联的两个部位，但袖窿深线更多地关联到袖子的设计和活动自由度，而胸围线则关系到服装胸部的贴合度和外观造型，并且袖窿深度依托于胸围的大小，两者在服装设计中相辅相成，共同决定了服装的功能性和美观性。

四、服装制图主要部位英文缩略名称

女装制图主要部位英文名称及代号如表 1-1-1 所示。

表 1-1-1　制图主要部位英文名称及代号

序号	代号	中文名称	英文名称
1	L	长度	Length
2	H	臀围	Hip Girth
3	W	腰围	Waist Girth
4	B	胸围	Bust Girth
5	N	颈围	Neck Girth
6	S	肩宽	Shoulder Width
7	SL	袖长	Sleeve Length
8	BP	胸高点	Bust Point

续表

序号	代号	中文名称	英文名称
9	NP	颈肩点	Neck Point
10	AH	袖窿弧长	Arm Hole
11	BC	袖肥	Biceps Circumference
12	AHL	袖窿深	Armscye Depth
13	AT	袖山	Arm Top
14	FCL	前中心线	Front Center Line
15	BCL	后中心线	Back Center Line
16	BL	胸围线	Bust Line
17	WL	腰围线	Waist Line
18	HL	臀围线	Hip Line
19	EL	肘线	Elbow Line
20	KL	膝围线	Knee Line
21	NL	颈围线	Neck Line
22	CW	袖口	Cuff Width
23	SL	袖长	Sleeve Length
24	IL	股下长	Inside Length
25	FR	前上裆	Front Rise
26	BR	后上裆	Back Rise
27	SC	领座	Stand Collar
28	FWL	前腰长	Front Waist length
29	BWL	后腰长	Back Waist Length
30	SB	脚口	Sweep Bottom

五、人体规格尺寸

国家标准服装尺寸表是指根据国家相关标准制定的服装尺寸规范，旨在为消费者提供准确的尺码参考，帮助消费者选购合适的服装。服装尺码的准确性直接影响到穿着舒适度和美观度，因此对于服装生产厂家和消费者来说，了解并遵循国家标准服装尺寸是非常重要的。

国家标准服装尺寸表主要包括上衣、裤子、裙子等各种服装的尺码规范。在选择服装时，消费者可以根据自己的身高、体重、胸围、腰围等具体尺寸，参照国家标准服装尺寸表，选择合适的尺码。而对于服装生产厂家来说，制定服装尺码时也需要严格遵循国家标准，以确保产品质量和消费者体验。国家标准服装尺寸表的制定是经过严格的测量和统计分析得出的，具有权威性和科学性。

号型系列：“号”指人体的身高，以厘米（cm）为单位，是设计和选购服装长短的依据；“型”指人体的胸围和腰围，是设计和选购服装肥瘦的依据。体型分类：以人体的胸围与腰围的差数为依据来划分体型，并将体型分为四类，分别为 Y（健美）、A（正常）、B（偏胖）、C（肥胖）。

号型标志：号型的表示方法为号与型之间用斜线分开，后接体型分类代号。例如：上装 160/84A，其中，160cm 为身高尺寸，代表号，84cm 为胸围尺寸，代表型，A 代表体型分类；下装 160/68A，其中，160cm 为身高尺寸，代表号，68cm 为腰围，代表型，A 代表体型分类。体型分类代号见表 1-1-2。

表 1-1-2　体型分类代号　　单位：cm

体型分类代号	Y(健美)	A(标准)	B(稍胖)	C(肥胖)
男体胸腰围之差值	22～17	16～12	11～7	6～2
女体胸腰围之差值	24～19	18～14	13～9	8～4

国家标准《服装号型 女子（GB/T 1335.2—2008）》规定了女子服装的号型定义、号型标志、号型应用和号型系列。本标准适用于成批生产的女子服装。按人体体型规律设置分档号型系列的标准。依据这一标准设计、生产的服装称号型服装，标识方法是：号/型。号表示人体总高度，型表示净体胸围或腰围，均取厘米数。服装号型系列为服装设计提供了科学依据，有利于成衣的生产和销售。我国于 1982 年 1 月正式实施服装号型系列。

规格以号型系列表示。号型系列各数值均以中间体型为中心向两边依次递增或递减。身高系列以 5cm 分档，共分 7 档，即 145cm、155cm、160cm、165cm、170cm、175cm。胸围和腰围分别以 4cm 和 2cm 分档，组成型系列。由此，身高与胸围、腰围搭配分别组成 5.4 和 5.2 基本号型系列，本标准推出四个系列规格，见表 1-1-3～表 1-1-6，各系列规格对应的控制部位数值见表 1-1-7～表 1-1-10。表 1-1-11 给出了 160/84A 女装标准人体各部位参考尺寸。

表 1-1-3　5.4Y 号型系列/5.2Y 号型系列　　单位：cm

身高	145		150		155		160		165		170		175	
胸围	腰围													
72	50	52	50	52	50	52	50	52						
76	54	56	54	56	54	56	54	56	54	56				
80	58	60	58	60	58	60	58	60	58	60	58	60		
84	62	64	62	64	62	64	62	64	62	64	62	64		
88	66	68	66	68	66	68	66	68	66	68	66	68	66	68
92			70	72	70	72	70	72	70	72	70	72	70	72
96			74	76	74	76	74	76	74	76	74	76	74	76

表 1-1-4 5. 4A 号型系列/5. 2A 号型系列 单位：cm

身高	145			150			155			160			165			170			175		
胸围	腰围																				
72				54	56	58	54	56	58	54	56	58									
76	58	60	62	58	60	62	58	60	62	58	60	62	58	60	62						
80	62	64	66	62	64	66	62	64	66	62	64	66	62	64	66	62	64	66			
84	66	68	70	66	68	70	66	68	70	66	68	70	66	68	70	66	68	70	66	68	70
88	70	72	74	70	72	74	70	72	74	70	72	74	70	72	74	70	72	74	70	72	74
92				74	76	80	74	76	80	74	76	80	74	76	80	74	76	80	74	76	80
96							78	80	82	78	80	82	78	80	82	78	80	82	78	80	82

表 1-1-5 5. 4B 号型系列/5. 2B 号型系列 单位：cm

身高	145		150		155		160		165		170		175	
胸围	腰围													
68			56	58	56	58	56	58						
72	60	62	60	62	60	62	60	62						
76	64	66	64	66	64	66	64	66	64	66				
80	68	70	68	70	68	70	68	70	68	70	68	70		
84	72	74	72	74	72	74	72	74	72	74	72	74	72	74
88	76	78	76	78	76	78	76	78	76	78	76	78	76	78
92	80	82	80	82	80	82	80	82	80	82	80	82	80	82
96			84	86	84	86	84	86	84	86	84	86	84	86
100					88	90	88	90	88	90	88	90	88	90
104							92	94	92	94	92	94	92	94

表 1-1-6 5. 4C 号型系列/5. 2C 号型系列 单位：cm

身高	145		150		155		160		165		170		175	
胸围	腰围													
68	60	62	60	62	60	62								
72	64	66	64	66	64	66	64	66						
76	68	70	68	70	68	70	68	70						
80	72	74	72	74	72	74	72	74	72	74				
84	76	78	76	78	76	78	76	78	76	78	76	78		
88	80	82	80	82	80	82	80	82	80	82	80	82	80	82
92	84	86	84	86	84	86	84	86	84	86	84	86	84	86
96			88	90	88	90	88	90	88	90	88	90	88	90
100			92	94	92	94	92	94	92	94	92	94	92	94
104					96	98	96	98	96	98	96	98	96	98
108							100	102	100	102	100	102	100	102

表 1-1-7　5.4/5.2Y 号型系列控制部位数值　　单位：cm

	Y													
部位	数值													
身高	145		150		155		160		165		170		175	
颈脊椎高	124		128		132		136		140		144		148	
坐姿颈脊椎高	56.5		58.5		60.5		62.5		64.5		66.6		68.5	
全臂长	46		47.5		49		50.5		52		53.5		55	
腰围高	89		92		95		98		101		104		107	
胸围	72		76		80		84		88		92		96	
颈围	31		31.8		32.6		33.4		34.2		35		35.8	
总肩宽	37		38		39		40		41		42		43	
腰围	50	52	54	56	58	60	62	64	66	68	70	72	74	76
臀围	77.4	79.2	81	82.8	84.6	86.4	88.2	90	91.8	93.6	95.4	97.2	99	100.8

表 1-1-8　5.4/5.2A 号型系列控制部位数值　　单位：cm

	A																				
部位	数值																				
身高	145			150			155			160			165			170			175		
颈脊椎高	124			128			132			136			140			144			148		
坐姿颈脊椎高	56.5			58.5			60.5			62.5			64.5			66.6			68.5		
全臂长	46			47.5			49			50.5			52			53.5			55		
腰围高	89			92			95			98			101			104			107		
胸围	72			76			80			84			88			92			96		
颈围	31			31.8			32.6			33.6			34.2			35			35.8		
总肩宽	37			38			39			40			41			42			43		
腰围	54	56	58	58	60	62	62	64	66	66	68	70	70	72	74	74	76	78	78	80	82
臀围	77.4	79.2	81	81	82.8	84.6	84.6	86.4	88.2	88.2	90	91.8	91.8	93.6	95.4	95.4	97.2	99	99	100.8	102.6

表 1-1-9　5.4/5.2B 号型系列控制部位数值　　单位：cm

	B																			
部位	数值																			
身高	145			150			155			160			165			170			175	
颈脊椎高	124.5			128.5			132.5			136.5			140.5			144.5			148.5	
坐姿颈脊椎高	57			59			61			63			65			67			69	
全臂长	46			47.5			49			50.5			52			53.5			55	
腰围高	89			92			95			98			101			104			107	
胸围	68		72		76		80		84		88		92		96		100		104	
颈围	30.6		31.4		32.2		33		33.8		34.6		35.4		36.2		37		37.8	
总肩宽	34.8		35.8		36.8		37.8		38.8		39.8		40.8		41.8		42.8		43.8	
腰围	56	58	60	62	64	66	68	70	72	74	76	78	80	82	84	86	88	90	92	94
臀围	78.4	80	81.6	83.2	84.8	86.4	88	89.6	91.2	92.8	94.4	96	97.6	99.2	100.8	102.4	104	105.6	107.2	108.8

表 1-1-10　5.4/5.2C 号型系列控制部位数值　　单位：cm

<table>
<tr><td colspan="23">C</td></tr>
<tr><td>部位</td><td colspan="22">数值</td></tr>
<tr><td>身高</td><td colspan="3">145</td><td colspan="3">150</td><td colspan="3">155</td><td colspan="3">160</td><td colspan="3">165</td><td colspan="3">170</td><td colspan="4">175</td></tr>
<tr><td>颈脊椎高</td><td colspan="3">124.5</td><td colspan="3">128.5</td><td colspan="3">132.5</td><td colspan="3">136.5</td><td colspan="3">140.5</td><td colspan="3">144.5</td><td colspan="4">148.5</td></tr>
<tr><td>坐姿颈脊椎高</td><td colspan="3">56.5</td><td colspan="3">58.5</td><td colspan="3">60.5</td><td colspan="3">62.5</td><td colspan="3">64.5</td><td colspan="3">66.5</td><td colspan="4">68.5</td></tr>
<tr><td>全臂长</td><td colspan="3">46</td><td colspan="3">47.5</td><td colspan="3">49</td><td colspan="3">50.5</td><td colspan="3">52</td><td colspan="3">53.5</td><td colspan="4">55</td></tr>
<tr><td>腰围高</td><td colspan="3">89</td><td colspan="3">92</td><td colspan="3">95</td><td colspan="3">98</td><td colspan="3">101</td><td colspan="3">104</td><td colspan="4">107</td></tr>
<tr><td>胸围</td><td colspan="2">68</td><td colspan="2">72</td><td colspan="2">76</td><td colspan="2">80</td><td colspan="2">84</td><td colspan="2">88</td><td colspan="2">92</td><td colspan="2">96</td><td colspan="2">100</td><td colspan="2">104</td><td colspan="2">108</td></tr>
<tr><td>颈围</td><td colspan="2">30.8</td><td colspan="2">31.6</td><td colspan="2">32.4</td><td colspan="2">33.2</td><td colspan="2">34</td><td colspan="2">34.8</td><td colspan="2">35.6</td><td colspan="2">36.4</td><td colspan="2">37.2</td><td colspan="2">38</td><td colspan="2">38.8</td></tr>
<tr><td>总肩宽</td><td colspan="2">34.2</td><td colspan="2">35.2</td><td colspan="2">36.2</td><td colspan="2">37.2</td><td colspan="2">38.2</td><td colspan="2">39.2</td><td colspan="2">40.2</td><td colspan="2">41.2</td><td colspan="2">42.2</td><td colspan="2">43.2</td><td colspan="2">44.2</td></tr>
<tr><td>腰围</td><td>60</td><td>62</td><td>64</td><td>66</td><td>68</td><td>70</td><td>72</td><td>74</td><td>76</td><td>78</td><td>80</td><td>82</td><td>84</td><td>86</td><td>88</td><td>90</td><td>92</td><td>94</td><td>96</td><td>94</td><td>100</td><td>102</td></tr>
<tr><td>臀围</td><td>78.4</td><td>80</td><td>81.6</td><td>83.2</td><td>84.8</td><td>86.4</td><td>88</td><td>89.6</td><td>91.2</td><td>92.8</td><td>94.4</td><td>96</td><td>97.6</td><td>99.2</td><td>100.8</td><td>102.4</td><td>104</td><td>105.6</td><td>107.2</td><td>108.8</td><td>110.4</td><td>112</td></tr>
</table>

表 1-1-11　160/84A 女装标准人体各部位参考尺寸　　单位：cm

	序号	部位	标准数据	序号	部位	标准数据
长度	1	身高	160	10	腰高	98
	2	总长	136	11	腰长	18
	3	背长	38	12	膝长	58
	4	后腰长	40.5	13	上裆长	25
	5	前腰长	41.5	14	前后上裆长	68
	6	胸位	25	15	下裆长	73
	7	肘长	28.5	16	裤长	98
	8	袖长	52	17	衣长	65
	9	连肩袖长	64			
围度	1	胸围	84	10	臂根围	37
	2	乳下围	72	11	臂围	27
	3	腰围	68	12	肘围	28
	4	腹围	85	13	腕围	16
	5	臀围	90	14	掌围	20
	6	腋下围	78	15	大腿根围	53
	7	头围	36	16	膝围	33
	8	颈根围	38.5	17	踝围	21
	9	颈围	34	18	足围	30
宽度	1	肩宽	38	3	背宽	35
	2	胸宽	34	4	胸距	18

根据大量实测的人体数据，通过计算求出均值，即为中间体。它反映了各类体型的身高、胸围、腰围等部位的平均水平。成年女子各类体型中间体设置见表 1-1-12。

表 1-1-12 成年女子各类体型中间体的胸围和腰围 单位：cm

女子体型	Y	A	B	C
身高	160	160	160	160
胸围	84	84	88	88
腰围	64	68	78	82

第二节 服装结构制图工具和材料

一、制版用纸

根据制版的不同过程和用途，制版用纸分为描图纸、白纸、牛皮纸、板纸、卡纸等，如图 1-2-1 所示。

图 1-2-1 制版用纸

描图纸：一种半透明的白纸，用于描图和作纸样展开。

白纸：克重为 40～80g/m^2，用于最初的服装结构纸样制图，同时在白纸上作标记更为清晰。

牛皮纸：呈黄色，重量与用途同白纸。牛皮纸虽然颜色要暗一些，但强度大于白纸。

板纸：克重为 200～300g/m^2，单面压光，用于制作工业用裁剪（排版）样板。

卡纸：克重为 400～600g/m^2，双面压光，用于制作需反复使用的缝制工艺样板。

二、制版工具

在制作纸样时，除使用桌子、书桌、地板或裁剪垫等工具外，特别需要具备以下工具。

铅笔：最好是细尖且带有橡皮擦的，用于草绘和调整样板线条。

剪刀：用来剪出样板部件和布料。

描线轮：需要使用描线轮将样板标记转移到另一张纸或布料上。描线轮是一种工具，其手柄末端有一个锯齿状或平滑的轮子，可以用它来描摹样板部件的轮廓或细节，如省、褶皱或记号。描线轮有两种类型：尖头和钝头。尖头轮用于将样板形状转移到纸上，而钝头轮与碳纸一起使用，将样板形状转移到布料上。

打版尺：服装打版尺有很多种，用得最多的是直尺，常规购买是 55cm 长或者 60cm 左右，有厘米和英寸两种刻度。打版尺除了跟普通尺子一样在边缘有刻度和数字外，整个尺子身上纵向有很多刻度，便于绘制，而且尺子是透明塑料的材质，比较柔软，可以很方便地弯曲画出各种人体曲线。另有些打版尺也比较常用，如直角尺、袖弯尺、曲线尺、丁字尺、逗号尺、短尺、软尺等，见图 1-2-2。

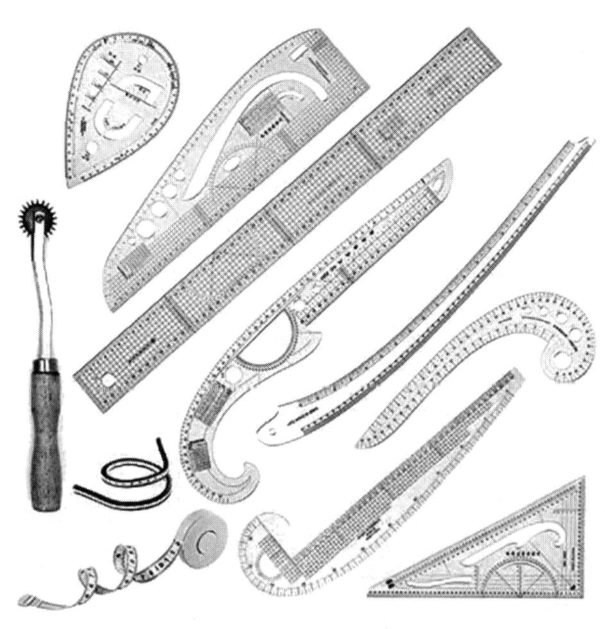

图 1-2-2　打版工具

三、制图符号及主要用途

在制图中需要使用一些专业术语进行沟通交流。其中，制图的线条和一些常规的符号表达打版师必须清楚。所谓制图线条就是服装结构制图的构成线，它具有粗细、虚实等形式上的区别。一定形式的制图线条和符号能够表达一定的制图内容，这是制图符号的主要作用。表 1-2-1 归纳了一些制图符号。

表 1-2-1　制图符号

制图符号名称	制图符号名称	制图符号含义
粗实线(轮廓线)		表示完成线，是纸样完成后的外轮廓线
细实线(辅助线)		制图过程中的基础线
等分线		表示分成若干相同的小段
虚线		表示明线或者装饰线
双折线		表示双折或折边
等量	○ □ △ Ø	尺寸相同的标记符号

续表

制图符号名称	制图符号名称	制图符号含义
距离线	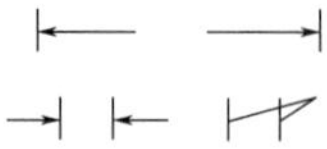	表示两点或两段之间的距离
直角		表示两条线段垂直相交
交叉		两部件交叉重叠及长度相等
剪切		按照箭头方向剪开
合并	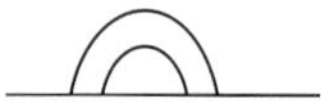	表示裁片相连或合并
归拢		借助工具或温度使此部位归拢
拨开		借助工具或温度使此部位拨开
缩褶		用于布料缝合时收缩
省略符号	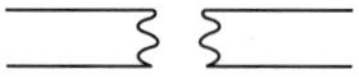	表示省略长度
对条	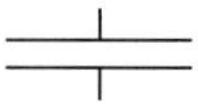	表示裁片需要对条
对格	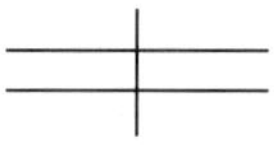	表示裁片需要对格
单阴褶		褶底在下的褶裥
扑褶		褶底在上的褶裥
单向褶裥	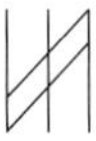	表示单向的褶裥，斜线表示自高向低的折倒方向
对合褶裥		表示双向的褶裥，斜线表示自高向低的折倒方向
缝合的锥形省		表示缝合的锥形省，斜线表示从高至低折叠
折叠的锥形省		表示折叠的锥形省，斜线表示从高至低折叠

四、服装样板裁片与布料名称

1. 基本知识

服装纸样制作要明确服装各部位的名称，如育克线、明线、领子、门襟、衣摆、裤脚、袖子、袖克夫、袖口、袖窿等（图 1-2-3）。一个标准的服装样板裁片中需要具备制图线条，丝缕线、对位点及必要的省道或者褶裥及各种标注（图 1-2-4），净样样板出来后还需要放缝线。同时，裁剪衣服时需要了解面料的经线、纬线、斜丝缕和布边（图 1-2-5）。

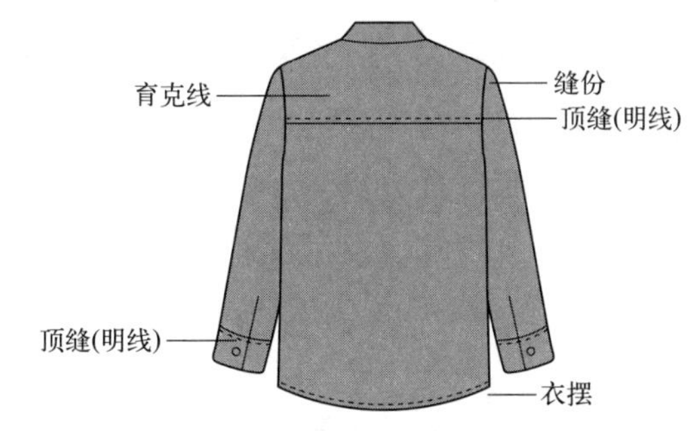

图 1-2-3　衣服部位名称

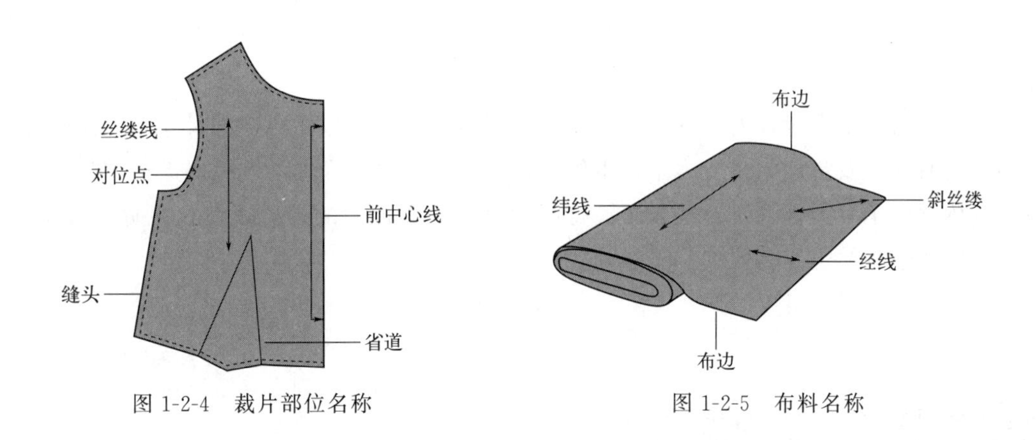

图 1-2-4　裁片部位名称

图 1-2-5　布料名称

2. 布料丝缕

（1）经线

织物纵向的线称为经线。此外，制图、纸样中画的箭头称为布料纹理线，这里指的是“布的经线方向与纵向箭头方向一致”。经线具有维持伸展的性质，对准经线裁剪布料，做出来的衣服不易变形。

（2）纬线

织物横向的线称为纬线。与经线相比，纬线具有易伸展的性质。

（3）斜线

斜线指的是斜裁的方向，与经线呈 45°角的斜线称为正斜线。正斜线是布料最易拉伸的方向，制作斜纹带、裙子等服装时，多沿着正斜线裁剪。

五、服装制图标准

在服装制图过程中，遵循一系列标准化的规则和比例是至关重要的，它们确保了设计的精确性和生产的一致性。首先，制图应使用清晰、精确的绘图工具，如尺子、圆规和曲线板，以确保线条的直线和曲线的平滑，从而保证制图的准确性。制图图纸通常采用 A0 至 A4 的国际标准尺寸，选择具体尺寸应基于设计细节的复杂程度和需要展示的服装部分。

其次，制图比例是制图标准中的核心要素，它定义了图纸上服装各部分尺寸与实际尺寸之间的对应关系。常用的制图比例包括 1∶5、1∶10 和 1∶20。1∶5 的比例适合细节丰富的设计，而 1∶20 的比例适合整体设计概览。打版师应根据设计需求和图纸尺寸来选择最合适的比例。对于复杂的细节，如口袋或领口设计，可能需要使用更大的比例来展示，以便清晰地传达设计意图。相反，对于整体服装的初步设计草图，则可以使用较小的比例。

在制图过程中，所有的尺寸、缝份和标记都应按照选定的比例进行缩放，以确保图纸的一致性和实用性。此外，制图还应包括清晰的标注，如面料类型、纱向、缝纫指示和特殊工艺要求。这些标注应使用标准服装制图符号和术语，以确保生产团队能够准确理解设计意图。

此外，为了确保设计的标准化和系列化，服装制图还应包括对标准尺寸和人体模型的参考。这通常涉及创建一个或多个基本纸样，这些纸样可以根据不同尺码进行调整，以适应不同体型的消费者。通过这些步骤，打版师可以确保他们的设计不仅在视觉上吸引人，而且在生产过程中也是高效的和可靠的。

第三节 服装原型概念

一、服装原型概述

服装原型亦称为基本纸样或基础版型，是服装设计和制作中用于构建各类服装款式的基准模板。这些模板依据人体测量数据和服装款式的基本需求，通过科学计算与设计，形成一套标准化的纸样。服装原型能够为每个人量身定制，以确保服装与人体完美贴合。原型主要分为女装、男装和童装三大类，每个类别下又细分为上衣、袖子、下装等部位。根据服装的贴身程度，原型还可分为紧身型、半紧身型和宽松型。考虑到人体的对称性，原型的绘制通常只需考虑身体的一半。

一套完整的基础版型通常包括：上身的前片、后片、袖片，裤子的前片、后片，以及裙子的前片和后片等。利用这些基础版型，结合制板原理，可以制作出缝纫版型。从这些基础版型出发，还可以衍生出其他版型，如无袖、紧身连衣裙、旗袍等。此外，也可以从零开始创建全新的版型，比如外套、夹克或牛仔裤版型等。

时尚行业的制版师利用这些版型为他们的产品设计版型，他们的特定版型会根据目标市场的需求进行调整。例如，考虑到我国南方和北方人体特征的差异，或者为不同体型的人群设计服装。因此，用于制作版型的尺寸会根据不同的时尚品牌和人体特征而有所不同，这依赖于知识的积累和实践经验。

鉴于为各种体型和尺寸制作服装的挑战，即使是针对特定体型的现成服装，也可能存在是否合身的问题。定制版型能够提供更好的贴合度和舒适度，满足个性化需求。

二、服装原型的由来

服装原型的起源与立体剪裁技术的早期发展密切相关。这种技术使设计师能够在三维空间内直接对模型进行剪裁，以制作出更贴合人体曲线的服装。服装原型的出现，代表了服装设计领域从手工技艺向科学化和标准化的重要转变，这一转变最初在欧美地区兴起。随着时间推移，服装原型技术在全球范围内得到广泛应用，尤其是在女装领域。它在一定程度上替代了立体剪裁在基础纸样分析中的作用，推动了服装结构设计的科学化、系列化、规范化和标准化进程。这不仅提升了服装生产的效率，也满足了消费者对服装多样性和个性化的需求，成为全球服装行业发展的重要趋势。在教育层面，服装原型的科学化和标准化为设计师提供了坚实的基础，使他们能够在保持服装基本结构的同时，进行创新和个性化设计。我国许多服装院校在教授结构设计时，会根据国人的体型特征对原型进行调整，以创造出更适合国内市场的服装原型。

服装原型的进步不仅提升了服装生产的效率和品质，也为设计师提供了更广阔的创作空间，促进了行业的创新发展。通过结合个性化和标准化的方法，服装原型技术为制版师提供了灵活而强大的工具，帮助他们更好地适应市场需求，设计出既美观又实用的服装。

三、原型特点

根据以上内容可以发现，原型是指符合人体原始状态的基本形状。原型是服装构成与样板设计的基础。服装原型朴素而无装饰，具有简单、实用、方便等特点。原型中“原”的含义为最根本、最基本，是服装款式设计最基础的纸样。通过原型的应用，可以进行各种变化，制作新的结构。原型的特点如下。

（1）结构比较简单（通常只包括背长、净胸围、肩宽、前胸宽、后背宽）。

（2）制图公式形式：大都可以与人体控制部位（身高、净胸围）成回归关系。

（3）具有良好的适合度，覆盖大多数人的体型。

（4）结构变化自由度大，易于变形成结构复杂的纸样。

（5）标准化：服装原型提供了一种标准化的设计和制作方法，确保不同款式服装在尺寸和比例上的一致性。

（6）适应性：原型可以根据不同的人体尺寸进行调整，以适应不同体型的人。

（7）变化性：在原型的基础上，设计师可以通过添加或修改细节来创造出多种不同的款式。

（8）效率：使用服装原型可以提高设计和制作的效率，因为它减少了从头开始设计每个新款式所需的时间。

四、使用原型原因

使用原型样板意味着不必从头开始创建每一个样板，从而可以简单、快速和便捷地设计新的样板。在从原型样板创建其他样板时，一般会添加额外的宽松度和设计特征。以基础衣身样板为例，一个基础裙子样板的前面通常有两个省缝。事实上，可以创建一个单省样板，因为这样更容易创建初始样板，然后从那个样板再创建一个双省样板。但如果这样，在衣身样板中只有一个省缝（除非胸部非常小），面料丝缕和造型会产生扭曲。胸部罩杯越大，扭曲就越大。因此，一般情况下，原型样板使用两个省，例如上衣的双省样板的省缝位于腰部和侧缝（其他样板可能在腰部和肩部）。当用这些样板制作样板时，可以通过使用制版原理——将这些省缝移动到其他位置（例如，将侧缝省移动到肩部或袖口），将省缝改为褶皱或收褶，或者通过制作公主线设计来移除它们。这就表明，在使用样板时，同时应用制版原理来创建一个样板。

一个人一旦创建了一个合身的上身基础版型，就可以使用这个版型来制作衬衫、上衣以及连衣裙上身部分的样板等。例如，一旦创建了一个带有两个省的直筒裙基础版型，就可以使用它来制作六片裙、八片裙、有裥裙或者 A 字裙的样板，这在本书后面的裙子制图章节有所涉及。如果经常制作 A 字连衣裙，可以从直筒裙基础版型制作一个 A 字裙版型，以节省每次制作 A 字裙样板时的额外工作。又如，可以使用合身上身基础版型来创建一个无袖版型；由于降低领口和袖窿在制作样板时需要特定的调整，因此在无袖版型上标记所有这些调整会更容易，这样每次制作无袖样板时就不必重复这些步骤。一个基础版型是一个模板，它节省了每次设计时重新创建该模板中的基本元素的时间。

五、样板制作材料以及如何存储

基础版型通常是由制版卡纸制成的，这种卡纸也被称为制版纸。制版卡纸以片状或卷筒形式出售。卡纸尺寸较多，如 120cm×74cm 或 114cm×76cm，也有更大的尺寸，如 240cm×148cm。卷筒卡纸长度为 100m，宽度为 1.2m 或 1.5m。这种卡纸的重量大约是 $225g/m^2$；它需要足够厚，以便能在纸上描摹以制作版型，并且保持其形状，以便能够挂起来存储。通常的做法是在版型上打一个大孔（例如大约 2cm 直径），并使用制版钩挂起来存储。可以在一个制版钩上存储很多版型，如图 1-3-1 所示。

基础版型是服装设计中的关键工具，可在薄纸上制作各种不同样板。这个过程包括在基础版型周围描摹或使用针轮标记，然后将这些样板剪下并固定在布料上，以便进行裁剪和缝制，完成最终的设计制图。由于基础版型由易于描摹的纸板制成，它为设计师提供了极大的便利。在基础版型上，通常会预先做好设计线标记，这些标记随后可以转移到纸样上。此外，这些设计线也方便了未来使用同一基础版型制作新样板时的参考。成套基础版型大都是针对女性 160 中间号尺寸设计的，包括了各种服装部分，如上身和相应的袖片、衬衫和袖片、裙子、裤子等。这样的纸样基础版型设计使得基础版型能够满足多样化的服装设计需求，提高制图和生产的效率。

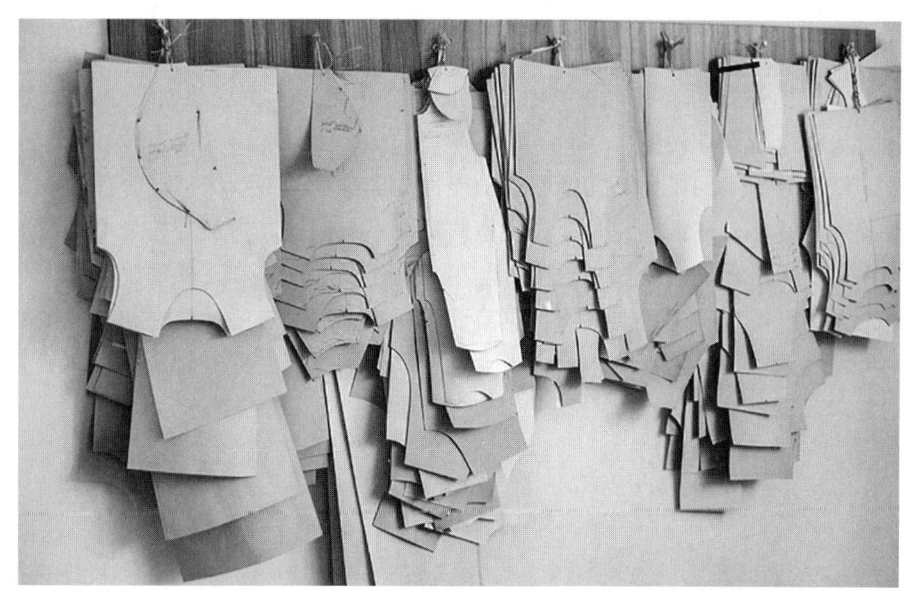

图 1-3-1　样板存放

第四节 服装尺寸设定与人体依据

一、松量与人体的关系

1. 关于松量

服装结构和人体结构密不可分，结构设计所作出的松量必须满足人体的某部位活动需求。服装结构设计最重要的环节是通过对人体结构与服装结构之间关系的分析，更有效、有针对性地对服装进行整体设计。

服装设计的松量和省道都有着一定的系数，其原理的应用都是根据人体一般结构和特殊结构而得出的放松尺度。在生活水平不断提升的过程中，人们对服装设计的舒适性以及各种时尚特点也有了更高的要求。在实际设计之中，省道以及松量是两项重要的设计因素，需要在设计中对其引起足够的重视，以便获得更好的设计效果。

在服装结构设计当中，松量是服装对于人体放松情况的一个量值，即在人体处于动态或者静态状况之下，服装对人们的日常活动、基本活动需求以及款式造型需求所配置的一个量，该量在具体的量值变化方面，实现对服装贴体以及离体形态的构成。在实际服装设计当中，对服装松量同人体动静态特征间关系的把握，能够有效实现服装功能性的提升。在具体设置服装松量时，需要对人体的体型类别、人体曲率、基本比例、肌肉膨隆度以及关节活动范围等因素引起充分的重视，将其作为具体设计中的关键依据。人类每天的大部分时间都处于运动状态当中，在其不断活动的过程中，人体不同部位间的关系也因此发生变化，进而导致不同部位尺寸变化问题的发生。同时，服装的松量是根据人体变化、季节变化及款式特征等情况所设置的，在实际设计当中需要对人体不同部位的活动幅度以及具体的方式类型进行充分的掌握，并考虑年龄及季节等因素，更应该对具体款式分析其类别，以此更为科学地设计松量。

因此，纸样设计中的松量是实现服装功能性和美观性的关键因素。合理的松量不仅能够提高服装的舒适度，还能在视觉上产生不同的效果。例如，增加的松量可以用于创造更加宽松和休闲的风格，而减少的松量则可能用于制作更加贴身和正式的服装。因此，松量的控制是纸样设计中的一个重要环节，它需要设计师根据服装的功能性和美观性需求，进行细致的考量和调整。通过精确的纸样设计，可以确保服装在穿着时既舒适又美观，满足穿着者的需求。图 1-4-1 直观地展示了人体、服装与松量的关系。

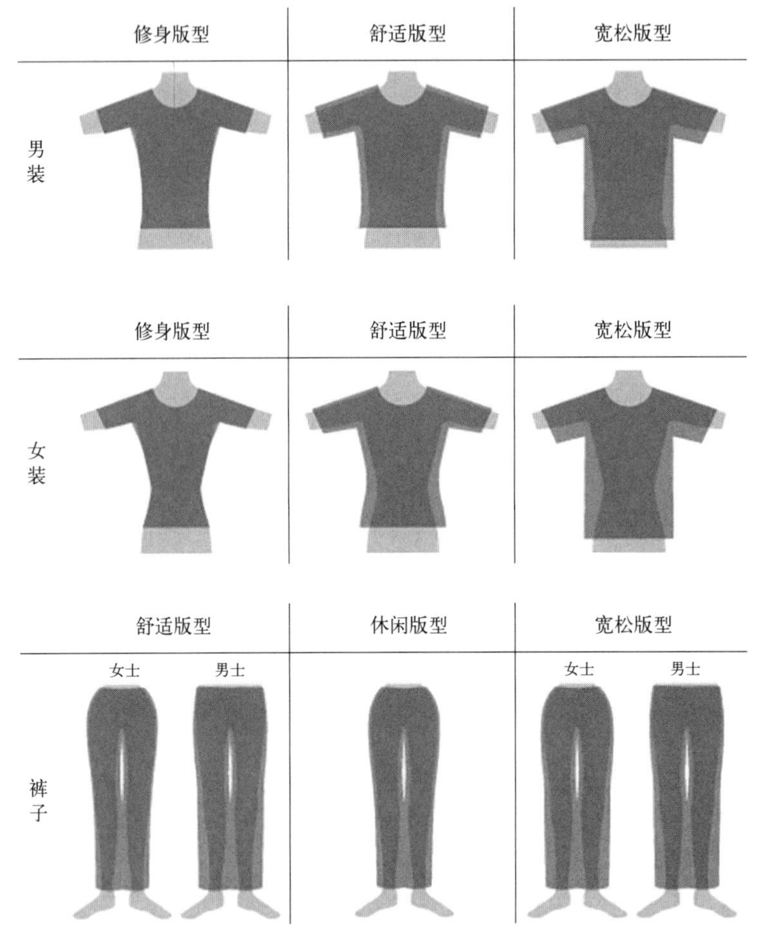

图 1-4-1 人体与服装空间关系

2. 松量把控方法

在实际操作中，样板师会根据服装的类型和预期的穿着效果来决定在纸样设计中加入多少松量。对于需要较大活动自由度的服装，如运动服，设计师可能会在关节和身体主要弯曲区域增加更多的松量。而对于更加注重形态保持的服装，如西装或礼服，松量的控制则会更为严格。

此外，人体扫描技术的发展也对纸样设计产生了影响。通过三维扫描获取的人体数据可以帮助设计师更准确地理解人体与服装之间的空间关系，并据此调整纸样设计，以实现更好的服装合体性和外观效果。

3. 不同部位松量的控制

人体在不同部位具有独特的运动特性，例如躯干能够弯曲和扭转，而上下肢则能进行伸展和旋转。这些运动方式导致人体表面在运动时的长度发生变化。对于这些变化，如果涉及长度的增加，就需要在相应部位预留一定的松量。具体到松量的大小，当人体处于深吸气状态时，胸围的变化范围在 0.9～4.7cm 之间，而在深呼气时，胸围的变化量为 1.1～2cm。深呼吸时胸围的平均变化量约为 3cm。同时，考虑到皮肤弹性，胸围至少需要 4cm 的松量。

在手臂运动时，如向前伸展，手背部位的体表伸长率大约为 28%。当坐下时，腰围会有较大的尺寸变化，普通情况下腰围增加约 2.8cm，进餐后还会增加 2cm。从舒适度考虑，腰部压迫量在 2cm 左右不会影响舒适性。因此，在下装设计中，腰围的松量可以控制在 2cm 以内。在设计时，还需考虑目标穿着人群，如中老年人的腰围松量可以适当增加 2cm，而年轻人的服装则可以不增加腰围松量，以满足不同需求。通过研究人体在不同运动状态下的关节、骨骼和肌肉特征，可以确定不同部位在松量上的需求。

在不同运动状态下，体表皮肤的变化会对服装产生牵引作用，可能导致变形和拉伸，从而影响肢体运动。服装的局部变化不是孤立的，而是受到其他部位牵扯的影响。因此，服装的不同位置在运动松量设置上有不同的要求，每个位置都与人体相应部位的尺寸密切相关。通过科学分析服装与人体构造的关系，研究服装造型和运动规律，可以在设计中更好地设置主要部位的运动松量。同时，在服装结构设计中，也需要重视穿着者在生理和心理上的需求，并在充分考虑这些因素的基础上，合理配置服装不同部位的松量。

二、袖窿深和胸围松量的对照

在服装结构设计当中，松量是不可忽视的设计元素，将直接关系到服装的设计效果。在实际服装设计当中，需对松量的重要性有充分的认识。表 1-4-1 是不同服装品类的袖窿深和胸围松量的对照。表 1-4-2 是各类服装维度松量参考值。

表 1-4-1　服装品类与胸围、袖窿深的松量关系　　单位：cm

序号	服装品类	胸围松量	袖窿深松量计算
1	无袖类、针织类、负紧身类	胸围松量为 2～8	$\frac{2}{10}B+2+x$，$x=0$
2	紧身类，包括旗袍、唐装	胸围松量为 2～6	$\frac{2}{10}B+2+x$，$x=1$～1.5 袖窿深＝$\frac{2}{10}B+(3$～$3.5)$

续表

序号	服装品类	胸围松量	袖窿深松量计算
3	合体类，包括西装、职业装	胸围松量为 8～12	$\frac{2}{10}B+2+x$，$x=2\sim3$ 袖窿深$=\frac{2}{10}B+(4\sim4.5)$
4	较宽松类，包括风衣、棉服类	胸围松量为 8～12	$\frac{2}{10}B+2+x$，$x=3.5\sim5$ 袖窿深$=\frac{2}{10}B+(5.5\sim7)$
5	宽松类，包括大衣、羽绒服、夹克类	胸围松量为 20～28	$\frac{2}{10}B+2+x$，$x=6\sim8$ 袖窿深$=\frac{2}{10}B+(8\sim10)$
6	特宽松类，包括时装、大衣类	胸围松量为 30～45	$\frac{2}{10}B+2+x$，$x=9\sim10$ 袖窿深$=\frac{2}{10}B+(8\sim10)$

表 1-4-2　各类型服装维度松量参考值　　单位：cm

合体情况	部位松量		
	胸围	臀围	腰围
紧身型	4～10	4～8	4～8
合体型	10～16	8～12	8～12
宽松型	16 以上	12 以上	12 以上

第二章 裙子结构设计

第一节 裙子原型制图

一、裙子纸样专业术语

裙子原型制图是服装设计中的基础，它提供了一种标准模板，可以根据不同的设计需求进行调整。裙子制图需要的尺寸有臀围、腰围和腰长等，裙子的长度则根据个人的喜好来确定。

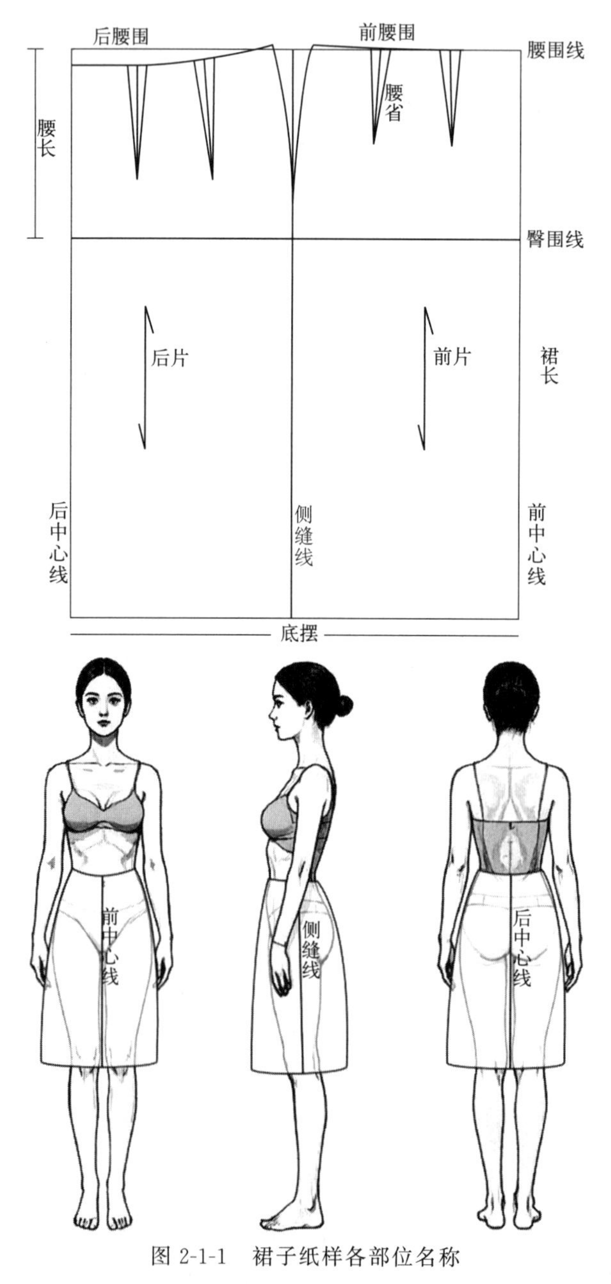

图 2-1-1 裙子纸样各部位名称

裙子纸样各部位名称如图 2-1-1 所示，从上到下分别是腰围线、臀围线、底摆；从左到右分别是前中心线、侧缝线和后中心线。

二、裙子样板相关人体测量

1. 腰围

在腰部最窄处进行测量（自然腰部），具体测量位置和方法如图 2-1-2 所示。

2. 臀围

臀围是测量人体臀部最宽的部位，这个部位尺寸的把控对于裙子的舒适度至关重要。为绘制裙子基本纸样进行的臀围测量，具体方法如图 2-1-3 所示，在这个部位放置皮尺，但要确保在进行下一个腰线长测量时它不会移动。

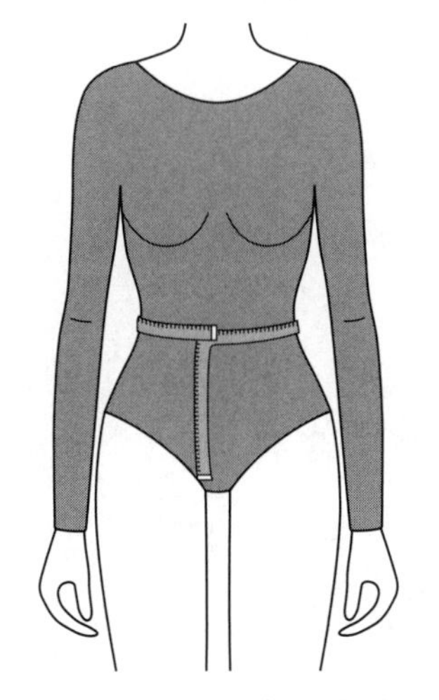

图 2-1-2 裙子腰部尺寸测量

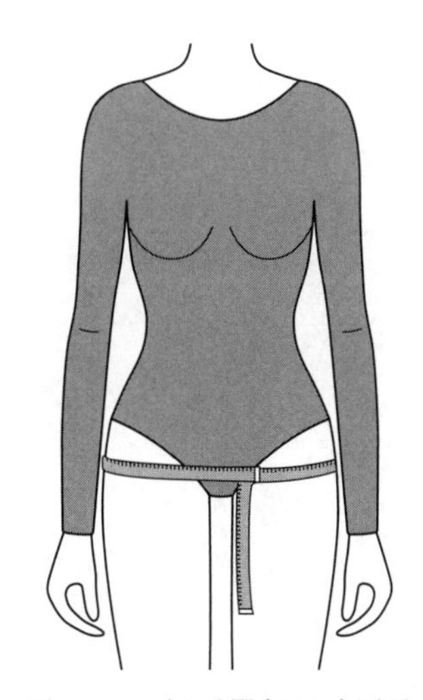

图 2-1-3 裙子臀部尺寸测量

3. 腰长

自然腰围到臀围的测量，用于绘制裙子的腰长，即自然腰部和最宽臀部之间的距离（长度）。标准 160cm 身高，腰长一般为 18cm，如图 2-1-4 所示。

4. 裙长

裙子的长度通常依据目标受众的偏好来精心设计，如图 2-1-5 所示。在制作样板时，其长度的调整既简单又灵活。及膝款式是绘制样板的理想起点，如果需要增加裙长，只需轻松延长侧缝和前后中心缝即可。不同的裙长不仅带来不同的视觉效果，还有各自独特的称呼，如图 2-1-6 所示。

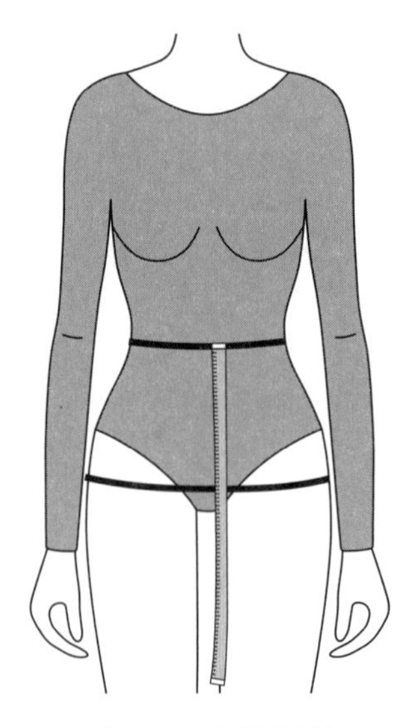

图 2-1-4　腰长测量

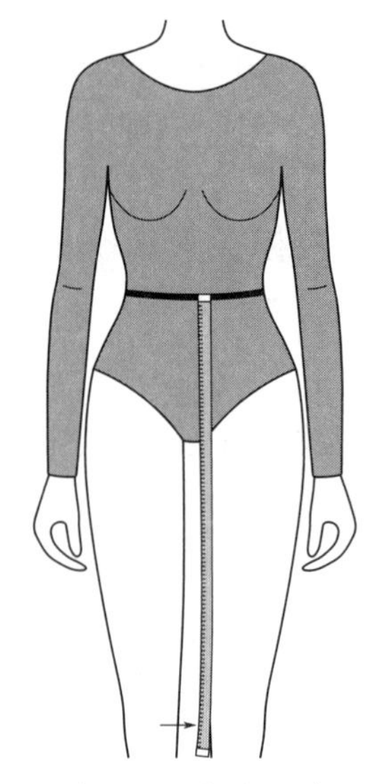

图 2-1-5　裙长设计

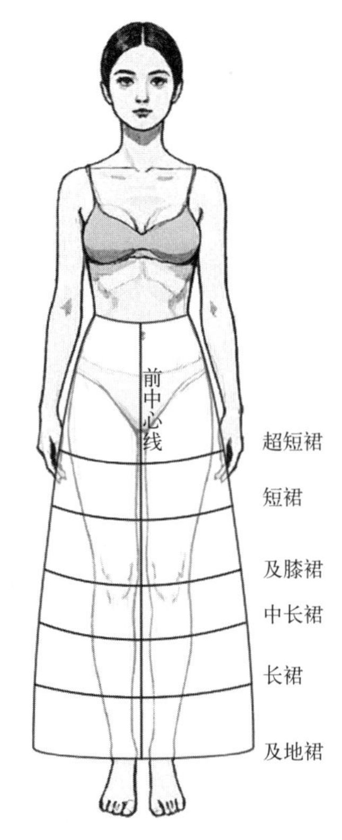

图 2-1-6　不同裙长名称

三、裙装结构与人体体型的关系

1. 人体腰臀差关系

腰围和臀围是裙装中最为重要的数据，结合《国家服装号型标准》，腰臀差体现了体型组别。具体如表 2-1-1 所示，各种体型用字母表示：Y（健美）、A（正常）、B（偏胖）、C（肥胖）。

表 2-1-1　各个体型的腰臀差　　单位：cm

体型组别	Y	A	B	C
腰臀差	28-23	22-18	18-13	13-9

2. 裙子余量分析

在设计裙子时，余量的分配对裙子的合身度和舒适度非常重要。从正面和侧面观察，由于人体前腹部较为扁平，因此靠近前腹部的余量较少，而前片腰部的余量多集中在两侧面。这意味着在前腹部附近应减少余量，而在两侧面适当增加余量以适应人体曲线。从后面和侧面观察，后腰与臀部和侧腰与臀部的起伏较为均匀，因此后腰的余量分布也较为均匀，这要求在设计裙子后片时，余量的分布需要考虑到臀部和腰部的均匀性。

在实际制作过程中，将缝制好的裙子原型围穿在人体或人台上，对齐并固定前后中心线、侧缝线、腰围线、臀围线。由于裙子原型腰围与臀围之间的差值已在前后片侧缝的腰口中削减了 1/3 的余量，裙子原型腰部的余量相对较少。此外，人体中前后体型的差异导致前后腰部的余量和省量也有所不同。在下装的裙子中做腰部的余量折叠时，应该分前腰和后腰两个部位，而不是在一个部位将余量强行折叠，以避免不符合人体特征和丝缕歪斜。

3. 裙子原型省道处理

一般情况下，贴体裙的侧缝省应控制在 0.5～1cm。但随着松量的增加，省量可控制在 0.5～3cm 之间，裙片内省量一般控制在 1.5～3cm。

如图 2-1-7 所示，将矩形面料放置于人台之上，确保前后中心线、侧缝线、腰围线和臀围线精准对齐，并使用大头针进行固定。对于后中心线、臀围线以上的开口部分，同样需要用大头针固定。与上半身不同，人体的下半身曲线更为柔和，尤其是前腹部的曲线。因此，在制作裙装时，对于腰部的余量折叠应分别在前腰和后腰两个区域进行，如图 2-1-8 所示。

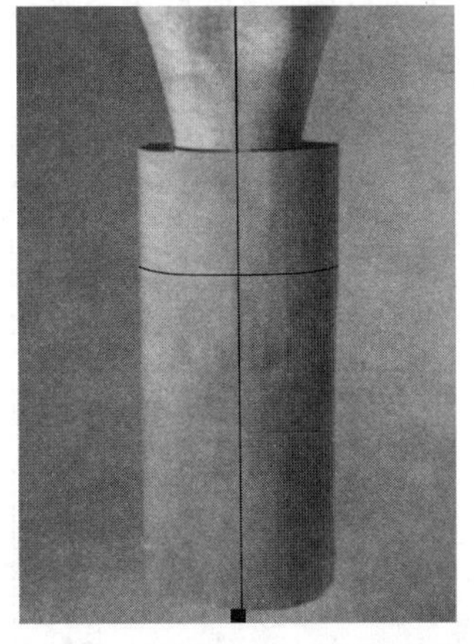

图 2-1-7　矩形面料在人体上的体现

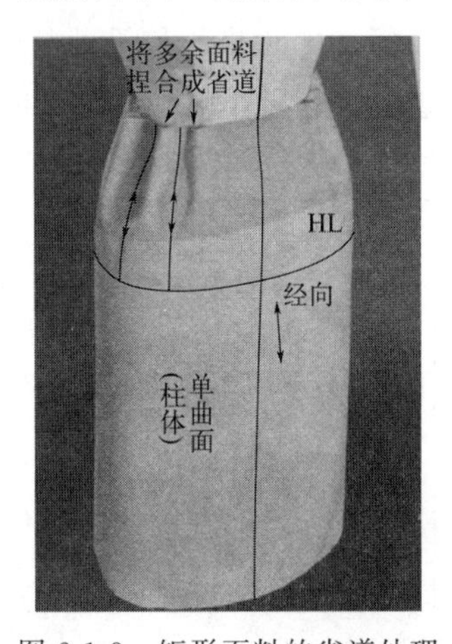

图 2-1-8　矩形面料的省道处理

（1）前腰余量折叠。因前腹部较为扁平，要尽量往两侧把裙子原型制图时剩下的2/3腰臀差的余量分两处折叠掉。折叠的长度在腰线长的1/2处，因为前腹部的凸点正好在腰线长的1/2处，如图2-1-9所示。

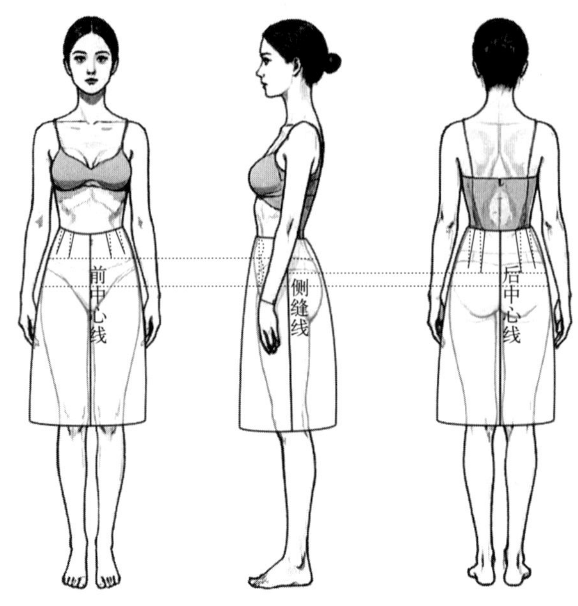

图2-1-9　裙子省道处理

（2）后腰余量折叠。后片余量折叠时，可以同上衣原型一样在一处折叠余量。但是，当腰部的余量较多时，省尖处容易鼓起，因此，最好也分两处折叠，这就是为什么裙子原型通常在前腰部分和后腰部分各设计两个省的原因。而且，余量折叠的位置要在后腰中均匀地定出，折叠的长度也可长一些，这是因为后臀部的凸点较前腹部靠下。因此，后腰余量折叠的长度可在腰线长的2/3左右。以上腰部省量范围为8～13cm。

反映在省长设置上，一般情况下，前片的腰省长度在腰节的一半处，长度一般为8～10cm。同样，褶裥也主要作用于腹凸，并尽可能均匀分布；后片的省道作用于臀凸，长度一般为11～13cm，也应均匀设计。由于女性臀凸较明显且靠近后中，故靠近后中的省应比靠近侧缝的省长1cm左右，在样板上的直观反映如图2-1-10所示。

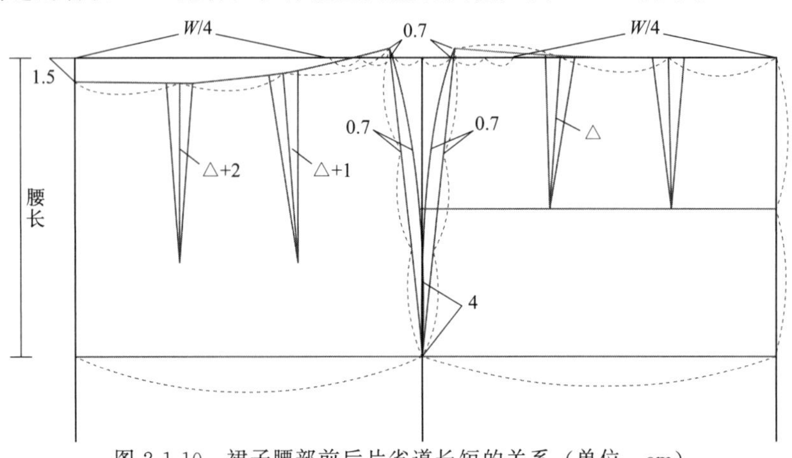

图2-1-10　裙子腰部前后片省道长短的关系（单位：cm）

四、裙子原理及制图方法

裙子可以理解为围臀一圈的着装，最宽处是臀部（臀围为基础），简化为如图 2-1-7 所示的圆柱体。由于腰部维度小于臀围，因此通过缩褶或者省道设计来达到平衡。

具体实物成型后取下打开，反映在样板上，可以通过制图和数字计算来分配省道。以规格为腰围 68cm，臀围 90cm，腰到臀长 18cm 为例，具体制图方式如下。

1. 绘制基本框架

构建框架：宽度为 $H/2+2=90/2+2=47$cm，然后根据自定义的裙长绘制长方形，其中，2cm 为松量（臀围也存在不加松量的情况）。

绘制臀围线（HL）：从腰围线（WL）开始，即长方形的上边缘，向下测量腰线长（对于 160cm 身高，腰线长通常为 18cm），然后基于此点作臀围水平线（如图 2-1-11 所示）。

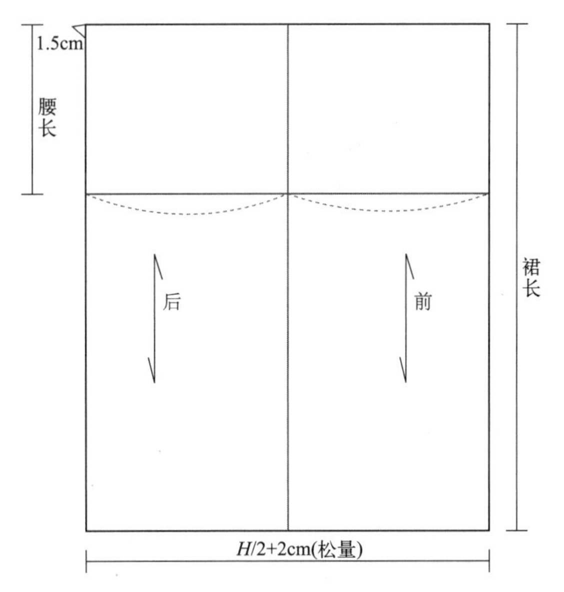

图 2-1-11　裙子样板框架搭建

前片与后片的划分：将臀围线均匀分割，右侧部分为裙子的前片，左侧部分为后片。需要注意的是，前后片的比例分配应根据标准样板的制作方法进行，即臀围线平分意味着前后片大小相同。然而，在制版过程中，前后片的比例可以根据款式设计的需求进行调整，如前片等于后片、前片大于后片或前片小于后片（英式）。所以，是否平分臀围线并非固定不变，而是取决于设计意图。若希望从正面看不到侧缝线，可设计前片大于后片；若希望看到侧缝线，则可设计前片小于后片。通过这样的设计，可以定制出独具个性的裙子。

在设计裙子时，后片的后中部分需要适当下落，以适应人体结构。无论裙子款式如何，后腰中点的下落都是必要的，其具体幅度通常取决于目标受众。从人体侧面结构来看，躯干下半部有两个显著的凸起：腹部前凸和臀部后凸。腹部凸起位置较高且较小，而

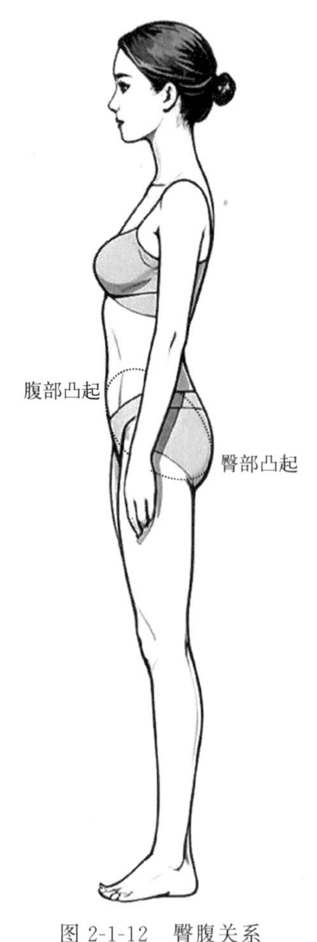

图 2-1-12　臀腹关系

臀部凸起位置较低且较大，如图 2-1-12 所示。

理想的裙子设计应确保裙腰在穿着后保持水平，避免因身体曲线而产生不协调。然而，实际穿着中，裙腰很难完全保持水平，往往会出现前高后低的现象。这是因为腹部的隆起导致前裙腰向上提升，而后腰下部的平坦使得后裙腰下沉。这种一升一沉的现象使得裙腰呈现非水平状态，影响裙摆的前后平衡。

为了解决这一问题，如果前后片在同一水平线上，制成裙子后，后腰可能会产生约 0.5cm 的活褶。具体来说，标准裙子样板的后片中部从腰围线向下降低 1.5cm（图 2-1-13），这一设计细节有助于裙子更好地适应女性身体的自然曲线。有些裙子的样板可能仅降低 1cm，这种调整也是为了使裙子更加贴合身体曲线，提供更加舒适的穿着体验，因此后腰中部下落 1～1.5cm 都是在正常范围内的。

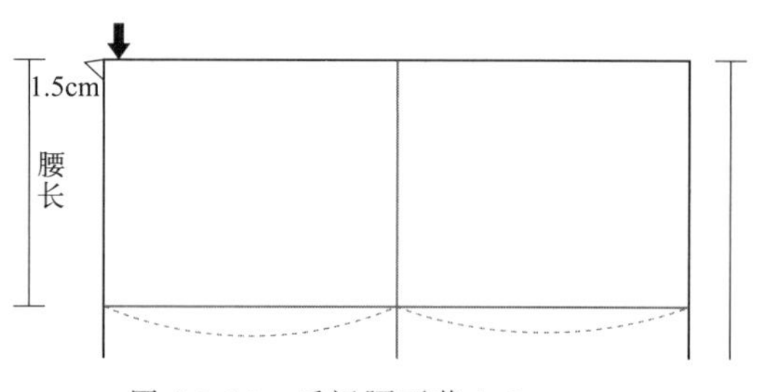

图 2-1-13　后裙腰下落 1.5cm

通过这种腰部下落的设计调整，裙子不仅能够更好地贴合女性的身体曲线，还能避免因裙腰不水平而带来的穿着不适或外观上的不协调。

2. 绘制腰部省道

首先，需要计算腰围大小。根据给定的信息，对于 160cm 身高的人，标准腰围尺寸为 68cm。因此，1/4 腰围尺寸为 17cm。具体计算方法是每一片的腰围是四分之一的腰围量。

计算腰臀差并进行三等分，即为 $H/4+1-W/4$，得出结果后再进行三等分，其中一等份为侧缝量，可以直接去除，另外两等份将加入到前后腰围中作为腰部收省量。

在去除腰臀差一等份后的位置，即腰口处起翘 0.7cm，另外，侧缝胖势 0.7cm，如图 2-1-14 所示。

侧缝线上翘 0.7cm 是基于人体工程学腰臀差的存在，这一差异导致在裙子制作时，侧缝线在腰口处自然形成劈势，以适应人体曲线的变化，如图 2-1-15 所示。劈势的存在使得前后裙身拼接后在腰缝处产生凹角，而起翘设计正是为了填补这一凹角，使裙子更加贴合人体曲线。此外，是由于腰线的斜线特征。人体的腰线并非一条直线，而是一条斜线，从侧面看尤为明显。因此，在裙子样板设计时，侧缝腰部腰口处的起翘设计是为了更好地适应这一人体特征，使裙子在穿着时更加舒适自然。

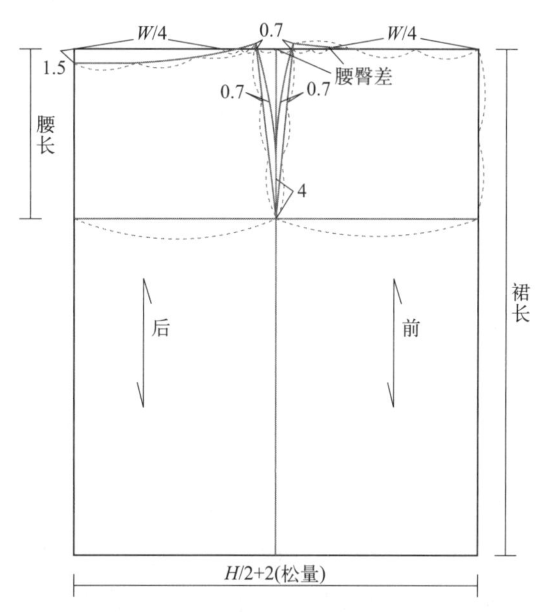

图 2-1-14 裙子样板腰部细节绘制（单位：cm）

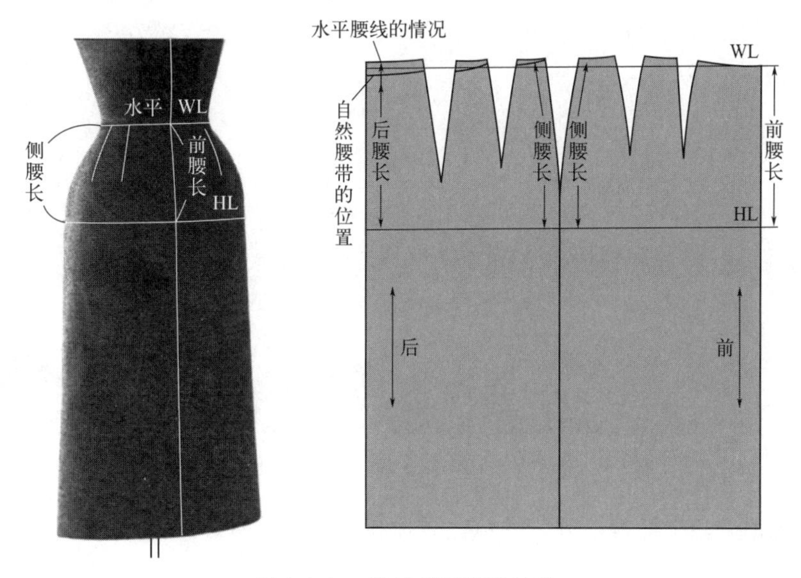

图 2-1-15 裙子侧面腰缝处理

3. 省道绘制

（1）在去除腰臀差三等份中靠近侧缝的一等份之后，将剩余的前腰部和后腰部量均进行三等分，并在三等分的位置设置腰省。

（2）考虑到臀部的球面形态和丰满度，裙后片的省设计为“胖型省”。而小腹相对平坦，因此裙前片的省设计为“瘦型省”。

在省道设计和省道量的分配上，通常可以按照以下顺序考虑：整体裙后省＞侧省＞前省。在标准裙子原型样板中，省量的分配是均匀的，即前片设两个省，后片也设两个省，且省的大小相同，每个省的大小为腰臀差的1/3。然而，省的长度并不一致。前片省的长度通常为腰线长的1/2，而后片则收两个省，后腰省长度通常在8～13cm的范围内，具体数值可以根据个人喜好和体型需求进行适当调整。值得注意的是，省中心线应垂直于腰口弧线，这意味着前后四个省的方向并不完全一致。

4. 完善绘制细节

（1）绘制侧缝曲线。首先，用直线连接起翘点至臀线上的侧缝点，并三等分这条斜线。在一等份的位置，添加0.7cm的轻微曲线侧缝胖势，确保曲线经过起翘点、0.7cm点以及臀围线上4cm处，以形成侧缝曲线。这样的设计有助于在腰线上获得更好的贴合度。

（2）绘制腰部曲线。将前腰的两个省道和后片的两个省道折叠，然后分别连接后腰中线的腰口点至后侧缝的起翘点，以及前腰中线的腰口点至前侧缝的起翘点。接着，根据折叠后出现的线迹进行圆顺处理，形成新的腰围曲线，如图2-1-16所示。完成这一步骤后，展开原型折叠的省道，平铺样板，并加粗和完善轮廓线。同时，确保省道的两边与曲线的连接顺畅，形成完整的裙子样板。

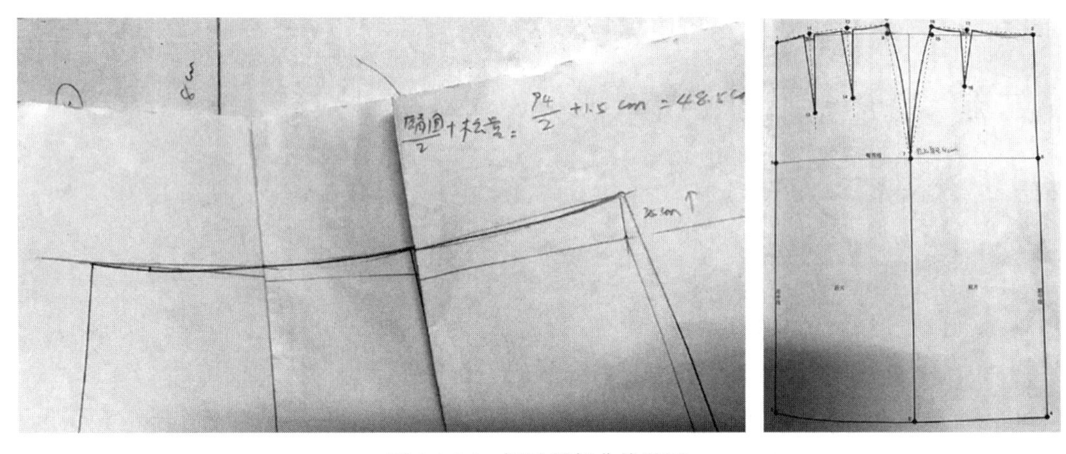

图2-1-16 裙子腰部曲线处理

（3）完成裙子整个样板绘制，并标注名称和尺寸，如图2-1-17所示。

五、裙子腰部曲线检查及修正

在服装构成中，裙子样板的腰部曲线检查核对是一个关键步骤，它确保了裙子的版型和穿着的舒适度。以下是一些基本的检查核对方法。

（1）规格核对。首先要确保样板的主要部位规格与设计规格相符，包括长度、宽度和围度。例如，腰围、臀围等部位的尺寸需要与设计图纸上的要求一致。通常通过使用软尺测量各片纸样的尺寸来完成，并计算其总量是否符合规格要求。

（2）结构线检查。检查相关结构线是否正确，例如裙子的侧缝线、分割缝等是否平分

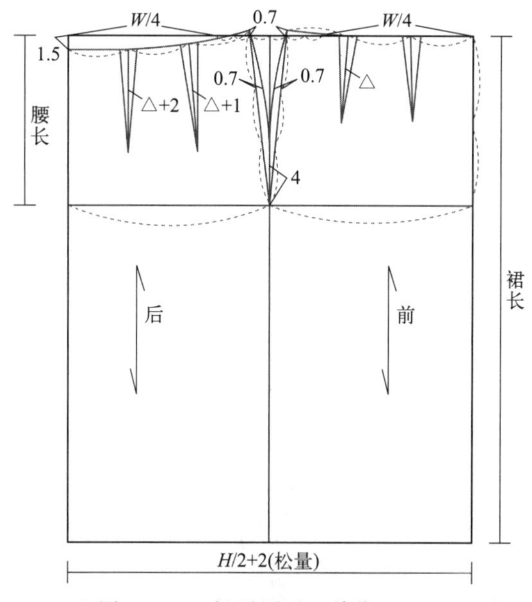

图 2-1-17　裙子原型（单位：cm）

组合，以及是否在形状和长度上保持一致。对于不等长结构线组合，需要根据体型、装饰和造型的需要进行设计。

（3）对位标记。检查缝合线上的对位标记是否准确，这些标记通常设在凹凸点、拐点和打褶范围的两端，用来确保缝合线的直顺。

（4）纱向检查。确保纸样上标注的纱向与裁片纱向一致，这是根据服装款式造型效果确定的。合理利用不同纱向的面料是实现服装外观与工艺质量的关键。

（5）缝边与折边复核。检查缝份的大小是否根据面料的特性和服装部位确定，以及是否在缝合线弧度较大的部位适当调整缝份宽度。

（6）样板总量复核。确保所有相关的纸样，包括面布、里布、衬布和部件纸样等都齐全并准确无误。

（7）试穿与调整。最后，制作出的样板应进行试穿，检查裙子的合身度、舒适度以及外观效果，并根据试穿结果进行必要的调整。

这些步骤需要结合设计师的要求和服装的款式特点来进行，以确保裙子样板的腰部曲线既符合设计意图，又能满足穿着者的需求。

第二节 ▸ 裙子原型试样的效果

一、裙子原型的成衣效果

图 2-2-1 是已作完前后腰省的裙子原型成衣效果，它已经是一条具有了适度松量的最

基本的裙子原型造型。之后，在裙子原型的基础上，再依据各种结构变化的原理，作出各种省位、结构线的分割及展开等的变化，就可以快捷地制作出各种结构变化的裙子造型了。

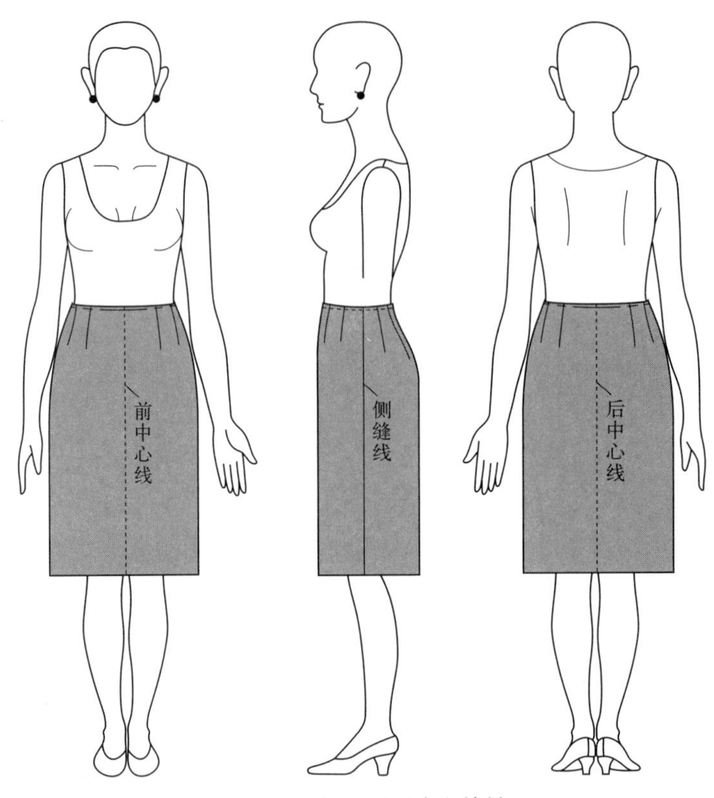

图 2-2-1　裙子原型成衣效果

二、裙子样板修正

在纸样制作中，当需要完成省道或腰部曲线时，如果使用的是较薄的纸张，可以很容易地通过折叠省道并使用描边轮来画出线条。打开纸张后，可以看到省道边缘的凹陷形状，并沿着这个形状描边。然而，当使用较厚的纸样制作时，折叠省道并不容易，也不推荐这样做。不过，不折叠也能轻松完成省道的收尾工作。需要做的是确定省道的中心点，然后从中心点画一条与省道腿等长的线，最后完成到这条中心线的曲线。通过省道选中转移的方法完成腰的合并和曲线的绘制，也可以通过此方法进行腰部曲线的修正。此外，对于其他部位的样板修正请看下文的三个示例。

1. 腰到臀的调整

腰到臀的测量决定了裙子腰线长。它还对侧缝处臀部曲线的微妙或显著程度有一定的控制作用。图 2-2-2 为裙子侧缝修改。以下是这一测量导致的裙子问题模板的一些极端例子，以及如何发现自己模板的潜在问题。

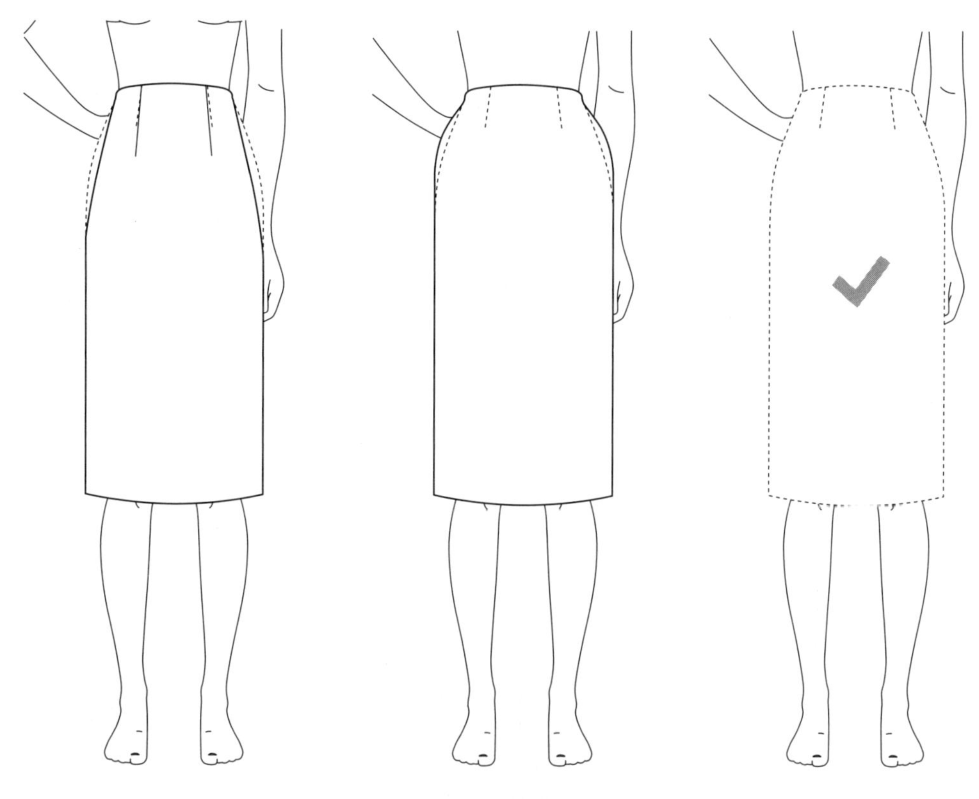

图 2-2-2　裙子侧缝修改

第一种情况：腰到臀过长。腰围与臀围的测量值对于这个版型来说不成比例地过长，导致通常保留给臀部的体积下降到了腹部，可能会在臀部造成紧绷的效果，尽管版型整体可能很合适。这可能会导致裙子向上滑移并在臀部上方堆积。在这种情况下，检查现有的测量是否有错误，并重新测量或减小腰围到臀围的测量值，直到绘制出一个更合身的版型。

第二种情况：腰到臀过短。腰到臀的测量相对于整个模板的其他部分来说过短，导致通常保留给臀部的体积看起来在腹部更高的位置。结果是裙子看起来像箱子一样或者在侧缝处有尖锐的方形出现。在这种情况下，检查现有的测量是否有错误，并重新测量或增加腰到臀的测量值，直到制作出一个更合身的纸样。

第三种情况：比例完美契合。腰臀尺寸测量精准，与样板的其他部位保持理想比例关系。经实际试穿验证，裙装将沿腰臀曲线自然垂落于侧缝线，既不会因紧绷而产生不适感，也不会出现上滑至腹部的现象，同时能完美呈现优雅流畅的廓形。

2. 臀围调整

臀围是绘制裙子纸样时的另一个重要测量数据。它控制着裙子在臀部或下半身最宽部分的宽度。如果太大，可能会导致侧缝出现不自然的曲线，从而在侧缝处产生多余的材料；如果太紧，则可能导致模特穿不上裙子。图 2-2-3 为臀围修改。

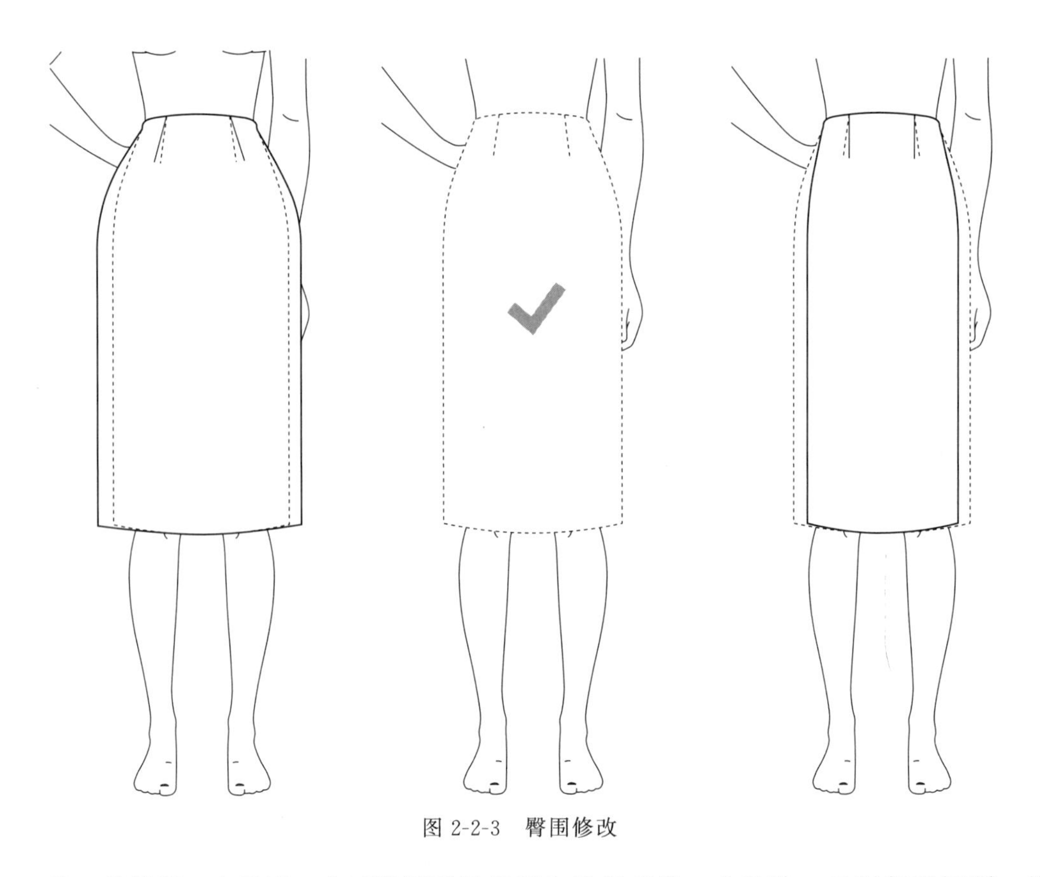

图 2-2-3 臀围修改

第一种情况：大臀围。由于臀围测量值超出样板标准，会导致一系列版型问题。首先，臀部上方会出现不自然的隆起曲线，破坏整体线条的流畅性；同时，腰部在侧缝处的转折会显得过于尖锐，影响穿着舒适度；并且多余的松量会使裙摆在臀部处产生不必要的摆动，从而破坏裙装的静态平衡。针对这种情况，建议采取三步修正措施：首先，核查现有测量数据的准确性，确认是否存在误差；其次，重新进行精确测量，或根据实际情况适当缩减臀围尺寸；最终，基于修正后的数据重新绘制纸样，以确保获得更贴合人体曲线的合身版型。

第二种情况：合适的臀围。臀围测量数据准确，且与样板其他部位的比例协调。试穿时，样板能够自然贴合腰臀曲线，在臀部区域形成流畅的轮廓，同时提供适度的活动松量，确保穿着者在坐立或移动时保持舒适性与美观性。

第三种情况：臀围不足。主要表现为腹部区域产生异常紧绷感，侧缝线出现不自然的拉扯，整体服装失去基本穿着功能。此时需系统性地进行修正：首先，需验证原始测量数据的准确性，排除人为误差可能；其次，应重新测量关键部位尺寸，特别注意腰臀过渡区域的尺寸变化；最后，根据准确的测量数据调整纸样，适当增加臀围松量，直至达到既保证合体度，又不影响活动自由度的理想平衡状态。整个修正过程需要结合静态试穿效果与动态活动测试进行综合评估。

3. 腰围调整

腰围是制作基本裙子模板时的一个重要测量数据，它控制着裙子在腰线周围的宽度。如果太松，可能会导致裙子在腰部张开或从自然腰线滑落；如果太紧，则可能在试图闭合裙子、弯腰或坐下时造成合身问题。图 2-2-4 为腰围修正。以下是这一测量导致的裙子模板失败的一些极端例子，以及如何发现自己模板的潜在问题。

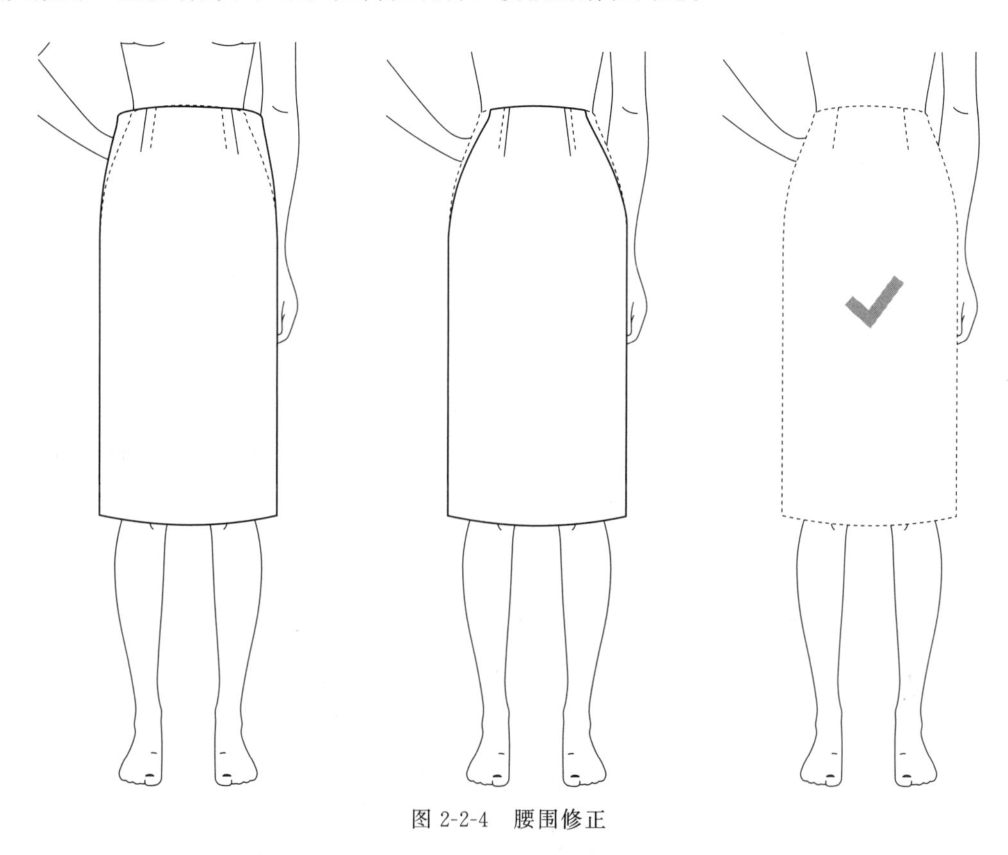

图 2-2-4　腰围修正

第一种情况：大腰围。腰围测量相对于纸样来说过大，导致裙子看起来几乎呈直线。这意味着裙子会在腰部敞开，并且可能从臀部滑落。在这种情况下，检查现有的测量是否有错误，并重新测量或减小腰围测量值，直到制作出一个更合身的纸样。

第二种情况：小腰围。腰围测量相对于模板的其余部分来说过小。理想情况下，腰围应该比臀围小。但是，如果腰围太小，裙子将过紧，无法贴合模特的腰部。在这种情况下，检查现有的测量是否有错误，并重新测量或增加腰围测量值，直到制作出一个更合身的纸样。

第三种情况：合身的腰围。腰围测量数据准确无误，与样板的整体比例协调一致。当采用实际面料制作成衣时，该样板能够完美贴合人体腰部曲线，并且自然流畅地过渡至臀部区域。这种精准的版型设计不仅确保了腰臀部位的完美贴合，同时预留了适宜的活动松量，使穿着者在坐姿或日常活动中都能保持舒适自如的状态，充分体现了服装功能性与美观性的平衡。

第三节 裙子样板变形

裙子可以从基本的双省道裙片、单省道裙片或直接从零开始（不使用裙片）来制作。裙子的类型决定了使用哪种裙片。

· 圆形裙、四分之三裙和迪斯科裙等通常是从零开始制作的（而不是使用原型裙片）。

· 喇叭裙可以从单省道裙片或双省道裙片中制作，具体使用哪种取决于款式（使用一种代替另一种只是为了省去移动省道的麻烦）。

· 紧身裙通常使用裙子原型进行结构设计制作，相应修改参数。

· 多片裙：4 片裙、6 片裙、8 片裙、12 片裙是在运用裙子原型的基础上进行分割变形。

一、直筒裙样板绘制

直筒裙与原型接近，其腰省可以设计多个或者一个（图 2-3-1 前后各两个省道）。图 2-3-2 是一个窄裙的例子，前后片各一个省道。窄裙从字面上来看，其裙摆略微收窄，与直筒裙相比，其前后各收进 1.5cm，成衣效果如图 2-3-3 所示。

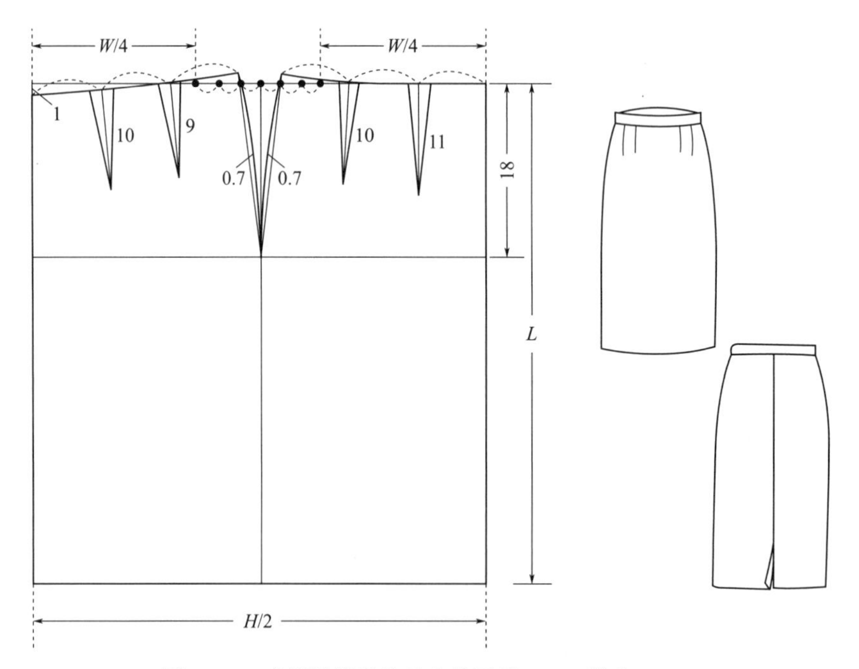

图 2-3-1 直筒裙裙后片后中线下落 1cm（单位：cm）

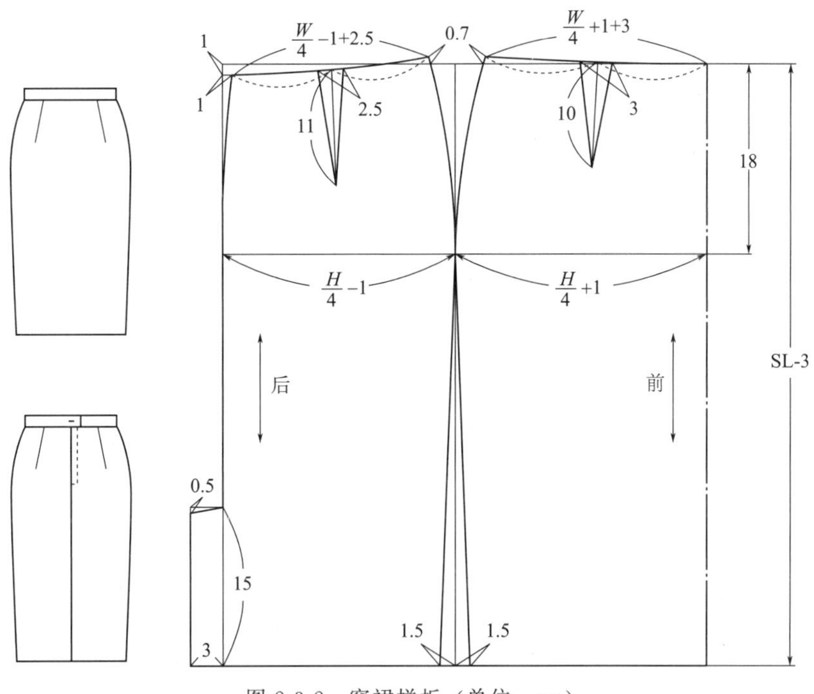

图 2-3-2　窄裙样板（单位：cm）

二、喇叭裙样板制作

喇叭裙（图 2-3-4）是一种 A 字裙的变体。它相对直筒裙来说具有更多的体积。在制图时，以和 A 字裙相同的方式开始画图：闭合省道并在下摆线打开一定的量来增加体积，然后在前中和后中添加更多的体积，两侧也增加，详细操作步骤见图 2-3-5。

图 2-3-3　单省开衩窄裙

图 2-3-4　喇叭裙

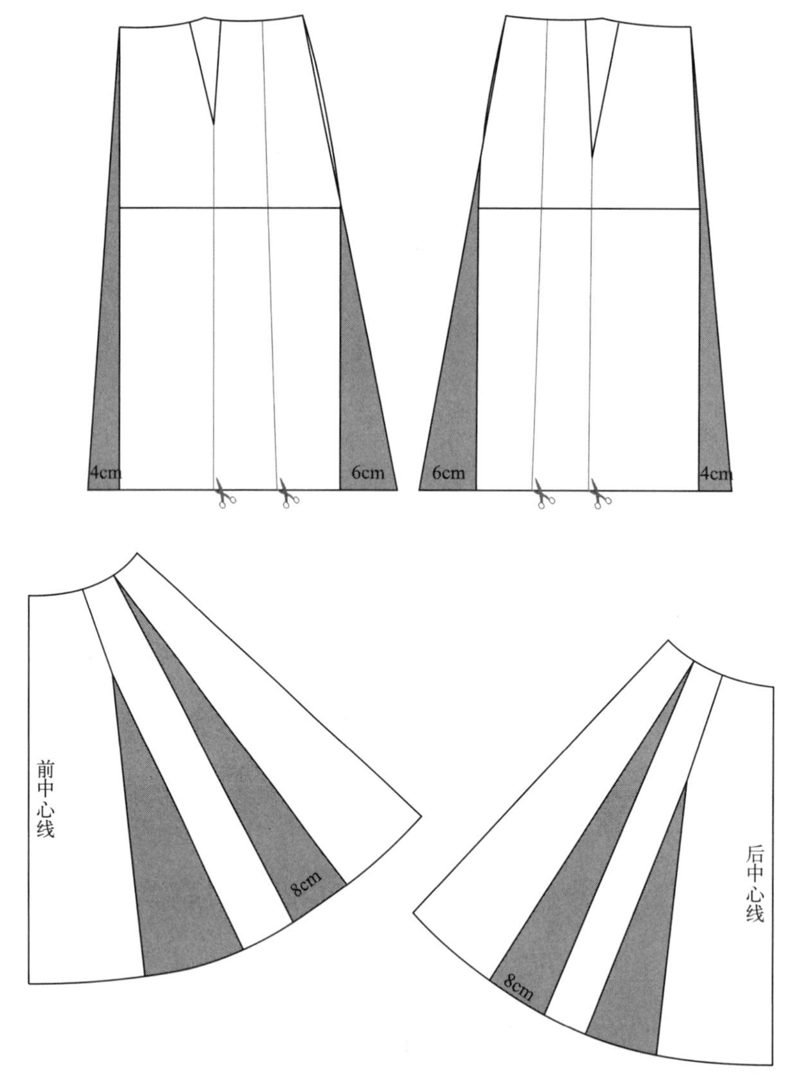

图 2-3-5 喇叭裙样板示意图

三、喇叭育克裙纸样

喇叭育克裙（图 2-3-6）与喇叭裙相似，只是多了育克分割线部分。在制作样板时，首先像平常一样将育克分开，然后使用切割和展开的方法为剩余部分增加体积。图 2-3-7 中所有展开的量显示的是 6cm，但事实上可以根据需要添加自己的量。

图 2-3-6 喇叭育克裙

四、吉普赛裙（蛋糕裙）纸样

吉普赛裙比较青春浪漫，又被称为埃及裙或蛋糕裙，裙子效果见图 2-3-8。制作时只需用基本的裙子样板来绘制最上面的部分，样板的其余部分只是矩形，可以直接在织物上切割而不

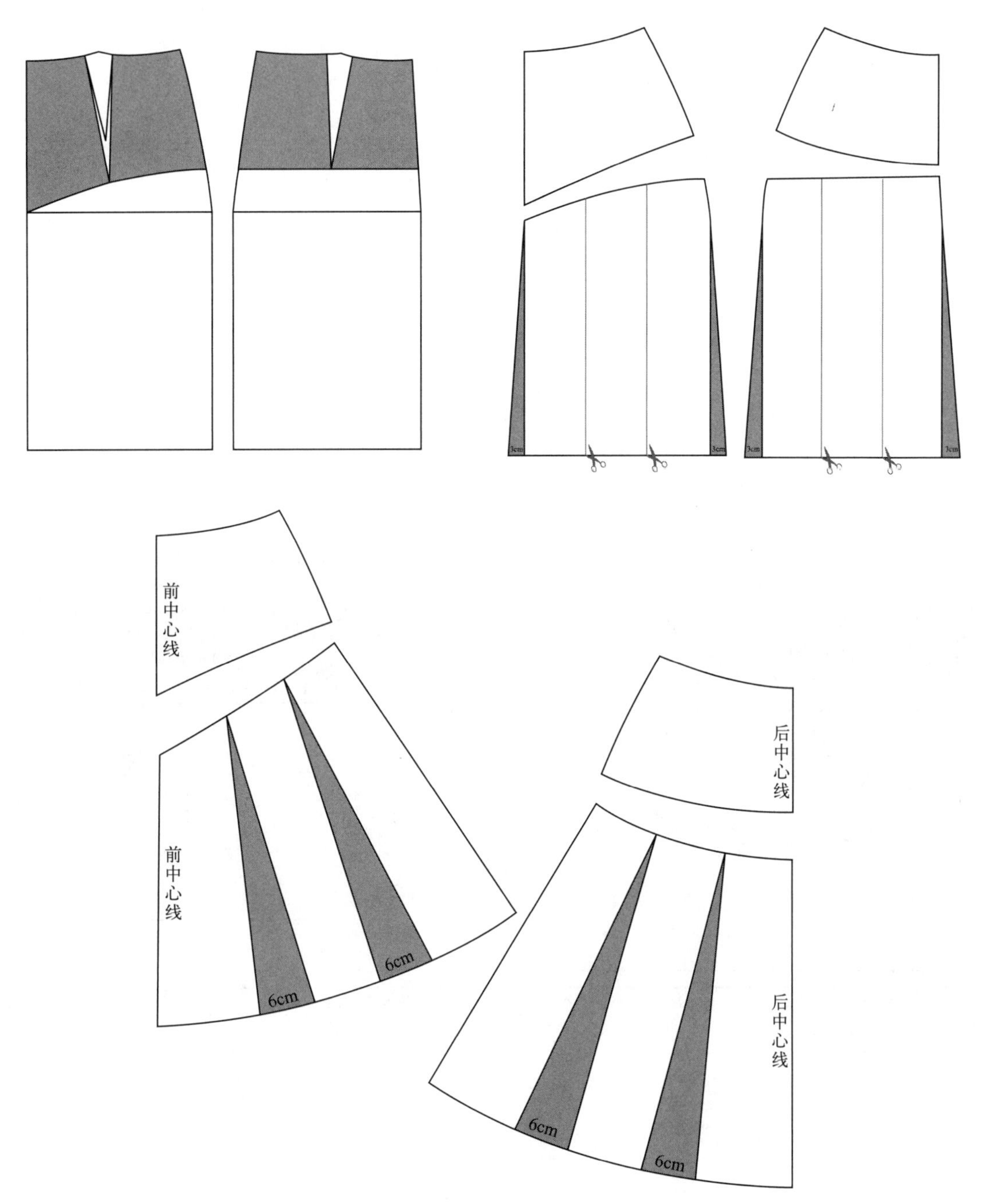

图 2-3-7 喇叭育克裙的样板示意图

需要样板，但需要先进行计算。把腰头做成想要的宽度，然后测量前片和后片的下端。制作时需要考虑裙子共有多少层，每一层的宽度是多少。为了增加裙子的多变性，每一层不一定要求相同的宽度。例如，在图 2-3-9 所示实例中，第一层比其他两层窄。它可以是 1.5 倍或 2 倍的测量值。一旦设计好所有这些，就可以计算层的长度。褶皱量的多少可以参考每一层大约都比前一层长一倍。

图 2-3-8 蛋糕裙效果图

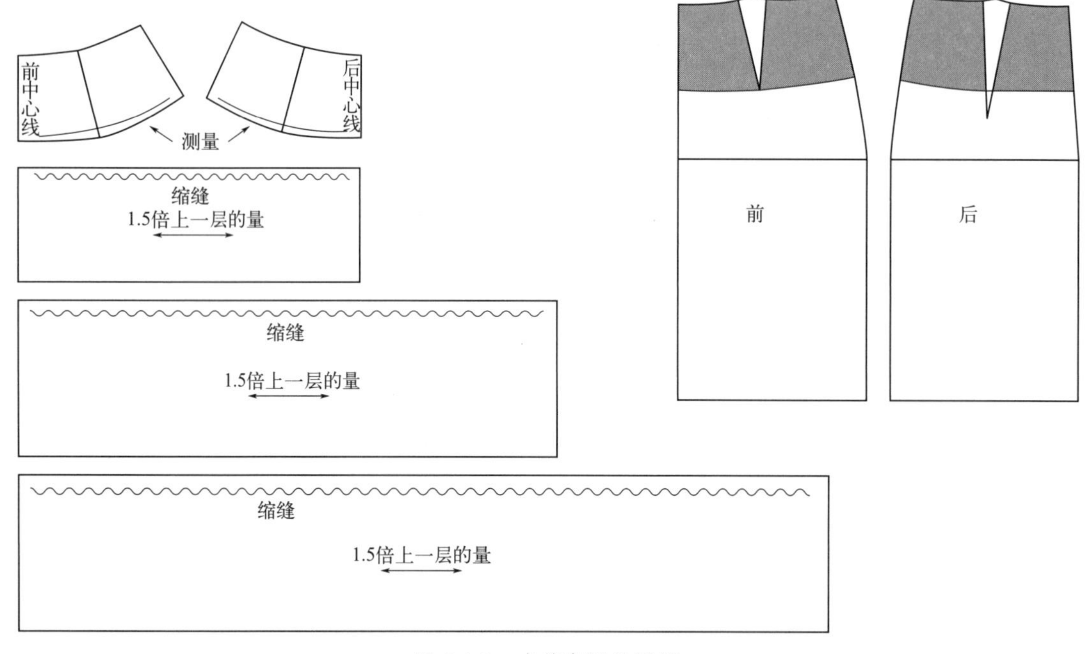

图 2-3-9 吉普赛裙的样板

五、两个箱形褶皱裙纸样

箱形褶皱可以为服装增添正式或装饰性的外观，适用于多种场合和风格，如图 2-3-10 所示。

在这个样板设计中，褶皱将被精确地设计放置在省道的位置，即在设计时把褶皱的量与省道的剖线相结合。如图 2-3-11 所示，沿着上部的省道线将样板一分为二，然后在中间增加所需的体积量，从下摆线向上标记褶皱的中心。制作两个箱形褶皱的简要步骤如下。

图 2-3-10　两个箱形褶皱裙效果图

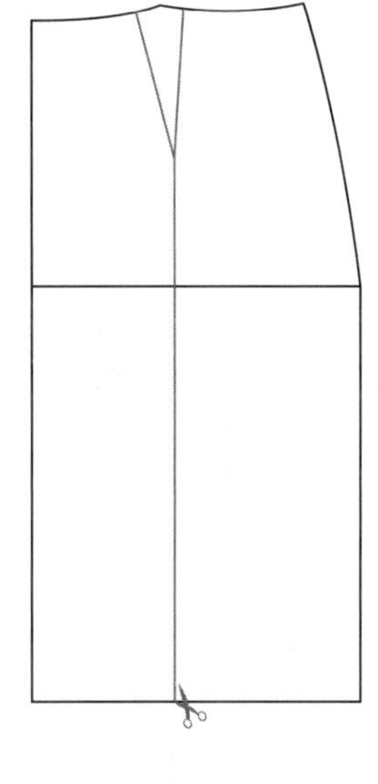

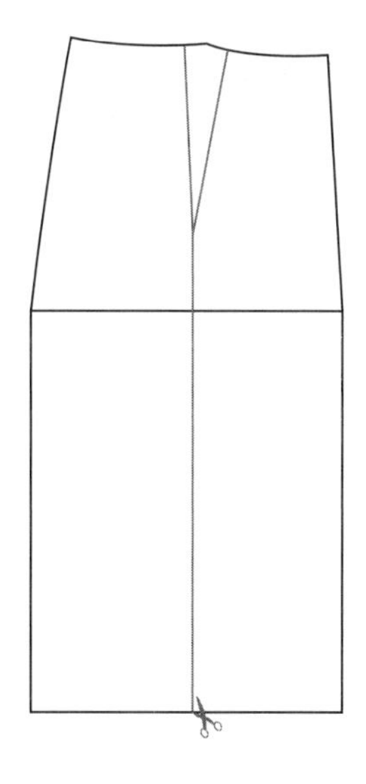

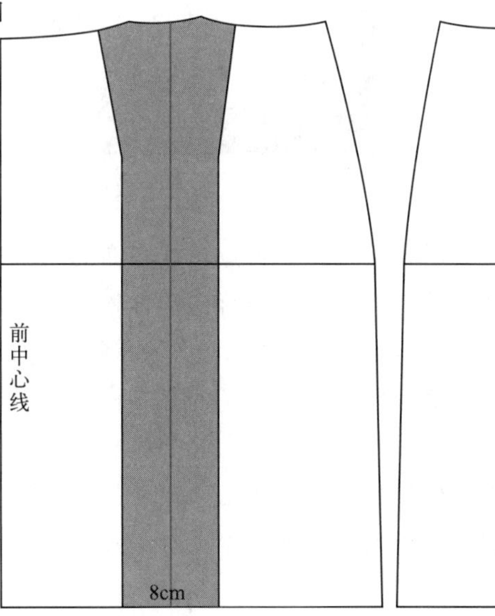

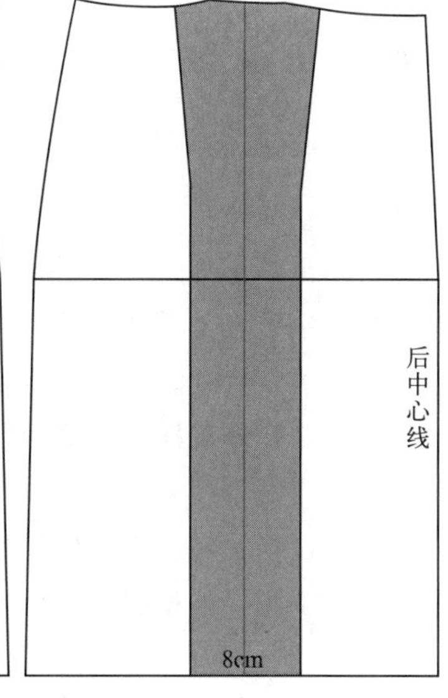

图 2-3-11　两个箱形褶皱裙的样板

（1）标记褶皱位置。在裙子的纸样或面料上，标记出褶皱的位置和大小。

（2）剪裁褶皱。根据标记，剪裁出要拓展的面料量。

（3）缝合褶皱。将两个量缝合在一起，形成箱形褶皱主体。

（4）完成和熨烫。完成缝合后，对褶皱进行熨烫，以确保其形状整洁且持久。

六、百褶裙

在制作百褶裙（图 2-3-12）时，整个裙边都装饰着精细的刀片式褶皱，这要求我们在设计和制作过程中格外细致。首先，需要从复制基本的裙子纸样开始，这一步骤暂时不包括省道的设计。接着，将注意力转向测量裙子的宽度，这是确保褶皱均匀分布的关键步骤。在设计褶皱时，必须计算出每条褶皱之间需要的足够空间，这是为了防止褶皱在穿着时发生重叠，确保裙子既美观又实用。通过这样的步骤，可以制作出既具有层次感又不失流畅线条的百褶裙。

图 2-3-12 百褶裙效果图

百褶裙是一种经典的裙装款式，其特点是裙身布满了垂直的褶皱，这些褶皱可以是固定式的，也可以是活动式的。以下是制作百褶裙样板的基本方法，如图 2-3-13 所示。

（1）确定尺寸。首先确定裙子的尺寸，包括腰围、臀围、裙长等。

（2）制作基础样板。根据尺寸制作裙子的基础样板，通常包括前片、后片和腰头（如果需要）。

（3）设计褶皱。确定褶皱的宽度和数量。褶皱的宽度将决定裙摆的最终半径，褶皱数量则取决于想要的裙摆大小和褶皱的宽度。

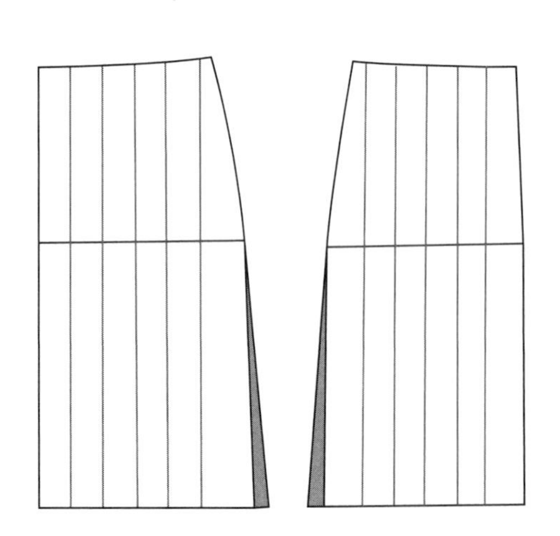

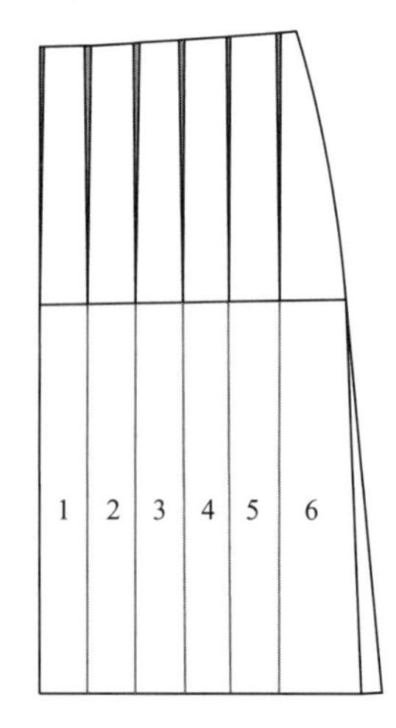

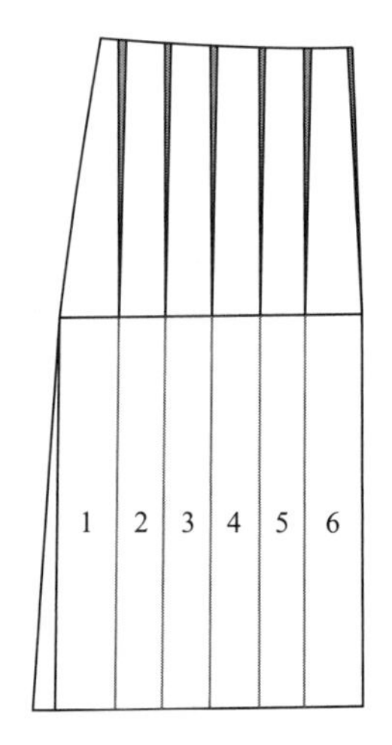

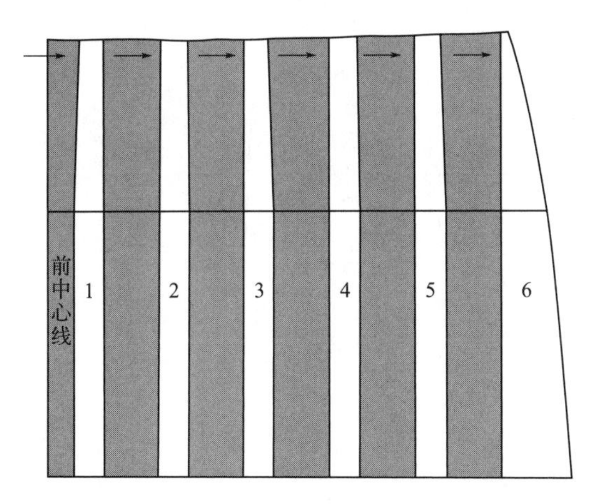

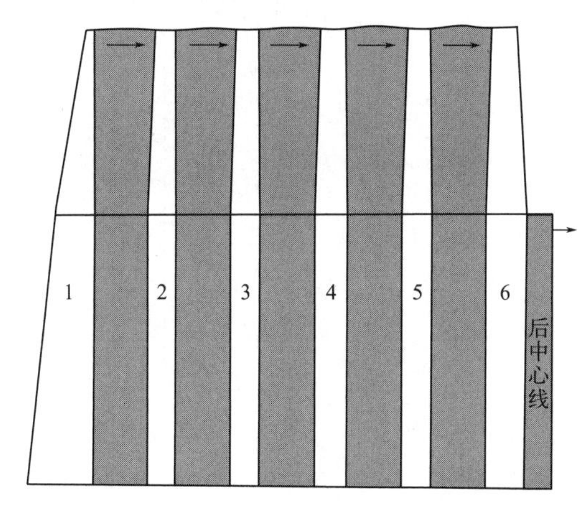

图 2-3-13 百褶裙样板图

（4）计算褶皱量。根据褶皱的宽度和数量，计算出需要增加的布料量。通常通过在裙摆线上增加额外的长度来实现。

（5）制作褶皱样板。在裙摆线上，按照计算出的褶皱量画出垂直线来表示褶皱。每条线之间的距离就是褶皱的宽度。

（6）切割样板。按照基础样板和褶皱线切割出完整的裙子样板。

（7）制作褶皱。在布料上按照样板上的褶皱线进行切割，然后缝合布料的两侧，形成褶皱。

（8）缝合褶皱。将制作好的褶皱部分缝合到裙子的腰部。

（9）完成腰头。如果设计中包含腰头，可以制作一个单独的腰头样板，并将其缝合到裙子的腰部。

（10）试穿和调整。试穿裙子，检查褶皱的效果和整体的合身度，必要时进行调整。

（11）完成。完成所有缝合工作，包括锁边和熨烫，确保褶皱平整。

七、手风琴直筒裙

图 2-3-14 是一条带有手风琴（踢脚）褶裥的直筒裙，这种设计在行走时可以提供更多的步幅空间。传统上，手风琴褶裥会放在裙子的后部，在侧缝处增加一点喇叭形设计。如果想制作一条铅笔裙，可以通过在后部开衩或在侧缝处开衩来增加更多的步幅空间。注意，手风琴褶裥通常被定义为整个褶皱宽度相同的褶皱，但在这个踢脚褶皱中，它们的顶部比底部更窄，如图 2-3-15 所示。

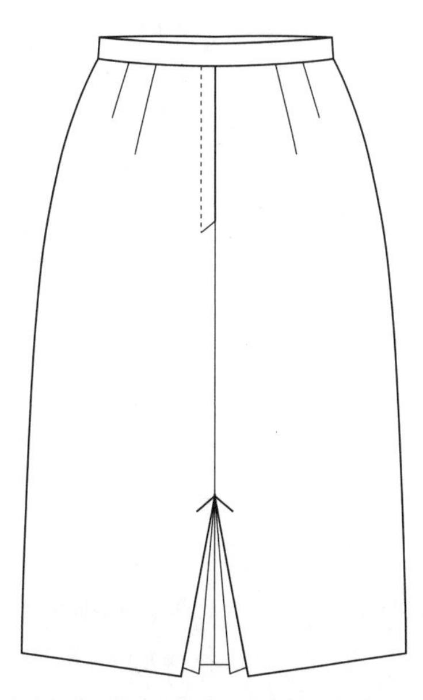

图 2-3-14 手风琴直筒裙效果图

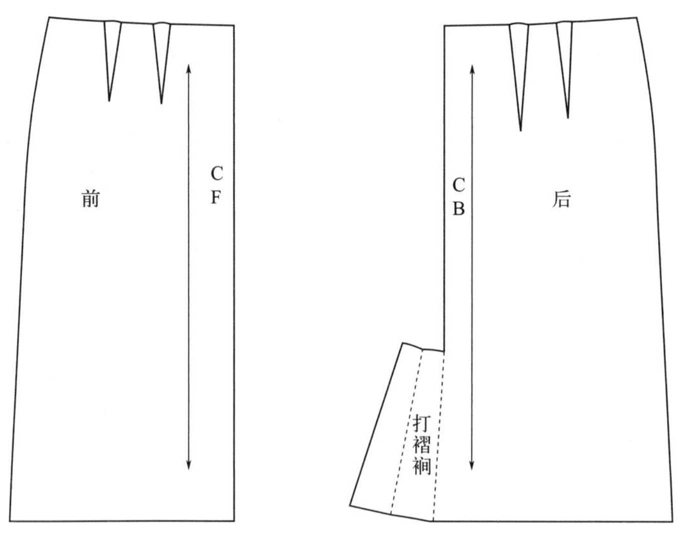

图 2-3-15 绘制手风琴直筒裙（1）

详细样板制作步骤说明如下。

（1）将裙子基型纸样描摹到纸上。

（2）做好省道和臀围标记，如图 2-3-16 所示。

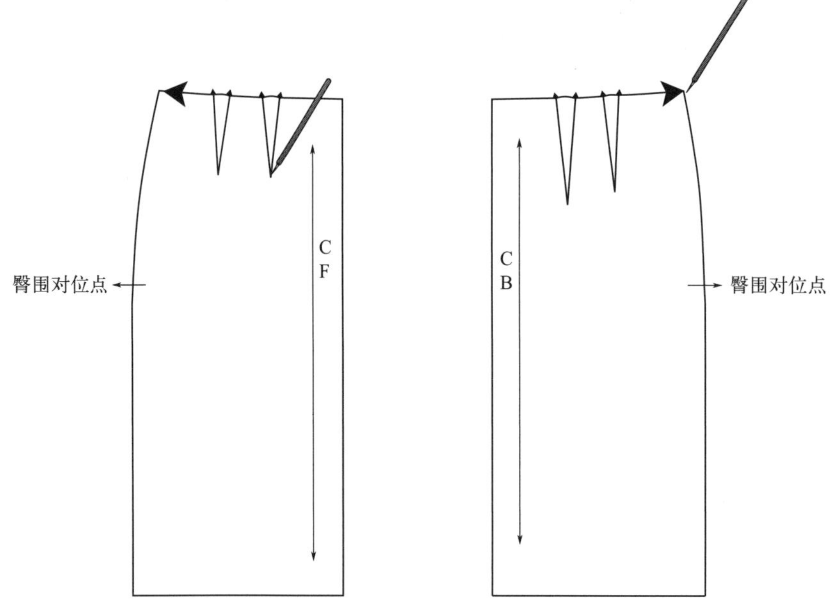

图 2-3-16 绘制手风琴直筒裙（2）

（3）在完成描摹和标记点之后，移开基型纸样，然后绘制省道。

（4）标记前中心线（CF）和后中心线（CB）。侧缝处添加一个延伸部分，增加一点喇叭形设计，将有助于褶裥闭合，如图 2-3-17 所示。

（5）前后片各自从下摆处的侧缝向外量取 2cm。

（6）同时，从该点向上平滑至臀部，画顺曲线。

（7）在后中心线（CB）上，从下摆向上量 20cm 到点 A，如图 2-3-18 所示。

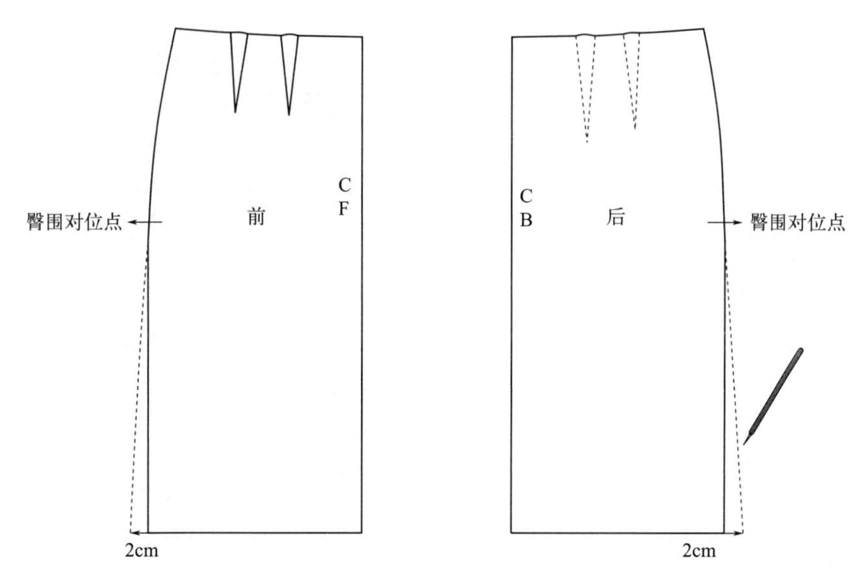

图 2-3-17 绘制手风琴直筒裙（3）

（8）从下摆向外量 1.2cm 到点 *B*。

（9）从 *A* 点画线到 *B* 点，构建褶皱线。这里绘制斜线而不是直接从后中心线（CB）画直角褶皱，将有助于保持褶皱闭合。

（10）从线 *AB* 开始，从 *A* 点向外量并在 2.5cm 和 5cm 处做标记。

（11）从线 *AB* 开始，从 *B* 点向外量并在 5cm 和 10cm 处做标记。

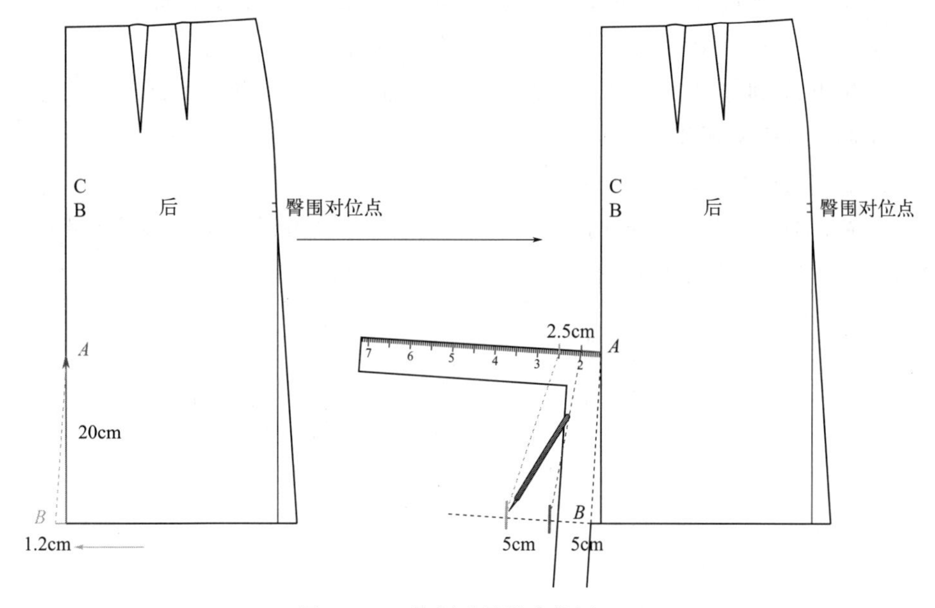

图 2-3-18 绘制手风琴直筒裙（4）

完成褶皱的最后一步至关重要，要求确保褶皱的顶部和底部精确对齐，如图 2-3-19 所示。这样做的目的是在折叠时，褶皱的顶部能够整齐对齐，而底部则能够与裙子的下摆完美匹配。

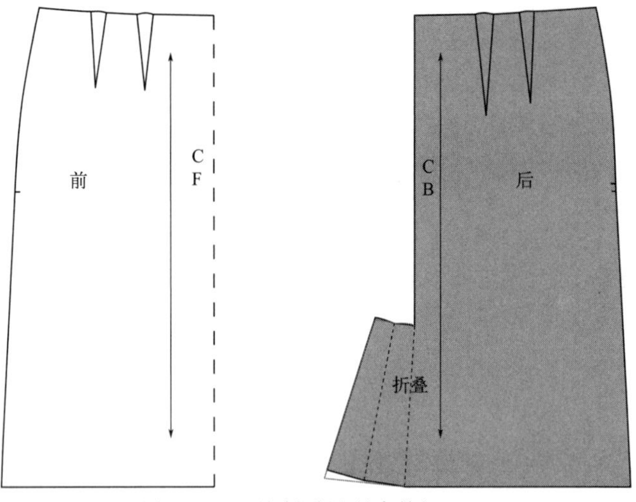

图 2-3-19 绘制手风琴直筒裙（5）

八、手风琴褶裥裙

手风琴褶裥裙样板与手风琴直筒裙样板相近。继续延长图 2-3-19 后中折线（从下摆向上），以及褶皱缝线（从下摆向上），直到它们相交。在每个褶皱的顶部和底部标记折线（由虚线表示）。制作步骤如下，见图 2-3-20。

（1）从点 A 向下测量到点 B，这是后中线上褶皱的顶部。

（2）使用点 A 到点 B 的测量值，从点 A 向下测量 1～4 点，并做标记。

（3）从点 A 向下测量到点 C，这是褶皱折线的底部。

（4）使用点 A 到点 C 的测量值，从点 A 向下测量到 1～4 点，并做标记。

（5）绘制连接褶皱顶部 5 个点的线。

（6）绘制连接褶皱底部 5 个点的线。

请确保在褶皱的顶部和底部的 1、2 和 3 点的记号（由黑色记号表示）明晰，如图 2-3-20 所示，这些将有助于折叠褶皱。

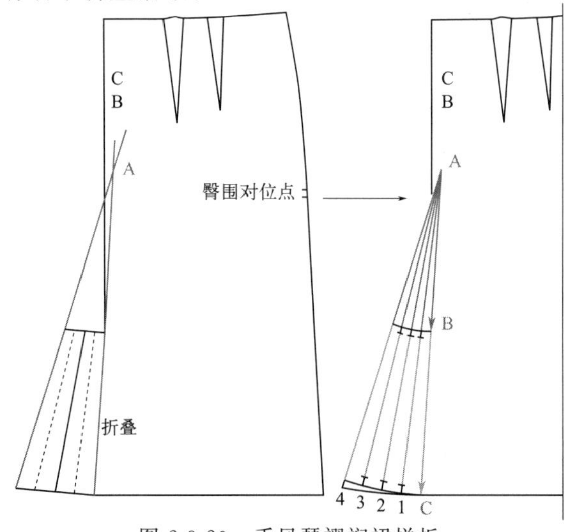

图 2-3-20 手风琴褶裥裙样板

(7) 将这个样板复制到新纸上，并添加缝份，确保所有的记号、省和内角点都做好标记，以及拉链信息都要清晰明确。

(8) 绘制完裙片后，根据需要绘制裙子腰带。

九、内褶裙

图 2-3-21 是一条带有倒箱形（踢脚）褶皱的 A、B 款直筒裙，这种设计在行走时可以提供更多的步幅空间。踢脚褶皱可以放在前面或后面，如果将其放在前面，在直筒裙的侧缝处可以增加一点喇叭形设计，如图 2-3-22 所示。如果想制作一条铅笔裙，可以通过在后部开衩或在侧缝处开衩来增加更多的步幅空间。这里 A 与 B 的褶皱较为类似，样板制作以 A 款为例进行详细说明。

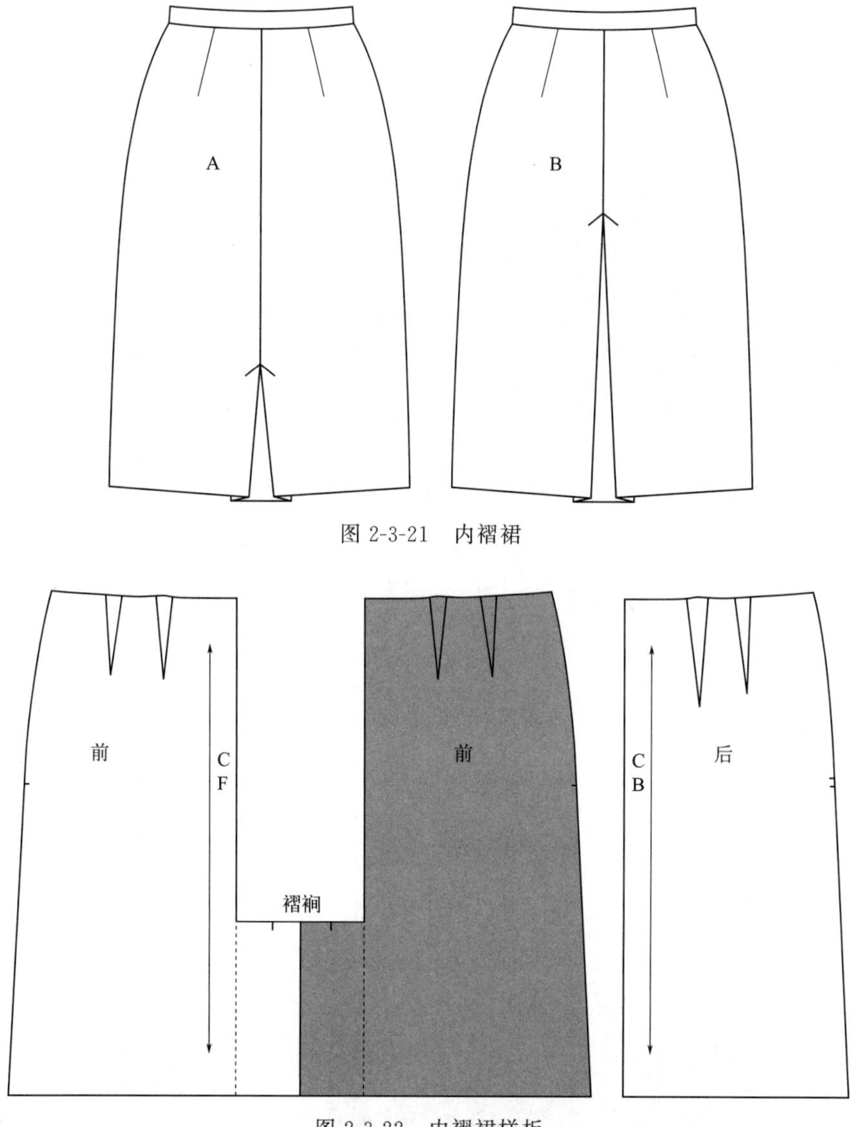

图 2-3-21　内褶裙

图 2-3-22　内褶裙样板

制作方法如下。

（1）将裙子基型纸样描摹到纸上，并做好省道和臀围的标记，如图 2-3-23 所示。

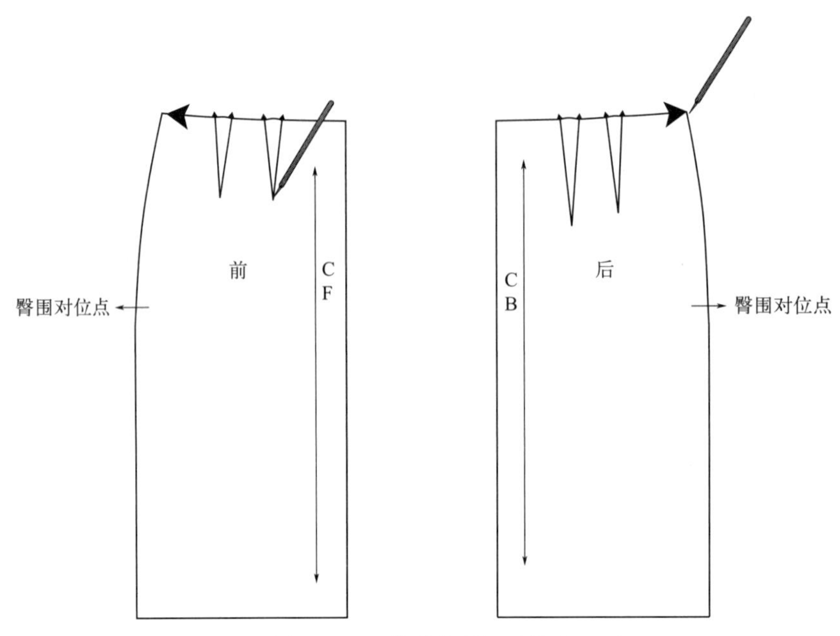

图 2-3-23　描摹绘制裙子基型

（2）在完成描摹和标记点之后，移开基型纸样，然后绘制腰省，如图 2-3-24 所示。

（3）标记前中心线（CF）和后中心线（CB），在侧缝处添加一个延伸部分（2cm），这样增加一点喇叭形设计，将有助于褶皱闭合。如图 2-3-24 所示。

（4）从下摆处的侧缝向外延展 2cm。

（5）从该点向上平滑至臀部，画顺前片侧缝和后片侧缝。

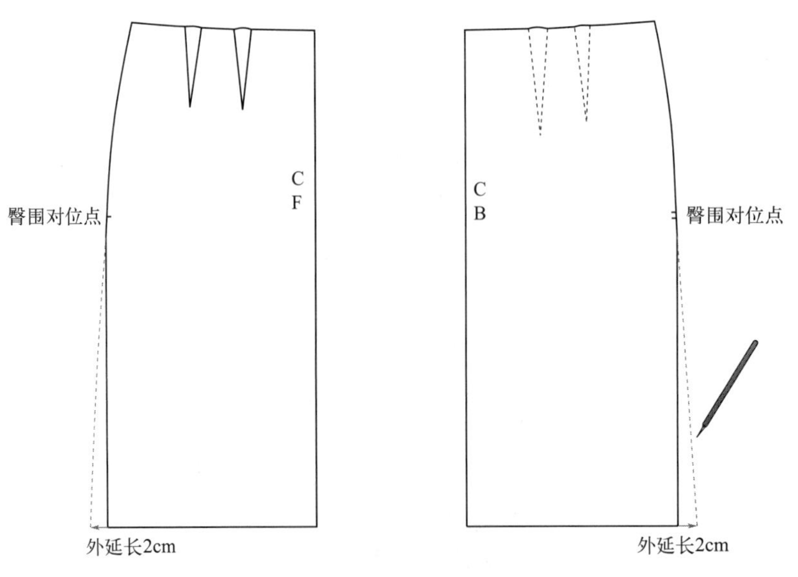

图 2-3-24　侧缝加量

（6）在前中心线（CF）上，从下摆向上量 20cm，从下摆向外量取 8cm。如图 2-3-25 所示，20×8 为整个踢脚褶皱的量，完成褶皱矩形绘制。

（7）横向平分矩形，即在这个矩形的 4cm 处作记号（褶皱的中点），以显示折叠线，并作记号。具体的褶皱见图 2-3-25 圆圈中的折叠方法。

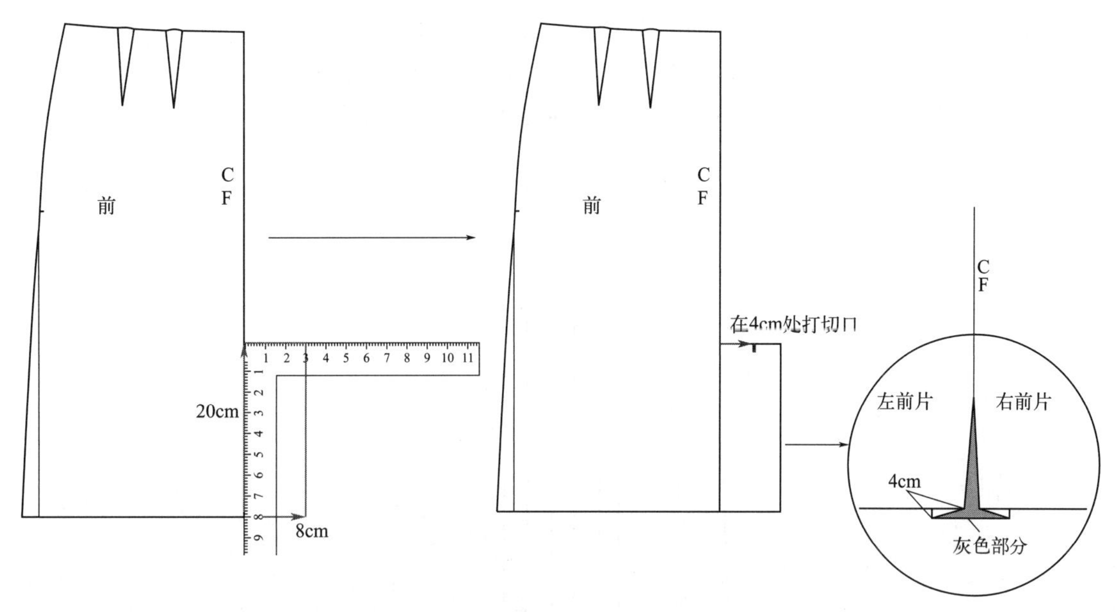

图 2-3-25　绘制内褶裙踢脚褶皱

（8）图 2-3-26 展示了增加了踢脚褶皱的前片和后片的纸样。

（9）添加前片缝份。图 2-3-26 显示的前片已添加缝份。

（10）在布料褶皱的内角用圆圈或其他记号来标记这个点。

（11）添加丝缕线，该线与前中心线（CF）和后中心线（CB）平行。

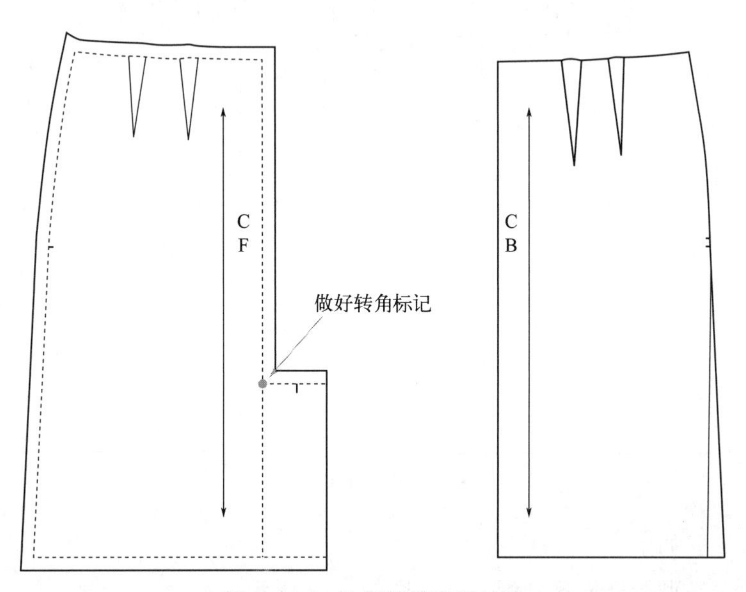

图 2-3-26　绘制倒箱形褶皱裙

十、刀片褶裥裙

如图 2-3-27 所示，这条刀片褶裥裙口在前中心有 5 个褶裥，褶裥深度为 4cm。这些褶裥在腹部上方的顶部缝合固定，然后在下方展开。这条裙子仍然保留一个腰部省道，第二个省则被整合到了最靠近侧缝的褶皱中。在下摆处增加了一点喇叭形设计，以帮助褶皱在站立时保持闭合。行走时褶皱会打开，静止站立时它们是闭合的，看起来会更美观。中间褶裥裙最终的纸样如图 2-3-28 所示，这里所延展的部分是褶量的设计。

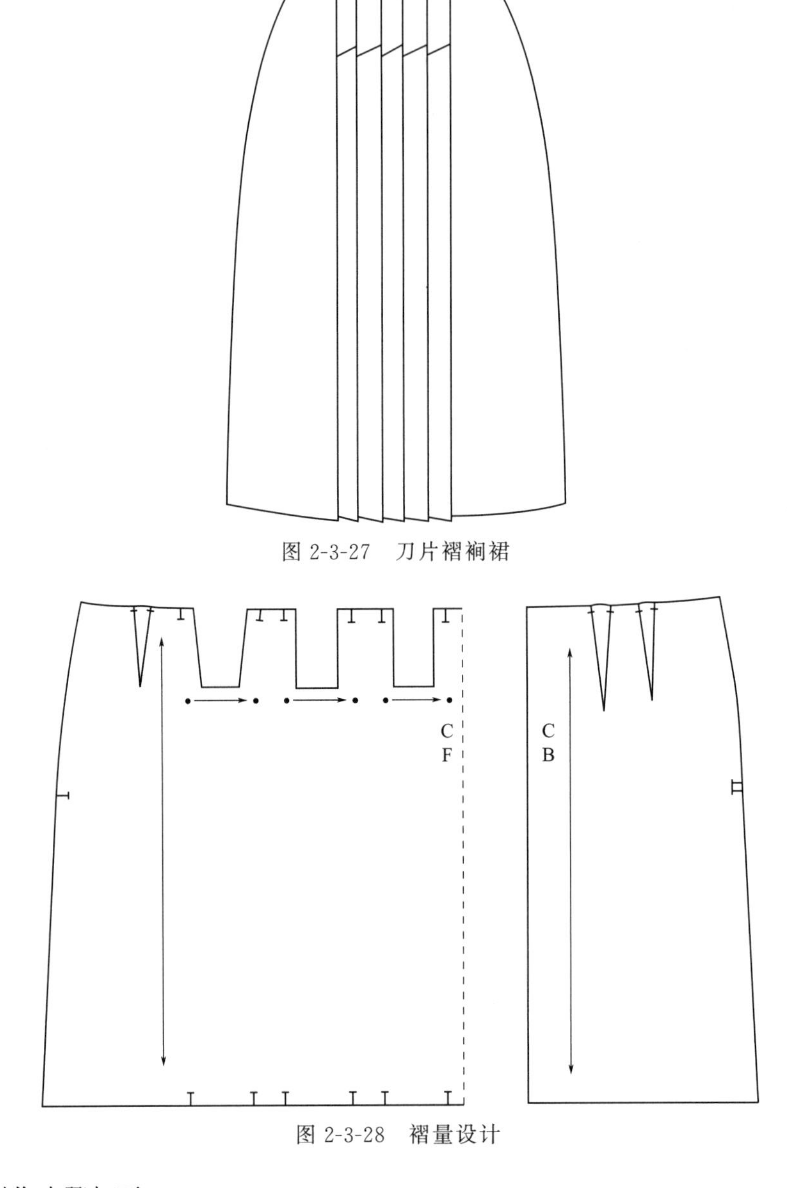

图 2-3-27 刀片褶裥裙

图 2-3-28 褶量设计

具体制作步骤如下。

（1）将裙子基型纸样描摹到纸上，如图 2-3-29 所示。

（2）做好省道和臀围线的记号。

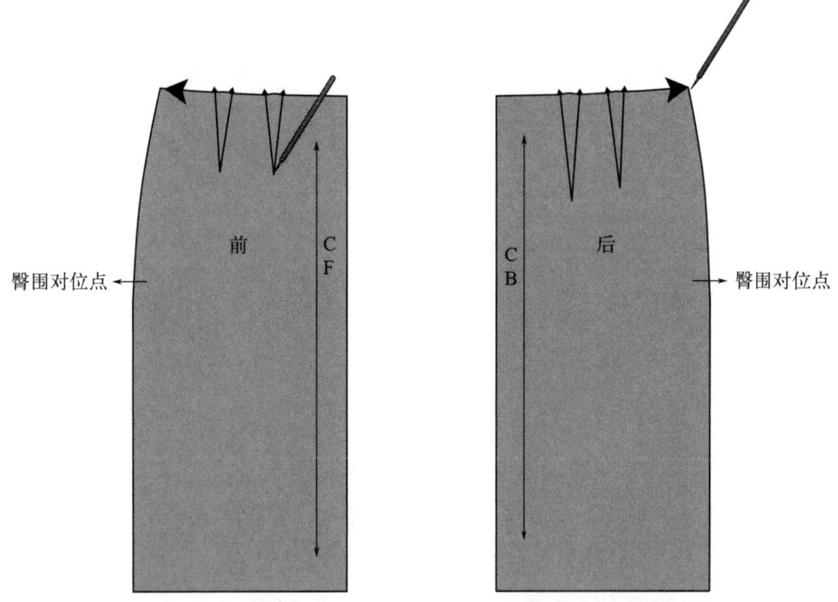

图 2-3-29　描摹裙子基型

（3）在完成描摹和标记点之后，移开基型纸样，然后绘制腰省，标注省的切口。

（4）标记后中心线（CB）。裁剪和展开后标记前中心线（CF），并在侧缝处添加一个延伸部分；增加一点喇叭形设计将有助于褶皱闭合。

（5）从下摆处的侧缝向外量取 2cm，并从该点向上平滑至臀部，即画顺侧缝线，如图 2-3-30 所示。

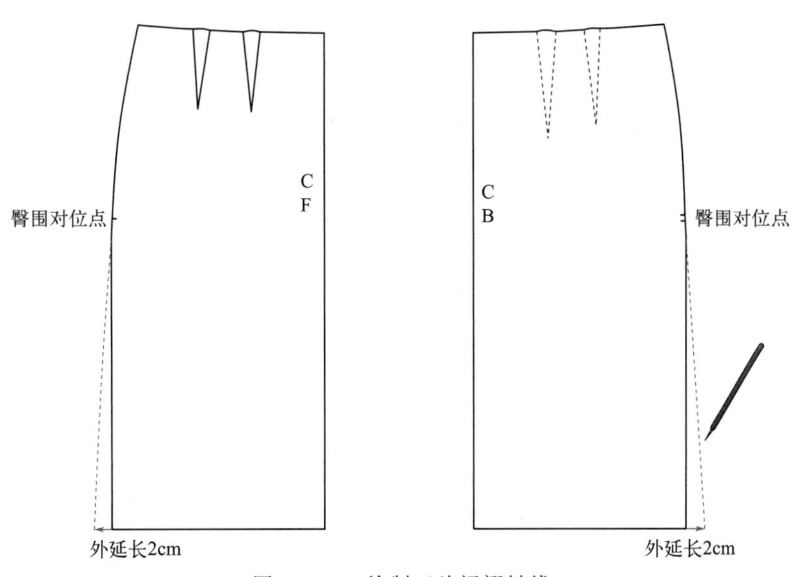

图 2-3-30　绘制刀片裙褶皱线

（6）绘制臀线，标记臀围线位置，并标注前中心线（CF）。这些线条将有助于裁剪和展开时进行对齐。

（7）分别绘制距离前中线 2cm、6cm、10cm 的平行线，如图 2-3-31 所示，制作三条平行线，并标记 1、2、3。

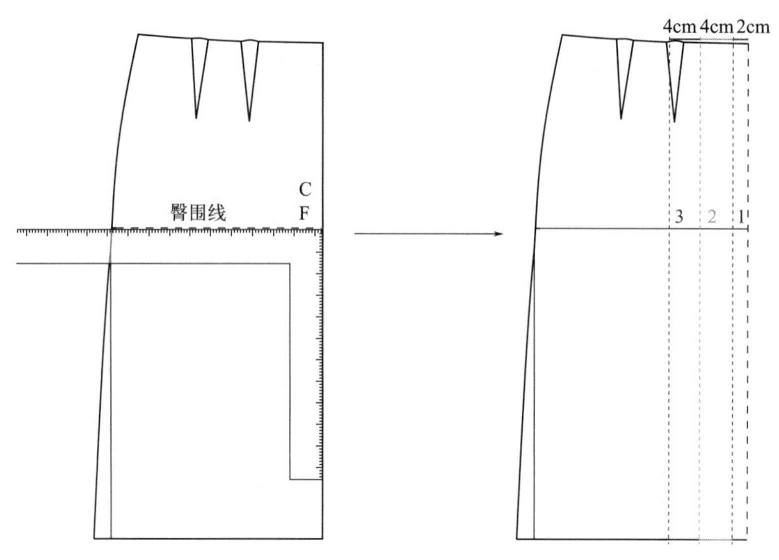

图 2-3-31 绘制刀片褶皱裙（1）

（8）目前第三条线与省的位置关系并不重要，将在下一步重新绘制该腰省。

（9）平移前片离前中心线近的臀围省，测量省的宽度。移动该省融入第三条分割线。

（10）在第 3 条褶皱线上重新绘制省，保持原来的省深度。沿着 1、2 和 3 号线切割，将部件分割开，在下面放纸，以便于样板调整粘贴。

（11）去除褶皱中间的省，如图 2-3-32 所示。如果保留在那里，在绘制缝份时可能会变得混乱。

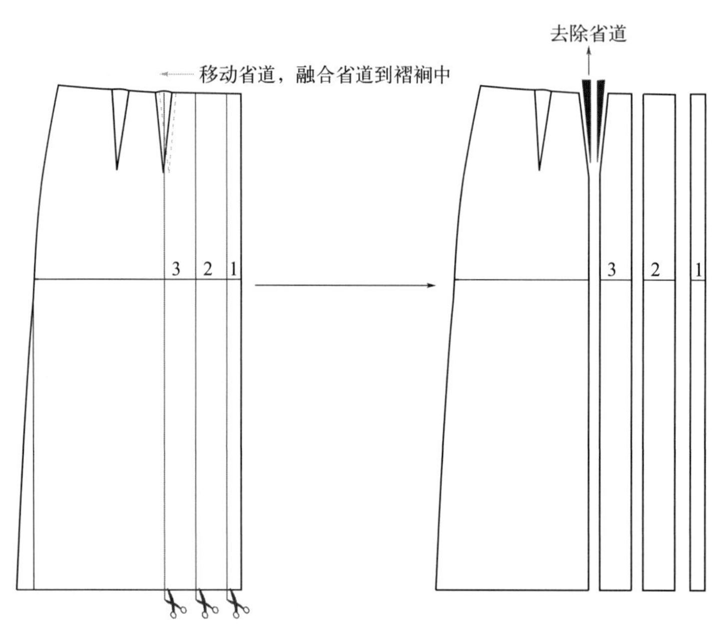

图 2-3-32 绘制刀片褶皱裙（2）

（12）如图 2-3-33 所示，在纸上画一条线，这是臀线，它将帮助正确地对齐纸样部件，并在缝制时起到对位作用。

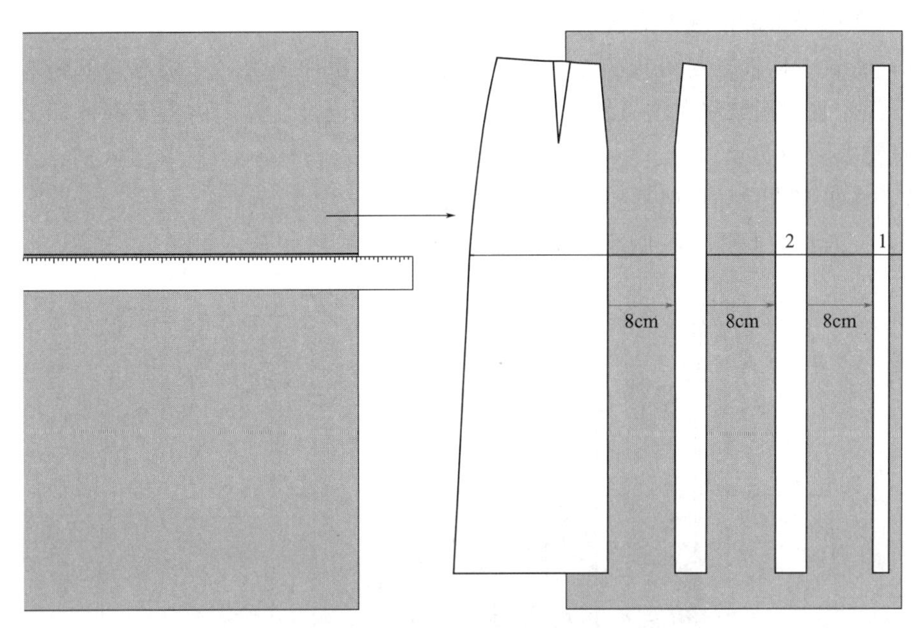

图 2-3-33　绘制刀片褶皱裙（3）

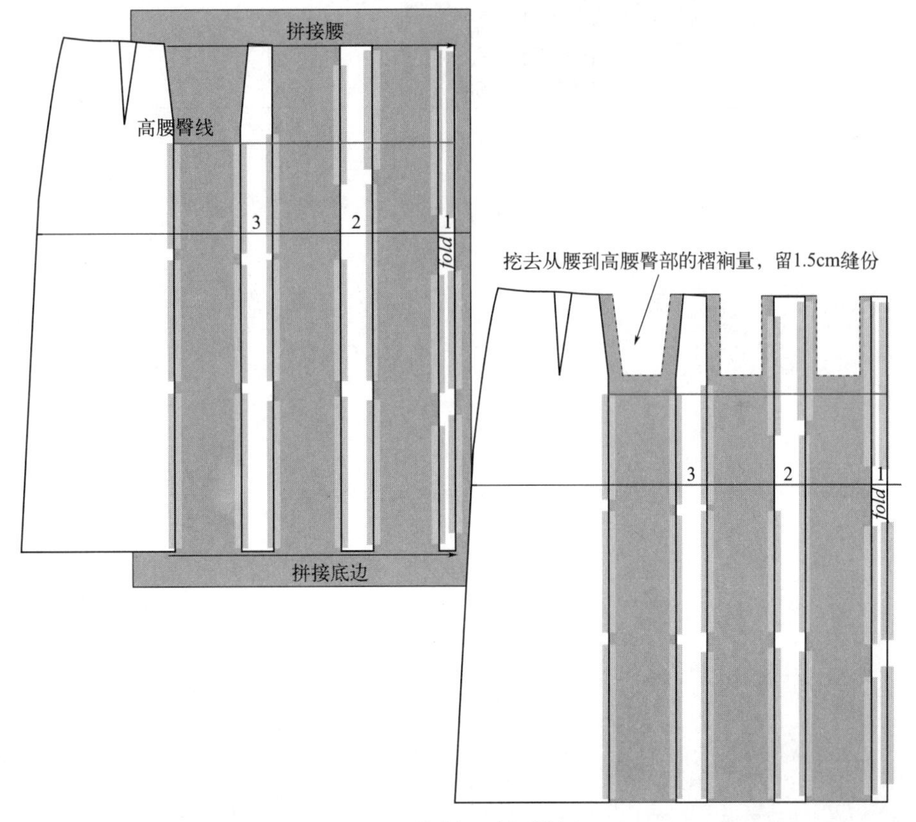

图 2-3-34　绘制刀片褶皱裙（4）

（13）将纸样部件放置在纸上，每个裁剪部件之间留出 8cm 的距离，用于折叠。

（14）将腰部平滑处理，如图 2-3-34 所示。

（15）在裙子顶部区域去除多余的布料。

（16）将这个样板复制到新纸上，并在相关的地方添加缝份（从腰部向下到褶皱内部的缝份已经添加，褶皱将在这里缝合），并确保所有的记号、省和内角点都被标记，以及拉链信息都要清晰明确。

（17）样板完成后，根据需要绘制腰带或育克贴边。

（18）完善样板制作并添加丝缕线、褶皱标识等，画顺线条，如图 2-3-35 所示。

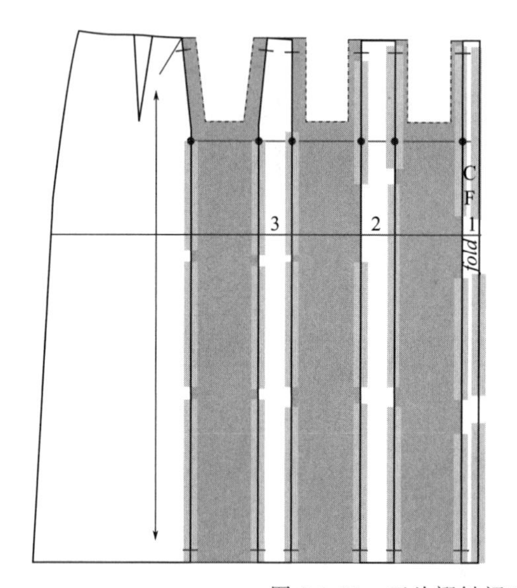

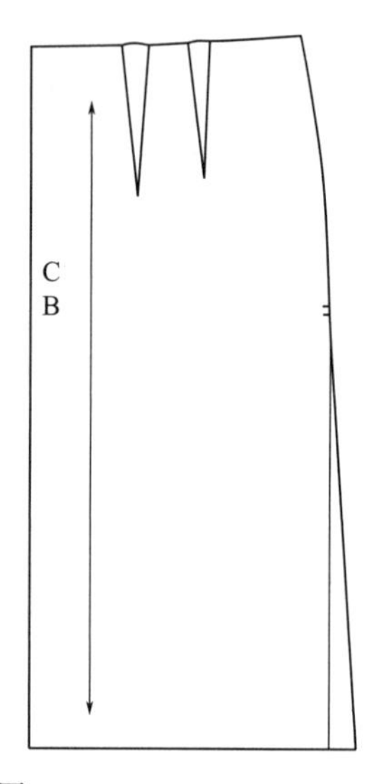

图 2-3-35　刀片褶皱裙完成图

第三章

女上衣原型结构设计

第一节 女上衣基础知识

一、人体与上衣原型的关系

上衣原型的设计是服装设计的基础，它与人体的结构和特征紧密相关。首先，打版师需要通过精确的人体测量来获取关键的身体尺寸，如胸围、腰围、背长和肩宽等，这些数据构成了上衣原型设计的基石。人体形状的多样性要求上衣原型必须能够适应不同的胸型、腰型和肩部线条，以确保服装的贴合度和舒适度。

在结构设计过程中，上衣原型需要考虑穿着者的日常活动需求，如举手、弯腰等，确保服装不会限制这些动作，从而提供足够的活动自由度。同时，舒适度也是一个重要的考量因素，样板师在材质选择和版型设计上都应避免过紧或过松，以减少穿着时的不适感。因此在原型制作过程中要结合受众画像、消费者需求、美学需求、面料特性和人体工程学进行样板的各关键部位松量设置。

美观性同样是上衣原型设计中不可或缺的一部分。样板师需要利用原型创造出既符合人体工程学又具有审美吸引力的服装造型和风格，以满足穿着者对外观的期望。此外，上衣原型还需要具有一定的适应性，以适应不同场合和风格的需要，如正装上衣的合身与正式，休闲上衣的宽松与随意。服装样板与人体的关系还取决于受众群体的文化和气质。例如，十个同样尺码的女人穿同样的衣服，她们穿起来的效果都不一样。人体与服装的关系涵盖了客观和主观的合身程度之间的相互作用，以及服装的设计特征。个性化也是上衣原型设计中的一个重要方面。尽管原型是基于通用的人体尺寸和形状设计的，但在实际制作过程中，样板师和裁缝会根据个别穿着者的特定需求进行调整，以实现个性化的穿着效果。

此外，文化和时尚因素也对上衣原型的设计产生影响。设计师需要考虑当前的流行元素和文化偏好，确保服装既符合时尚潮流，又能够被不同文化背景的人群所接受。样板师需要综合考虑人体工程学、美学、功能性、个性化以及文化和时尚因素，才能创造出既舒适又美观，且具有广泛吸引力的上衣原型。

图 3-1-1 巧妙地通过人体与面料的结合，生动地展示了人体与服装之间的密切关系。在图中，我们可以清晰地观察到胸省和腰省在上衣设计中的关键作用及其尺寸大小，它们对于塑造上衣的合体性和美观性至关重要。同时，胸围作为上衣原型中尺寸最大的部位，其重要性不言而喻，而颈围和袖窿曲线的流畅走势也在图中得到了直观的展现。从人台上拓下的服装与原型的紧密贴合，进一步印证了原型设计是基于对人体特征和尺寸的深入分析和推导。这种设计方法确保了服装能够更好地适应人体的自然形态，提供更加舒适和美观的穿着体验。通过这种细致入微的设计过程，能够更好地理解服装与人体之间的和谐共生，以及如何在设计中巧妙地运用人体工程学原理。

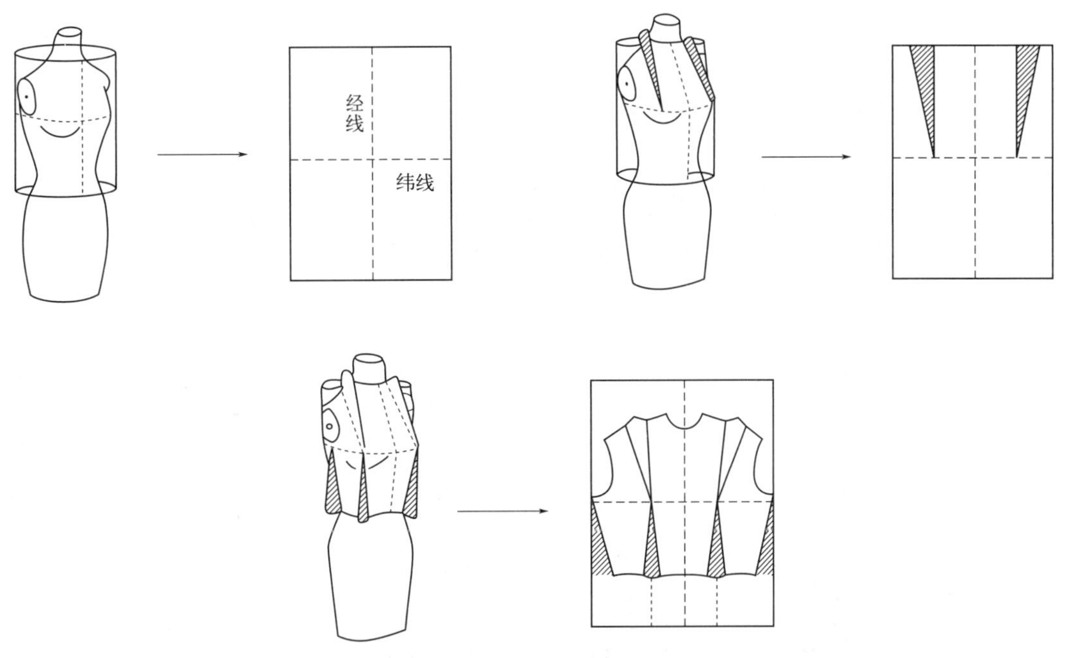

图 3-1-1　人体与面料的结合

二、上衣原型与人体的直观关系

图 3-1-2 通过多维度视角，详尽展示了标准女上衣文化式原型在收腰工序之前的原型样板与人台模型的紧密关联。此图不仅全方位地体现了人体原型胸部造型与人台尺寸之间的高度匹配与精准贴合，还深刻揭示了原型上衣与人体之间的微妙空间感及恰到好处的松量关系，营造出既合体又不失舒适的穿着体验。值得注意的是，由于腰部尚未进行省道设计，下摆部分呈现出一种自然流畅的宽松形态。从全侧角度来看，呈现 A 字造型。

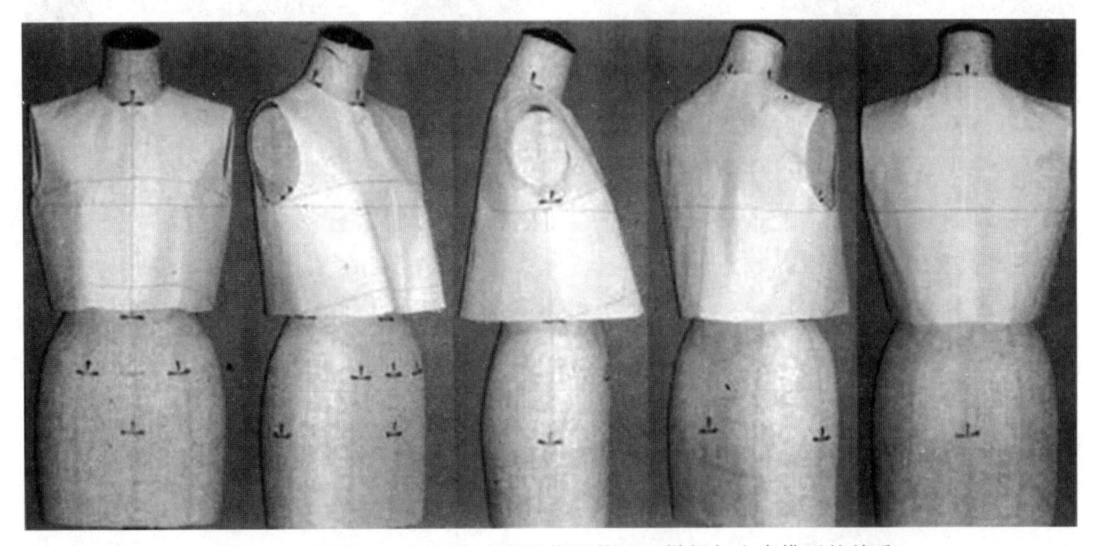

图 3-1-2　标准女上衣文化式原型收腰前原型样板与人台模型的关系

图 3-1-3 从各个角度展示了标准女上衣文化式原型收腰后原型样板与人台模型之间的关系，与图 3-1-2 相比，这个属于收腰，因此整个下摆比较贴合。从整体造型来讲，标准女上衣的原型与人体贴合关系程度较好，但没有达到美观和吻合人体各部位的需求。

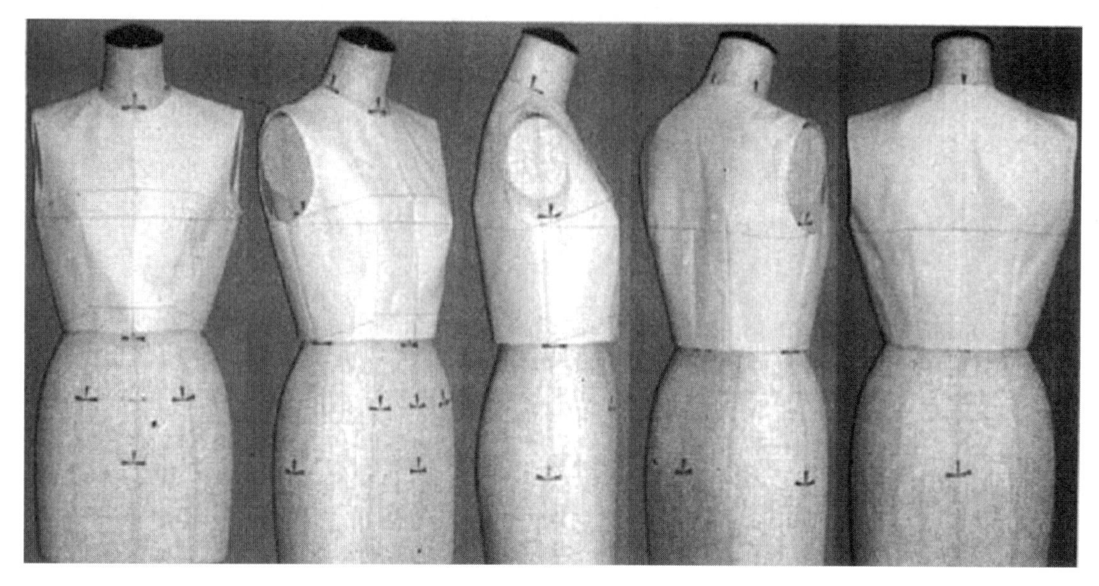

图 3-1-3　标准女上衣文化式原型收腰后原型样板与人台模型的关系

图 3-1-4 以多角度直观展示了新文化式上衣原型在未进行收腰处理前，其原型与人体之间的紧密契合关系，特别是胸围区域的匹配度展现得尤为精准。显而易见的是，即便尚未进行收腰设计，该原型在下摆部分的整体效果相较于图 3-1-2 而言更为优越，更加贴合人体自然曲线，展现出更佳的穿着舒适度和形态美感。

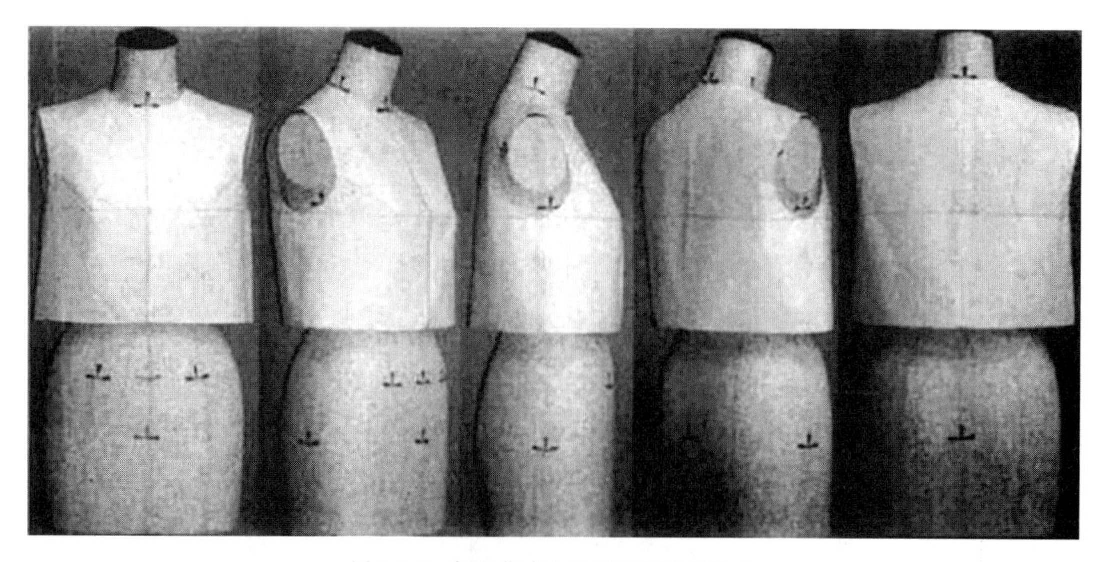

图 3-1-4　新文化式上衣原型收腰前效果

新文化式上衣原型的收腰效果较标准女上衣原型的收腰效果而言，更加丝滑，更加符合人体，同时也更加美观。从各个角度来看，特别是各部位的松量设计与人体结构关系非常吻合（图 3-1-5）。

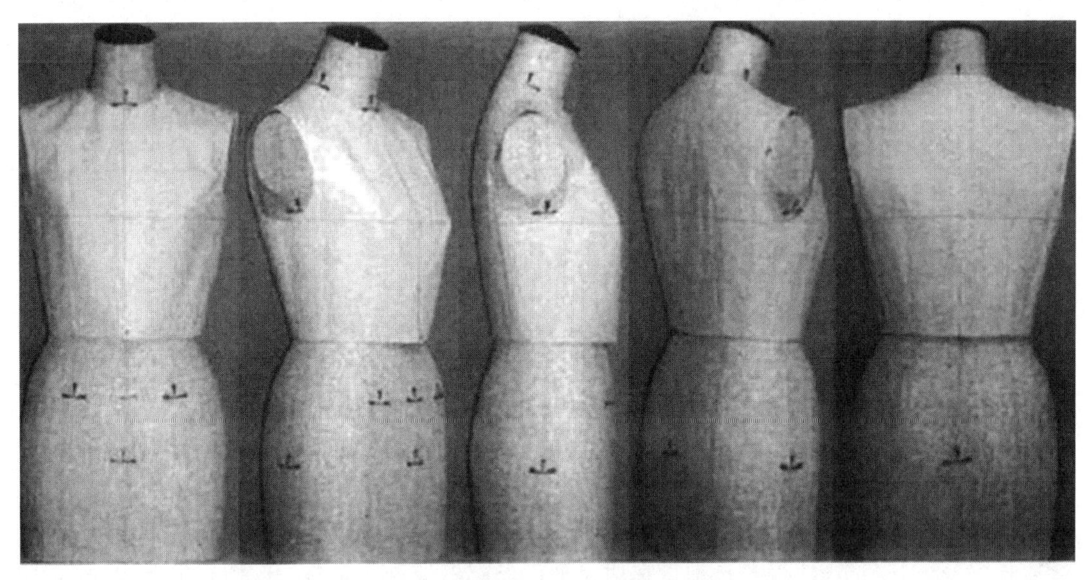

图 3-1-5　新文化式上衣原型收腰后效果

三、根据腰部和臀部差调整样板

在这里，省道起到样板调节的作用，其作用原理是通过省道宽度和数量的松量变化进行整个样板的调整。因此，调整是根据测量数据来平衡样板。例如，如果胸围与腰围之间的差异不大，那么省道量就应该设计得小一些，留部分省量给侧缝，以避免侧缝失去其曲线美。在某些情况下，甚至可能需要略微减少服装的宽松度，以保持服装的流畅线条。相反，如果腰围非常小而胸围较大，为了不使侧缝曲线过于陡峭，影响服装的整体外观，可能需要增加省道的宽度。此外，还可以考虑将一部分省道的量转移到腰线的后缝，以实现更好的平衡和设计效果。

四、服装长度的人体依据

在服装设计中，服装长度与人体的比例设计是一个关键因素，它影响着服装的美观度和穿着者的舒适度。以下是一些基于人体测量部位的具体说明。

（1）人体基准点。在制图时，会使用人体的基准点，如颈椎点、肩端点、胸高点、腰侧点等，这些点有助于确定服装各部分的正确位置和长度。

（2）上衣长度。上衣的长度通常以人体身高的一定比例来设计。例如，短款上衣可能位于腰围线以上，而常规长度的上衣可能刚好覆盖臀部，这通常位于身高的一半左右。长款上衣可能会覆盖大腿的一部分，根据款式不同，长度也会有所不同。超短上衣的长度在腰线附近；短上衣衣长在腹围线附近；中长上衣在臀围线附近，常见于西服；长上衣在横裆线附近；加长上衣在大腿的中部，在腰线下 35～40cm。女装长与身高的比例关系见表 3-1-1。

表 3-1-1 女装长与身高的比例关系

品种	女装与身高	品种	女装与身高
西服外套	40%身高	长大衣	65%身高
短大衣	48%身高	衬衫	40%身高
中长大衣	60%身高	背心	30%身高

（3）裙子长度。裙子的长度也有很多变化，从迷你裙（可能在大腿中部，大约是身高的 1/3）到及膝裙（膝盖水平），再到长裙（可能触及脚踝或全长），这些长度都与身高有关。

（4）裤长。裤子的长度通常根据人体的腿长来决定。长裤通常设计为覆盖整个腿部，到达脚踝，而短裤或七分裤则可能位于膝盖上下。

（5）袖长。长袖通常到达手腕，而短袖可能位于上臂的中部，无袖设计则可能位于肩下不同位置。在实际测量时，女西服袖长是从肩端点量至手腕下 2cm 处。这个长度确保了穿着时的舒适度和活动自由度。考虑到女西服通常与衬衫搭配穿着，西服袖长应该比衬衫袖长短 1～1.3cm，使得衬衫袖口在西装袖口外露出半英寸左右，既体现出着装的层次，又能保持西装袖口的清洁。

（6）动态考虑。在设计服装长度时，还需要考虑人体动作，确保服装不会限制自然运动，特别是在关节部位，如膝盖和肘部。

（7）视觉效果。服装长度的设计还会利用视觉错觉原理，如垂直线条会产生拉长效果，而水平线条则可能使身体部位看起来更宽。

（8）面料特性。面料的克重和质地也会影响服装长度的设计。例如，较重的面料可能需要更长的长度，以避免显得过于沉重。

（9）文化和时尚趋势。不同文化和时尚趋势对服装长度有不同的偏好，设计师需要考虑目标市场的文化背景和当前的时尚趋势。

在实际设计过程中，设计师会根据具体的设计意图、面料特性、人体测量数据以及流行趋势等因素，灵活调整服装长度，以达到最佳的设计效果。

第二节 女上衣原型介绍

美国、英国和中国的女上衣原型在设计理念、制图方法和规格上存在一些差异，这些差异反映了不同国家和地区对女性体型特征的理解以及服装审美和功能性的需求。

一、英国女上衣原型

英国女上衣原型（图 3-2-1）是以英国标准研究所提供的标准数据为参数设计的。参数的部位包括胸围、背长、袖窿身、颈宽、肩宽、背宽、胸宽及乳凸量等。英国女上衣原型是服装制板领域中的核心概念，它基于对人体结构的深入研究，旨在创造出既美观又舒适的服装。这种原型的主要优点在于其对人体工程学的细致考虑，特别是在胸省和腰省的设计上，能够突出和弥补人体特征，从而达到扬长避短的效果。此外，原型的结构设计注重细节，如颈围和袖窿曲线的走势，这些都有助于增强服装的视觉效果和穿着体验。然而对胸突量、袖窿深等的测量，初学者是较难掌握的。

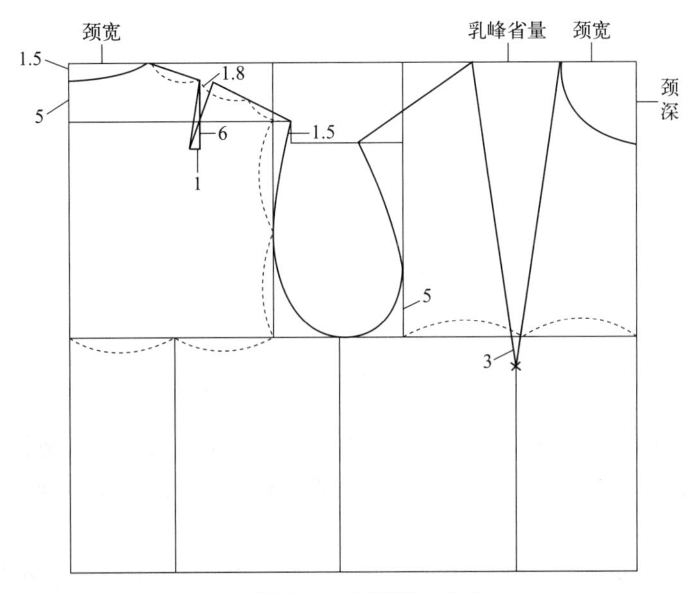

图 3-2-1　英国女上衣原型（单位：cm）

二、美国女上衣原型

美国女上衣原型（图 3-2-2）通常以较为宽松和舒适为特点，强调服装的活动自由度。其测量方法相对复杂，制图时使用的是实际测量的方法，并使用专用工具，以获得合体的衣身结构。美国女上衣原型可能会有更多的松量，以适应不同的体型和活动需求。例如，美国女上衣原型的胸围松量可能比日本的原型大，以适应更丰满的体型。其与英国的原型在设计上所不同的是，英国女上衣原型可能更注重服装的正式感和细节处理，如领口、肩部和袖窿的设计；有更精细的调整，如肩线的斜度、袖窿的深度和胸省的设计等。同时，美国女上衣原型的特点在于其左身制图法的特殊性，使得公式可推导，因此具有较好的可变性。

三、中国女上衣原型

中国女上衣原型，即国标制版方法，是三种中数据需求最少的，只需要胸围和背长两个数据。经过多年的发展和演化，国标制版方法拥有众多公式，可推导性高，因此在可变性和合体性方面表现不错。此外，中国的原型在设计上更多考虑亚洲女性的体型特征，如

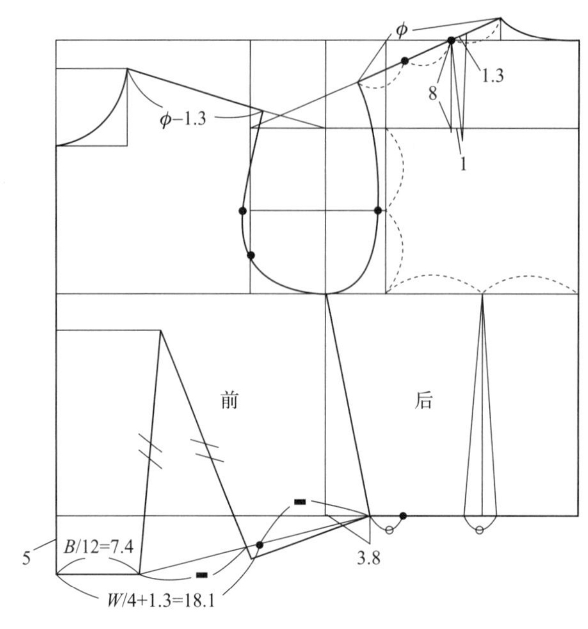

图 3-2-2 美国女上衣原型（单位：cm）

胸围、腰围和臀围的比例。中国的原型制图方法可能会结合传统的裁剪技巧和现代的设计理念，以创造出既符合东方审美又具有现代感的服装。中国的原型可能会更加注重服装的线条流畅和整体的平衡感。

综合来看，中国女上衣原型在数据需求上最为简洁，而美国和英国的制版方法在数据需求上较多。在制版方法上，美国和中国的制版方法提供了较好的灵活性和可变性，而英国的制版方法则相对固化。每种制版方法都有其独特的优势和适用场景，不同国家的女上衣原型反映了各自的文化背景和审美观念，同时也考虑到了穿着者的舒适度和功能性需求。在选择原型时，设计师和制作者会根据目标市场的特定需求来进行调整和优化。

第三节 ▸ 中国标准女上衣原型制图

原型制图需要把握几个关键尺寸，具体部位涉及背长、胸围、腰围、袖窿、袖笼深、前胸宽、后背宽、肩膀宽度、肩膀斜度、领围等。具体的尺寸可以通过测量来获得，也可以依据女上衣原型的基本公式计算获得。即，女上衣原型的各部位尺寸都可以通过胸围（B）的大小关系进行公式化计算获取，如袖窿深为 $B/6+7.5$（cm），因此女上衣原型只要有胸围数据和背长基本上可以制作原型。

一、女上衣原型规格设计

女上衣原型制图基本纸样是以人体上半身的胸围和背长两个参考尺寸为依据，并追加一定的松量进行制作的。制作女上衣原型只以胸围尺寸为主要依据，因为人体胸围尺寸的大小与上半身其他部位的尺寸，如颈围、胳膊、肩宽等的大小是成正比的。因此，以胸围尺寸为依据，再按比例计算出其他相应部位的尺寸，其对人体的适合度是很高的。

拟定一个规格尺寸 160/84，身高 160cm，胸围 84cm，背长 38cm 来制作原型。需要注意的是，一定要在测量的尺寸上加松量，即使要做贴身服装，仍然要考虑运动和呼吸量。根据不同的需求加 4～10cm，如果面料有弹性，则可以不加甚至减少，进行服装加放松量需要有一定的经验。图 3-3-1 所示的女上衣原型与人台的关系对照有助于理解上衣原型结构设计。

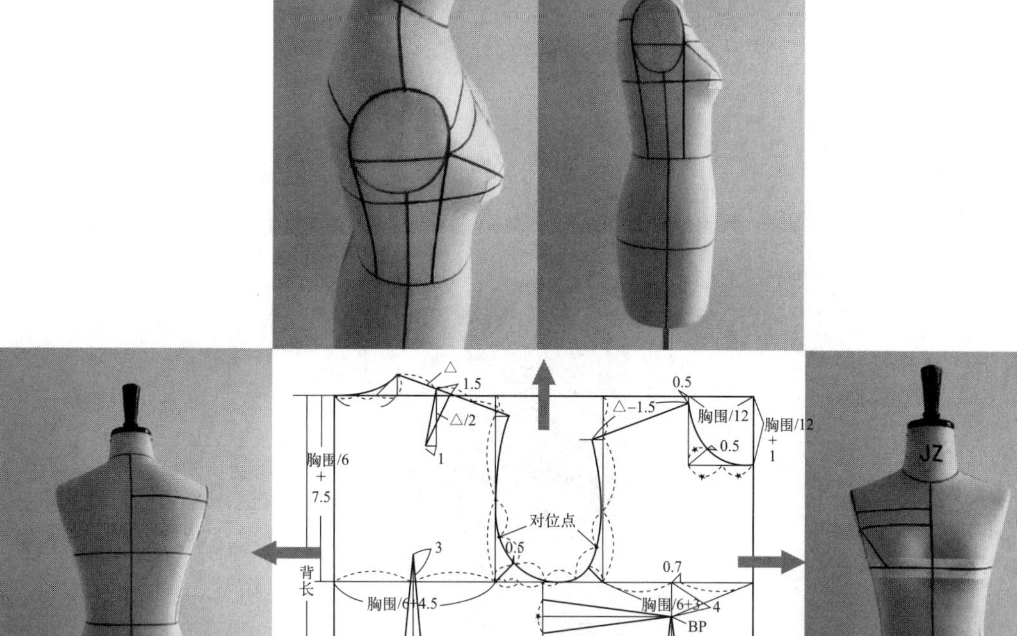

图 3-3-1　女上衣原型与人台的关系（单位：cm）

二、女上衣原型作图基本步骤

1. 作基础线长方形

作长为背长、宽为胸围/2＋6（cm）（松量）的长方形。长方形的右边线为前中心线，左边线为后中心线，上边线为上辅助线，下边线为腰辅助线，见图 3-3-2。

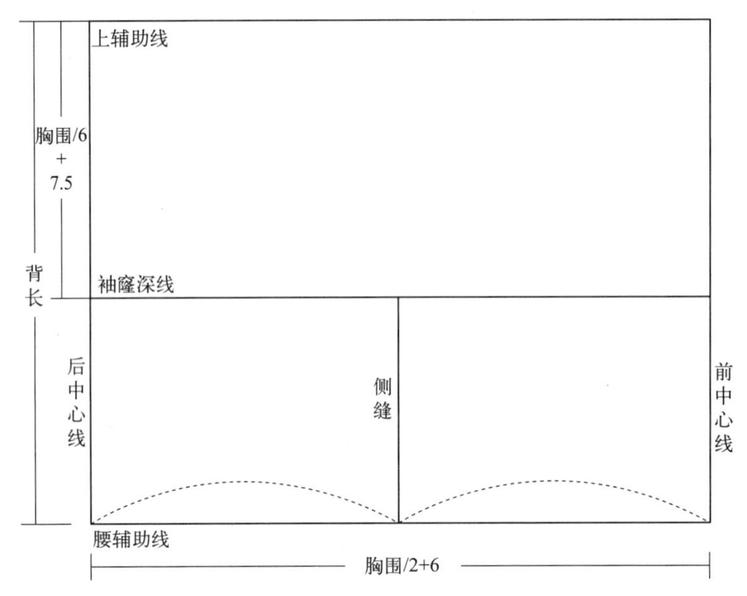

图 3-3-2 女原型上衣基本框架（单位：cm）

（1）背长线。作 38cm 纵向线。背长的测量方法如图 3-3-3 所示。

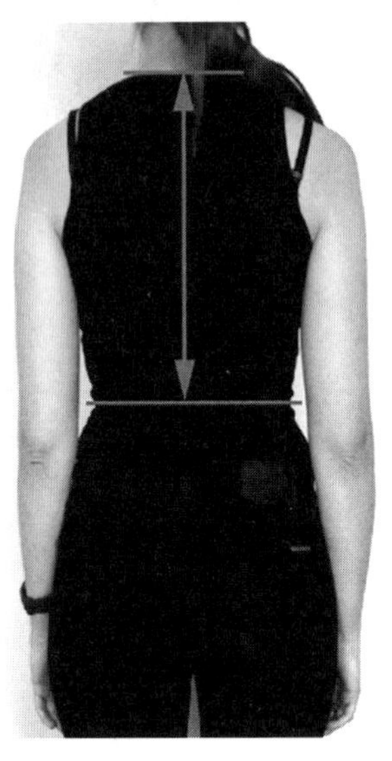

图 3-3-3 背长测量

（2）作基本分制线。从后中心线顶点向下取胸围/6＋7.5（调节数）＝21.5cm，引出袖窿深线交于前中心线（图 3-3-2）。

（3）袖窿深线。除了可由上端往下按胸围/6＋7.5（cm）获得袖窿深线外，也可通过测量获取，测量由第七颈椎点到腋下 1.5cm 处的距离。如图 3-3-4 所示。

（4）腋下侧缝线。在袖窿深线上取中点并向下作垂线交于腰辅助线，如图 3-3-2 所示。该线为前、后衣片的交界线。

（5）作背宽线。在袖笼深线上，由后中心线为起点量取胸围/6＋4.5（cm）确定背宽点，并在该点往上作垂直线，交于上水平线，如图 3-3-5 所示。

图 3-3-4　袖窿深测量

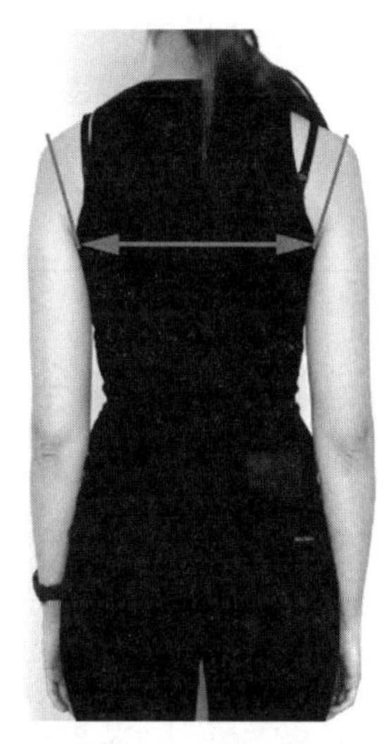
图 3-3-5　背宽测量

（6）作胸宽线。在袖笼深线上，由前中心线为起点量取胸围/6＋3（cm）确定胸宽线，并在该点往上作垂直线，交于上水平线，如图 3-3-6 所示。背宽大于胸宽不仅是因为背宽尺寸大于胸宽，还因为后背的机能性要求也大于前胸。

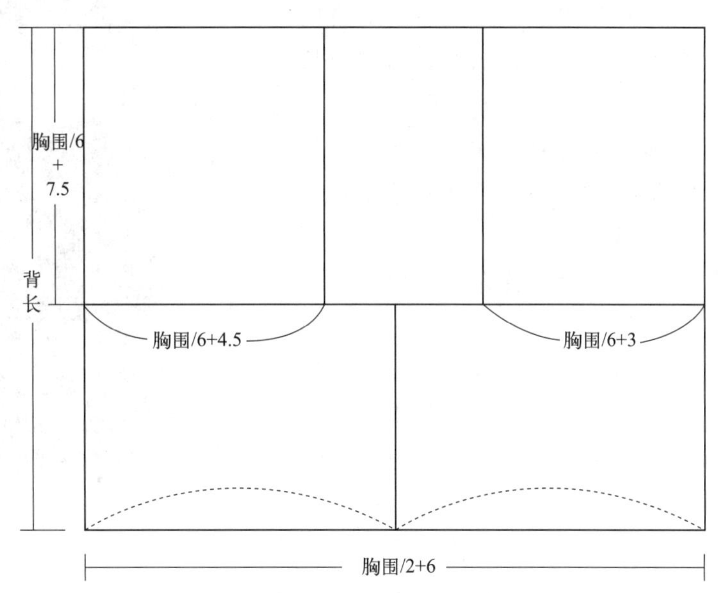

图 3-3-6　背宽和胸宽线构建（单位：cm）

2. 画轮廓线

（1）前领窝。按胸围/12 确定前领的宽度为◎，前领深按后领◎＋1，作前领矩形框架。女性上半身较男性向前倾，因此前侧颈点应由上端线下落 0.5cm。在画前领弧线前，先将前领宽分成两等份，再在领子矩形分角线上取长度为 1/2 的前领宽，并收进 0.5cm，再按图连接前领下落点和前领窝中心点，画顺前领窝弧线，如图 3-3-7 所示。

（2）后领宽。前领宽◎+0.2cm 定出后领宽，后领高为（◎+0.2）/3，即由后领宽点垂直往上量取（◎+0.2）/3 定出后领高，再按图 3-3-7 所示，基本保持第一等分线条平稳，在第二等分处微微起翘，画顺后领窝弧线。

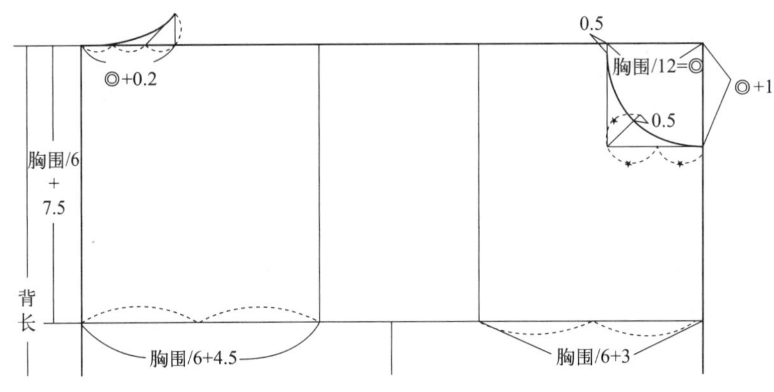

图 3-3-7 绘制领围（单位：cm）

（3）后肩斜线。在背宽线上由上端线下落一个后领窝高，再水平量出 1.5cm，即为肩宽点，然后与后侧颈点连线画顺。

（4）前肩斜线。在胸宽线上，由上端线下落两个后领窝的高，再向外作水平线，然后，从前侧颈点按后肩线长减去 1.5cm 量至前肩线。后肩线长比前肩线长出 1.5cm（肩省量的值取决于人体）。这里的 1.5 厘米是后肩胛的突起量，在后肩线上叠起一个量省掉它（作肩省），才能使它合乎后肩形状，如图 3-3-8 和图 3-3-9 所示。

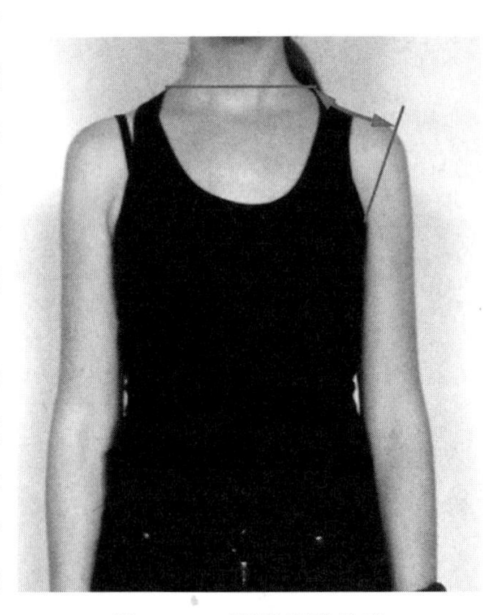

图 3-3-8 测量肩膀长度

（5）在制作后肩胛省时，首先将后肩长度均匀划分为三等份。从颈部开始，测量至第一等份的位置，并在此水平位置画一条垂直线，该线的延伸长度应为肩宽的一半。确定这一垂直线的终点后，沿着后中线方向水平移动 1cm，以确定新的肩胛省的省尖点。然后，从省尖点连接至肩宽的三分之一处，形成肩胛省的一条边。接着，从肩宽的三分之一处量出 1.5cm，将此点与省尖点连接，这样就构成了完整的肩胛省，如图 3-3-9 所示。

（6）后袖窿弧线。先把后袖窿深和后袖窿宽分别分成两等份，再画出后袖窿深的分角线，然后按 1/2 的袖窿宽+0.5cm，如图 3-3-10 所示，画顺后袖窿弧线。

（7）前袖窿弧线。先把前袖窿深分成两等份，再画出前袖窿深的分角线，并参照后袖窿宽的 1/2，如图 3-3-11 所示，画顺前袖窿弧线。

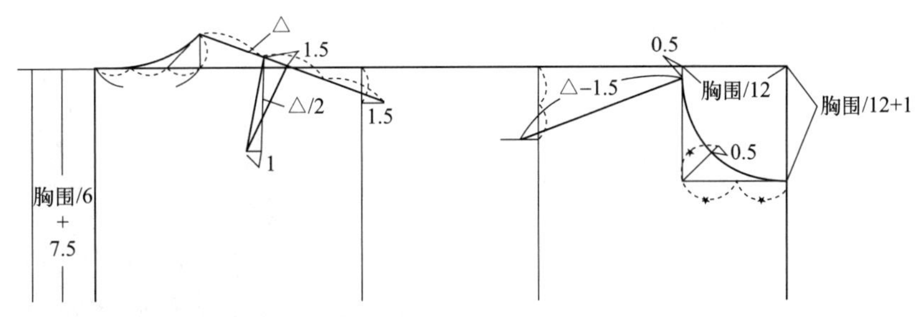

图 3-3-9　绘制肩线（单位：cm）

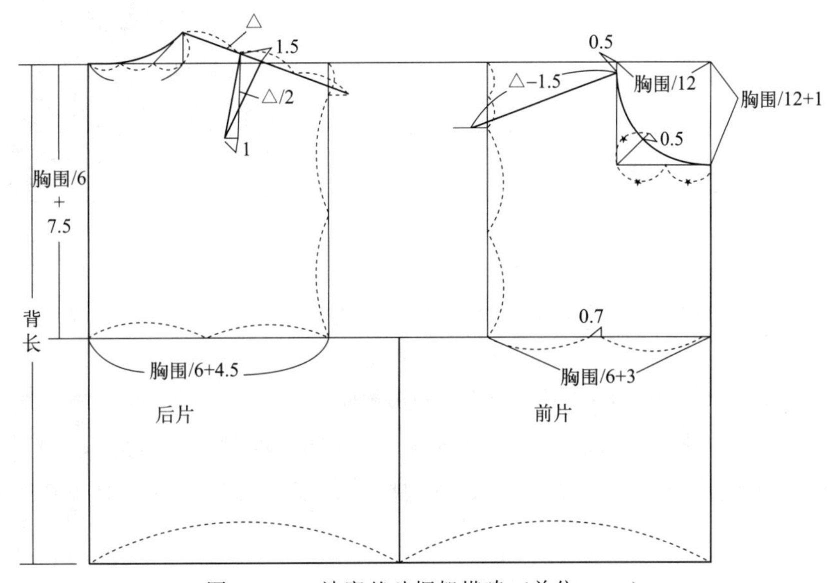

图 3-3-10　袖窿基础框架搭建（单位：cm）

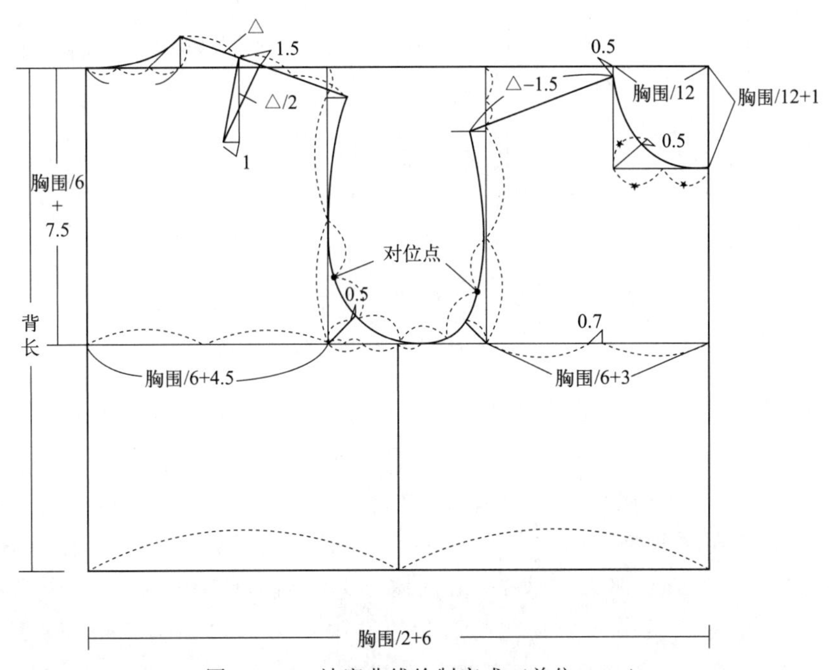

图 3-3-11　袖窿曲线绘制完成（单位：cm）

（8）胸高点（BP）。取前胸宽的中点向袖窿一侧偏 0.7cm，再由胸围线向下作垂线，然后按胸围线往下 4cm 确定胸高点（BP 点是女装作胸省的依据，是很重要的一个点），如图 3-3-11 和图 3-3-12 所示。从以上内容可以获知，胸高点离前中心线的距离大约为 9.2cm。

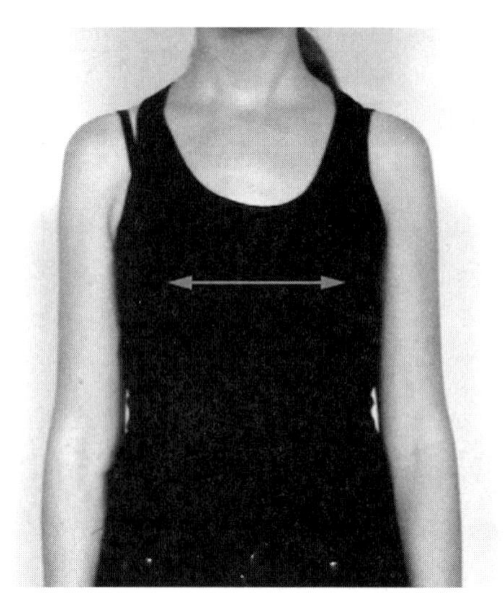
图 3-3-12　胸高点 BP 距离测量

（9）底摆起翘的追加。底摆起翘的追加是为了适应女性胸部的立体形态，确保下摆线条的平衡与美观。具体的操作方法：在前中心位置，由底边线向下追加前领窝宽度的 1/2 作为起翘量。例如，若前领宽为 7cm，则前中心底边应增加约 3.5cm，这个量主要用来补偿胸部隆起对下摆造成的影响。确定追加量后，需通过辅助线完成结构设计：从追加点作一条水平线，同时自 BP 点（胸高点）向下作垂线，两线相交形成一个关键节点。最后，将这个交点与侧缝底边连接。

（10）绱袖对位点。前后袖窿深的 1/2 处是绱袖对位点的基础位置。具体操作是，在前后袖窿深的 1/2 处向下落 3cm，这样就可以确定前袖和后袖的对位点，如图 3-3-13 所示。这一位置的选择是为了确保袖子与衣身的结合处能够自然贴合，避免在穿着时出现不适。

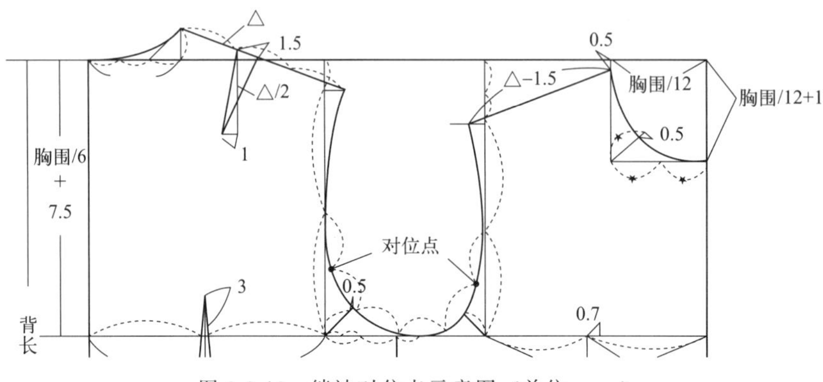

图 3-3-13　绱袖对位点示意图（单位：cm）

（11）胸省制图。过 BP 点作水平线，交于侧缝线。以该水平线为胸省中心线，上下各取 1.75cm。胸省的取值取决于胸部的大小，这个值可以参考底摆的追加量。

（12）胸腰省处理。在原型中，胸腰围差为 84－68＝16cm。制作原型时，胸围的松量加放为 6cm，而在原型腰围中，为了活动需求，腰围松量加放 6cm，这样，上衣原型中的实际胸腰差为 16cm。那么，这 16cm 的胸腰差也就是需在上衣原型中作出的腰省收省量。由于原型图纸只作一半，在前后片原型中总共的省量应为胸腰差的 1/2，为 8cm。根据省量分配，前腰省量和后腰省量分别为 4cm 左右。如图 3-3-14 所示，X 的腰省量宽度为 4cm 左右。

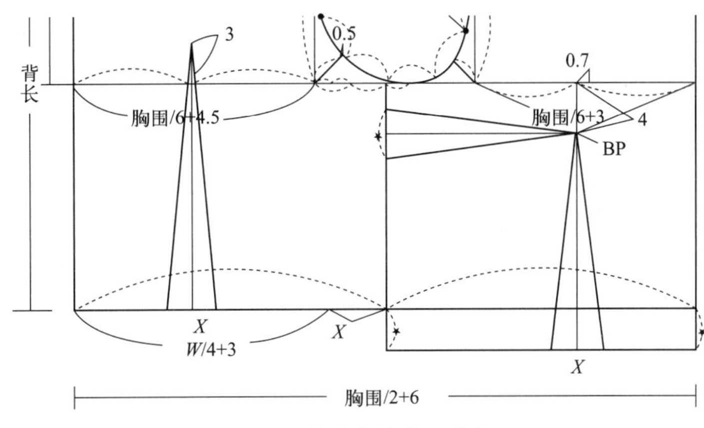

图 3-3-14　X 的取值计算（单位：cm）

（13）绘制完成。见图 3-3-15。

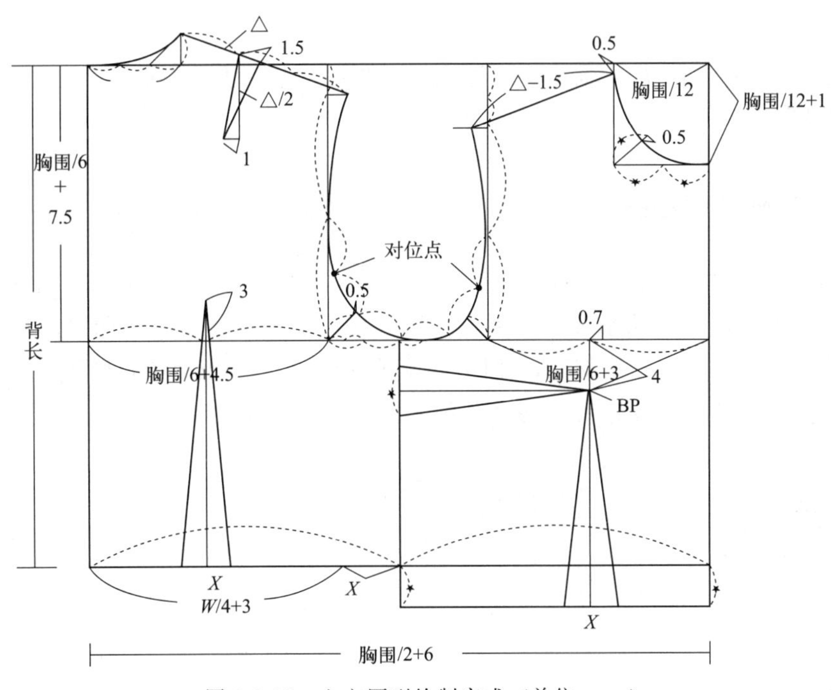

图 3-3-15　上衣原型绘制完成（单位：cm）

三、上衣原型前后肩缝差的常见处理方法

事实上，女上衣前后肩缝差存在多种情况，其相差量为肩省，取值范围为 1～1.8cm。常见的一种是前后肩缝差刚好是一个肩省，例如相差 1.5cm 的肩胛省。根据该原型，在女装上衣原型的制图中，后片肩缝要比前片肩缝长出 1.5cm，这是因为女性后肩部比较浑圆，以及后肩胛骨呈突起状，而要使得平面的上衣原型的后衣片能贴合后肩部，在后肩缝

处就会形成一个余量，必须把这个余量在这里叠起来省掉。为了使后衣片能合乎体型，这个后片肩缝长出的 1.5cm 是用作后肩“省”的量。如果直接将原型的后衣片放置在人体后背相应的部位，然后在肩部就会叠出相应的余量。这个余量这也就是在制作合体女装时，需要作后肩省的原理。

另一种情况是前后肩缝差：后衣片肩缝线长出前衣片肩缝线 1.8cm。前后肩缝差折叠：把后肩缝长折叠掉 1.5cm，这时，前片肩缝长还会比后片短 0.3cm，需要通过工艺进行处理，即在缝合前后肩缝时，把前肩缝稍拨开 0.3cm 的量，使之与后肩缝长相等。而且，由于人体前肩是向内凹陷的，也就是通过拨开把这个量吃进去或归拔，效果会更自然。如果觉得这样很麻烦，可以直接去掉 1.8cm 的省宽，0.3cm 归拔就免了，两者存在微小区别。

第四节 ▸ 中国标准女上衣原型修正

基本造型纸样绘制之后，凡是要作省的边线都要修正。修正的原则：缝制省后的接缝处应圆顺自然。

一、省道外轮廓绘制

在处理纸样的肩部线条和腰部曲线时，可以采用一种简便的方法：将纸样中的省道部分轻轻折叠，并利用描线轮来描绘线条。当纸样展开后，省道边缘的凹陷轮廓将清晰可见，此时沿着该轮廓进行描摹即可，如图 3-4-1 所示。然而，当使用较厚的纸样纸时，折叠省道可能并不方便，因此这种方法并不推荐。实际上，即使不通过折叠，绘制省道同

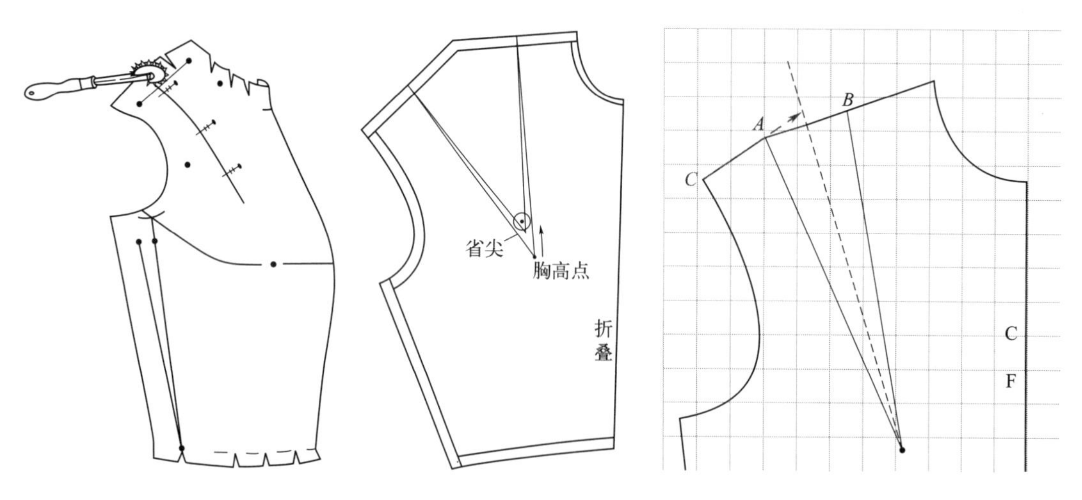

图 3-4-1　肩膀省道线条绘制

样简单。只需确定省道的中心点，然后省的前 1/2 处沿着原先的缝份绘制，下半部分则镜像上一部分，如图 3-4-2 所示。

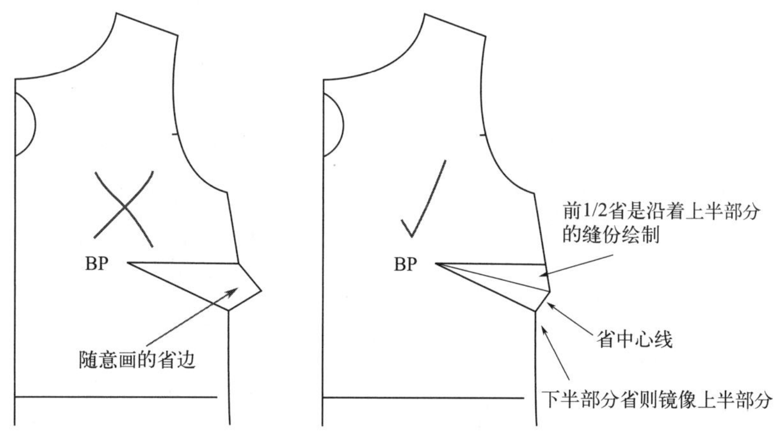

图 3-4-2　省道省边绘制

二、省道调整

1. 胸省全部转移到腰省省道调整

在设计上衣的基础版型时，无论是采用单省还是双省的设计，都会形成一个弯曲的腰部线条。这种曲线的实现方式、其存在的意义，以及如何制作和检验纸样，对设计过程都很关键。如图 3-4-3 所示，在制作单省原型的说明中，省边 A 从腰线下方延伸，而省边 B 的长度与省边 A 保持一致。这种设计不仅能够塑造出自然的腰部曲线，还能确保服装的舒适度和美观性。要实现这种曲线，首先需要理解其背后的原理。腰部曲线的设计是为了适应人体自然的曲线，使得上衣更加贴合身形，从而提供更好的穿着体验。这种曲线的创建，涉及对省道的精确计算和布局，以确保服装在穿着时既合身又不紧绷。

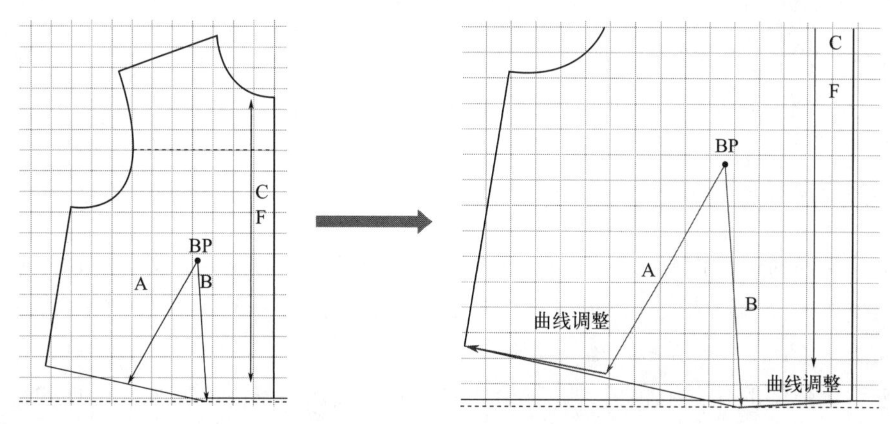

图 3-4-3　腰部省道处理

首先，省边 B 绘制成与省边 A 相同的长度（因为一个省道的两个省边必须长度相等）。在侧缝处绘制一条直线，移动该线与省边 A 及底摆形成的形状向省边 B 靠拢，即闭合腰省。然后修改画顺这条腰线，使之符合腰部的曲线，如图 3-4-4 所示。

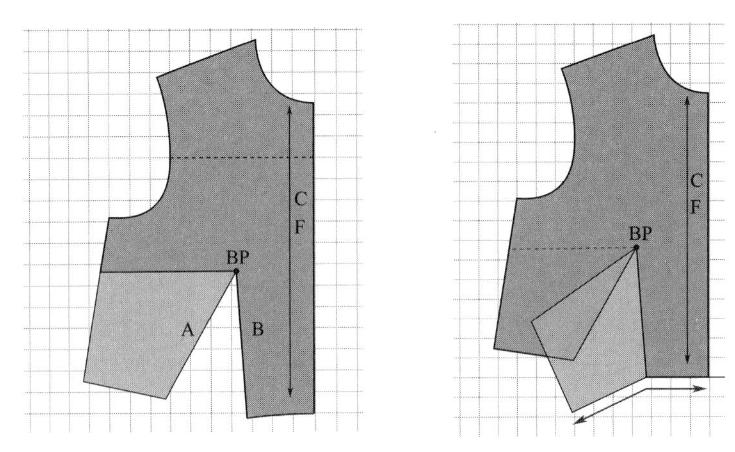

图 3-4-4　上衣前片腰部曲线修改

图 3-4-5 是对图 3-4-4 的腰部曲线圆顺过程展示，然后将侧片连同曲线的一部分移回原始位置，形成了完整的腰部曲线。

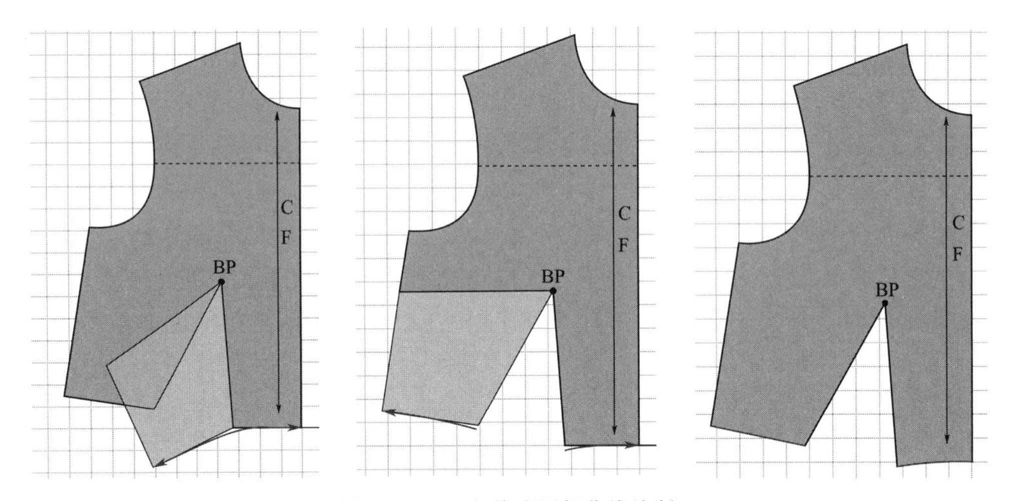

图 3-4-5　上衣前片腰部曲线绘制

2. 部分胸省道转移到腰省的曲线调整

该部分与前面部分内容的区别是，衣片上胸省与腰省进行分开。具体的做法：描摹出一部分基型（拆分省道为一个胸省、一个腰省），旋转它并计算出曲线，然后将其旋转回并完成线条。如图 3-4-6 所示，描摹完善。

这个示例使用的是一个腰部省，其中，省中点直接从胸部点垂直向下，即腰部省中心线与前中心线（CF）平行，与腰线呈垂直状态（图 3-4-6）。

胸部点 BP 到省尖点的距离一般为 2～3cm。从胸部点开始，沿着省中线测量，并标记省尖点。从省尖点向点 A 和点 B 绘制省边。将省中心线从腰线下方延伸一段距离，如图 3-4-7 所示。

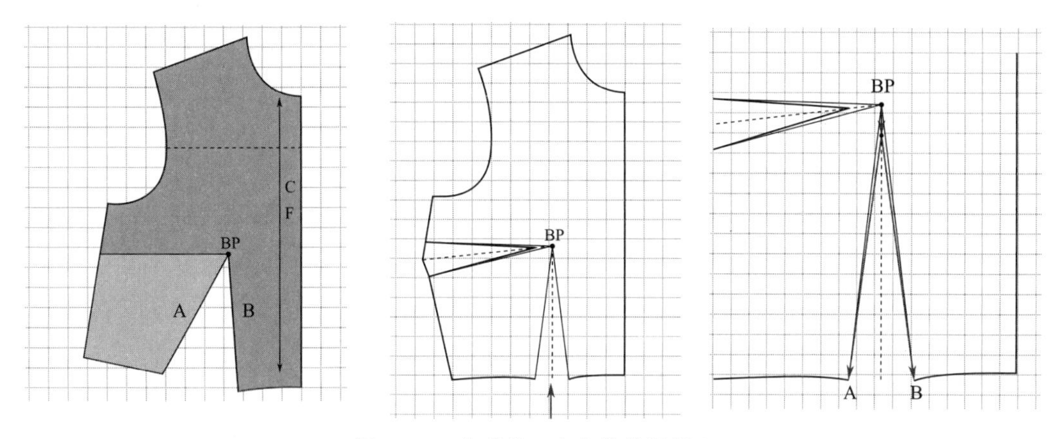

图 3-4-6　完成省—上衣前片腰部 A

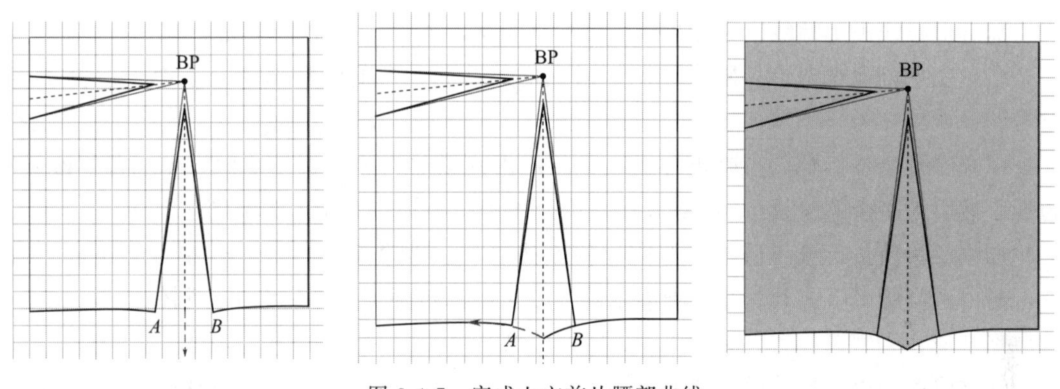

图 3-4-7　完成上衣前片腰部曲线

从 CF 线开始绘制腰部曲线，通过点 B，使其触及省中线。在创建基型时，省边在水平腰线下方延伸了 0.5cm。这意味着从前中心线到省边 A，以及从省边 B 到侧缝的线条都是弯曲的。或者较为简单的方法是折叠腰部省道绘制曲线，然后再打开，画顺曲线。将曲线返回省边 A，并与从 A 到侧缝的曲线平滑融合。腰部省绘制完成，如图 3-4-7 所示。

3. 肩膀省道修正调整

纸样在缝制时，肩膀省道接缝处有明显的亏缺，因此在缝制之前就要预估出亏缺的程度，将后片肩部肩胛省合并时，发现肩膀的线凹陷不成直线，因此需要进行修正，以保证省边两条边相等，并且肩线成直线。具体的修正如图 3-4-8 所示。

三、余量修正试样结果

由于上衣原型（胸围为 84cm，腰围为 68cm）中有 16cm 的胸腰围差，为了使原型变得合体，必须把腰部过多的松量进行折叠或“剪”掉。在折叠余量之前，要先用大头针分

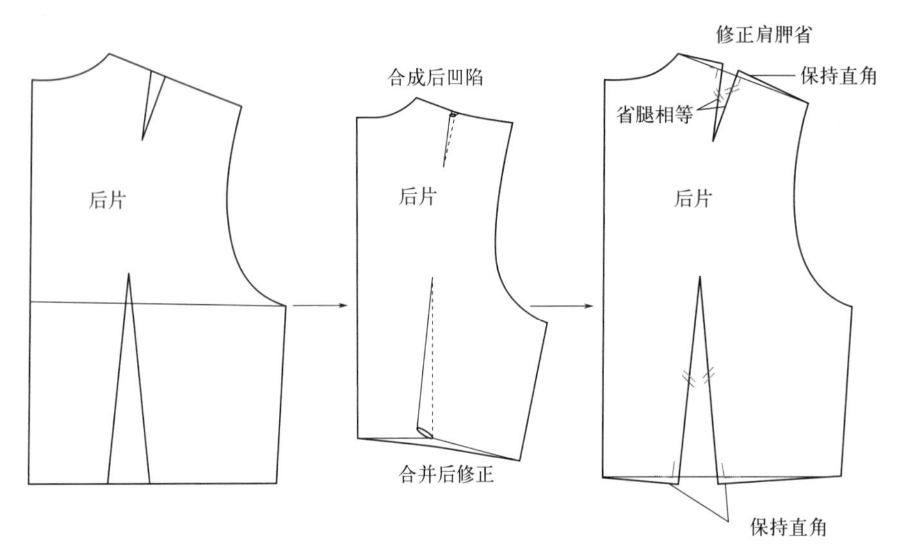

图 3-4-8 后片肩胛省修正

别把前后中心线和侧缝线固定在人台的相应部位上，然后再按以下步骤操作。

(1) 先从侧面观察前后腰余量比。因乳房的凸起，使前侧腰部的余量大于后侧 1 倍左右。

(2) 前腰余量折叠。在前腰内（$W/4$ 腰围内）以放入两个手指（1.5cm 左右的松量）为准，然后把多余的松量从 BP 点开始往下至腰部折叠掉，并用大头针别住。

(3) 后腰余量折叠。后片参照前片的方法以放入两个手指（1.5cm 左右的松量）为准，再由后肩胛骨下方开始往下把多余的余量至腰部折叠掉，并用大头针别住，形成了上衣原型中的“省”缝。

通过原型试样，把前后腰部的余量折叠掉，上衣原型就基本变得较合乎体型了。这也是上衣原型从平面结构到立体造型的一个过程。接下来，将修正的余量变成具体的数据标准使用在制图中。这个上衣原型是一种最简单的、具有适度松量的服装基本造型，而之后各种女装的种种变化，也都是基于此在做调整。在做原型的时候，需要把“省”画出来，但在裁剪布料时要注意，“省”是不裁剪的。

第四章

省道与褶裥转换原理

省道在服装造型的塑造中扮演着至关重要的角色，是服装结构设计中不可或缺的核心要素。之所以要进行省道的移动，是为了创造出多样化的风格与设计。省道转移技术的应用，不仅拓宽了省道的使用范围，也使得服装设计更加丰富多彩。例如胸省省道转移的原理是基于一个核心概念——凸点射线原理，即以身体的凸出部位（如胸部最高点）为中心，进行省道的调整和移动。围绕胸部最高点的设计可以衍生出多种省道布局。

省道形式丰富多彩，既有省缝形态上的，也有不同位置上的区别，还有单省和多省的区别。但归纳起来，常用省道主要有以下几种：袖窿下省、袖窿胸省、胸肩省、胸颈省、胸腰省、腋下省。背省主要有以下几种：袖窿背省、背肩省、背颈省。

第一节 省道和褶裥

一、人体与省道

人体外形呈自然优美的曲线、凹凸不平的曲面体。省道具有很大的作用，可使服装符合人体结构并满足其功能性和装饰性的要求。如图 4-1-1 所示，省道是将平面的衣片合于人体表面起伏的形态，以获取服装造型轮廓的曲线效果，实质上也是衣缝的一种补充形式，既可使衣表塌落而贴向人体凹陷部位，又能使衣表凸起而容纳外耸部位，从而达到符合体表、修饰体型的目的。服装从平面结构形式到立体思维的出现是个变革的过程，省是其中的关键所在。在服装造型中，没有省就没有结构设计。省道的设计和应用还有很大的空间等着人们去挖掘创新，特别是女装胸省，可围绕 BP 点在任意部位设置，省道的位置、长度、大小及造型应着重考虑服装款式要求，变化出不同的款式。

1. 省道的定义

省道是服装制作中用于处理布料与人体曲线之间差异的关键技术。它通过在布料上巧妙地折叠和缝合，以适应人体的凹凸不平。省道的巧妙运用是女装设计的灵魂，使得服装能够展现出多样化的风格和形态。同样，这些看似简单的长褶设计，在服装的合身度和风格塑造上起着决定性的作用。通过精确的标记、细致的缝制和轻柔的熨烫，可以轻松地在胸部、臀部、腰部和背部等部位创造出完美的省道或者褶裥，赋予服装生动的立体感。

在设计省道时，样板师需要充分考虑人体的复杂性和多样性，省道的布局可以灵活多变，既可以集中于一点，也可以分散于多点；在形态上，直线、折线和曲线都可以被巧妙地融入设计中。此外，省道的表现手法也是多种多样的，包括省道本身、褶裥、抽褶和分割等，为设计师提供了丰富的创意空间。至于省量的设计，它基于对人体各部位尺寸差异的精确理解。差异越大，布料在覆盖人体时所需的余量和可设计的省道量就越多，反之则越少。这个过程不仅是对技术的挑战，也是对美学和人体工程学的深刻理解的体现。

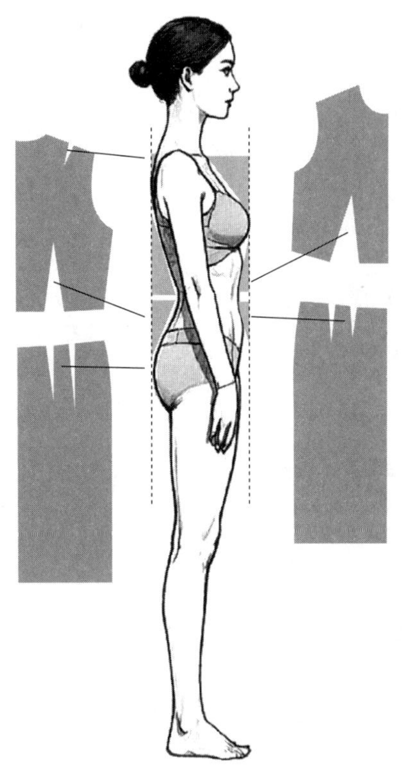

图 4-1-1　省道与人体的关系

2. 省道的命名

按形状命名有：锥形省、钉形省、弧形省、橄榄省等。

按部位命名有：领窝省、门襟省、肩省、袖笼省、腰省、腋下省等。

省道由省缝和省尖两部分组成，具体部位有省道切口、省量、省边和省中心线。按省道所在服装部位可以分为：肩省、领省、袖窿省、胸省、腰省、腋下省、侧省等。具体省道构成及名称如图 4-1-2 所示。

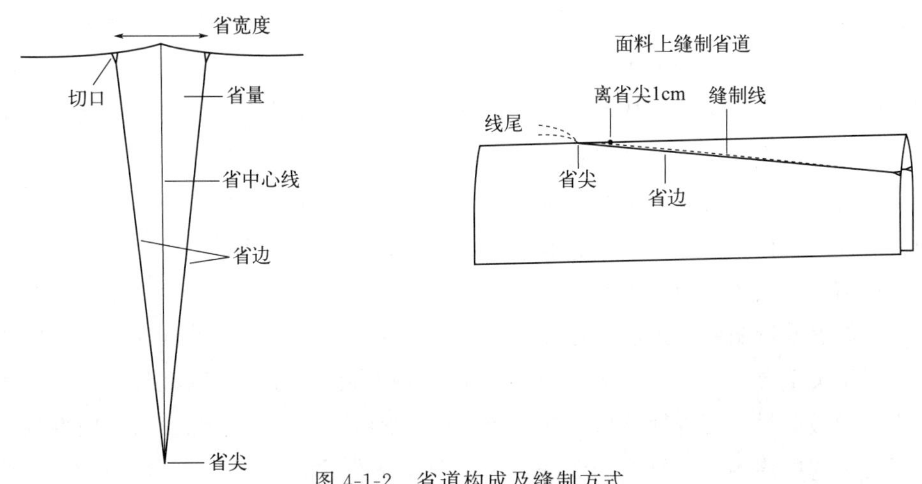

图 4-1-2　省道构成及缝制方式

不同部位省对应不同特征的凸点，形状也不同。胸凸明显，位置确定，所以胸省省尖位置明确，省量较大。相对而言，肩胛凸起面积小，无明显高点。腹凸和臀凸呈带状均匀分布，位置模糊，所以腰省和臀省的设计较为灵活。不同部位的省道能起到同样的合体效果，实际上不同部位的省道影响着服装外观造型形态，这取决于不同的体型和不同的服装面料。具体的省道造型和名称如图 4-1-3 所示。

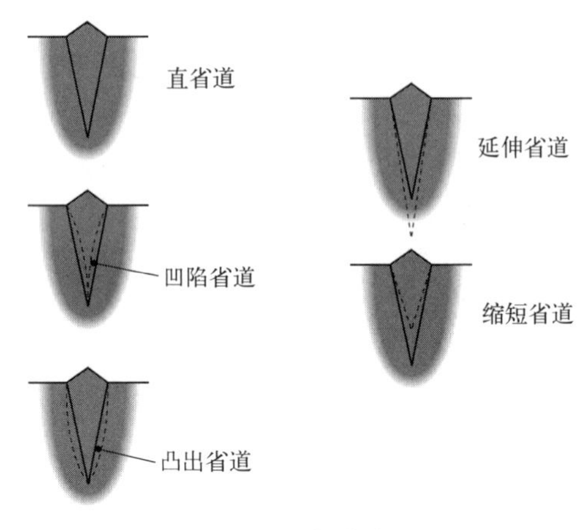

图 4-1-3　省道造型

二、褶裥

褶裥与省道起到折叠多余的量的作用，所不同的是褶裥能够增加衣物饱满度。褶裥可以添加到上衣、半裙、连衣裙、袖子、口袋等服装的任意部位。褶裥的添加可能是出于功能性目的，比如使铅笔裙更容易行走，或者增加饱满度，或者仅仅是为了样式，为了视觉上的吸引力等原因。褶裥在服装设计中的作用是多方面的，它们不仅增加了服装的实用性，还提升了视觉效果。

首先，褶裥能够塑造服装的轮廓，通过在特定区域如裙摆或袖口添加褶裥，能够创造出丰富的体积和形状，从而赋予服装独特的外观。这种塑形效果使得服装更加贴合人体曲线，同时也为穿着者提供了更多的活动自由度。其次，褶裥作为一种装饰元素，能够为服装增添视觉兴趣。不同的褶裥类型，如碎褶、工字褶、抽褶等，可以创造出多样的纹理和层次感，使服装看起来更加立体和动感。这种装饰性不仅能够吸引眼球，还能够根据设计师的创意，展现出不同的风格和时代特征。此外，褶裥还具有适应不同体型的能力。它们的伸缩性使得服装能够更好地适应各种身材，无论是宽松还是合体的款式，褶裥都能提供所需的灵活性。这种适应性也意味着服装可以满足更广泛的消费者群体，增加了服装的市场潜力。在结构和支撑方面，褶裥也能发挥重要作用。例如，在胸衣或裙摆中使用的硬挺褶裥，不仅能够维持服装的形状，还能提供额外的支撑。这种结构性的支持对于保持服装的整体造型至关重要。此外，褶裥在服装制作和维护方面也显示出其优势。一些褶裥，如预先制成的褶皱面料，可以简化服装的制作过程，例如三宅一生褶皱面料，使得生产更加高效。同时，这些褶裥易于维护和清洗，为穿着者提供了便利。

1. 褶裥类型

褶裥具体有箱形褶皱、反向褶皱、手风琴褶皱、刀褶或侧褶、扇形褶皱、裥（一种窄的缝制褶皱）等类型。部分造型如图 4-1-4 所示。

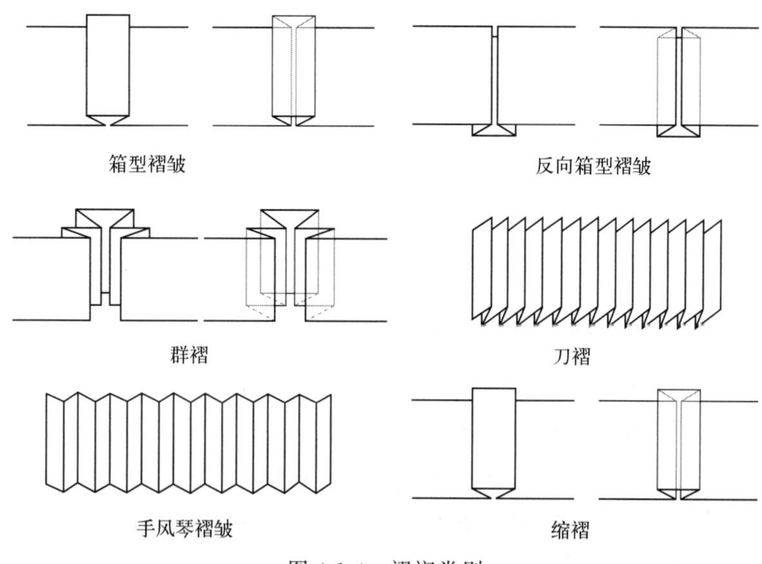

图 4-1-4　褶裥类别

2. 褶裥具体部位名称

在规律褶中，一个规律褶一般由三层结构组成，折叠里层（包括中间层和内层）进行结构处理。这两层通常不外露，起到支撑和固定褶裥形状的作用。外层称为裥面，是褶裥在一片上外露的部分，也是我们看到的褶裥的表面层。外层的面料选择和处理方式会影响褶裥的最终外观和质感。褶裥的距离通常是指褶裥之间的间隔，如图 4-1-5 所示，这个距离可以根据设计需求和人体体型来确定。在设计时，可以从褶量的大小、形状、方向、位置、数量这几个方面考虑。

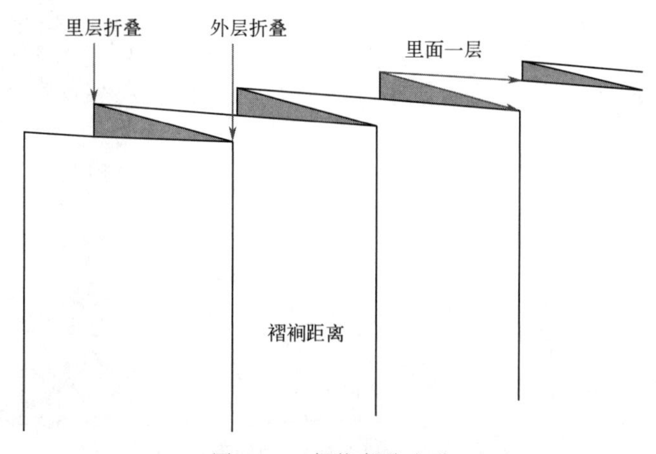

图 4-1-5　褶裥部位名称

三、省道与褶裥相互转换

省道与褶裥的相互转换是服装设计中常用的技术，它允许样板师根据款式的需求，将省道的量转化为褶裥，或者将褶裥的量转化为省道。这种转换不仅能够满足服装的合体性，还能增加服装的视觉效果和时尚感。在进行省道与褶裥的转换时，通常遵循以下步骤。

1. 省道转化为褶裥

在服装设计领域，省道转移和褶裥设计是一个艺术与技术相结合的复杂过程。首先，设计师需要精确确定省道的转移位置，这一步骤要求对服装结构有深入的理解，以及对人体曲线的精确把握。接着，根据设计需求，在新的位置创建褶裥，这一过程可以通过多种技术实现，如剪切法、旋转法或作图法等。例如，设计师可以将胸部的省道量转移到前衣片的下摆或肩部，形成装饰性的褶裥。这种转移不仅涉及省道的重新分配，还需要考虑褶裥在服装中的视觉效果和功能性。在实际操作中，立体裁剪技术被广泛运用，它允许设计师将省道的余量分配到设计的褶裥位置，实现省道到褶裥的转换，这一技术要求设计师具备良好的空间想象力和操作技能。具体步骤为：首先确定要转换的省道位置，然后根据设计需求在新的位置创建褶裥。可以通过剪切法、旋转法或作图法来实现。例如，可以将胸省的量转移到前衣片的下摆或肩部，形成装饰性的褶裥。

在褶裥的设计过程中，设计师可以采用非常灵活的设计手法，褶裥可以是直线、曲线或任意形状，以适应不同的设计需求。在实际操作中，可以通过立体裁剪技术，将省道的余量分配到设计的褶裥位置，从而实现省道到褶裥的转换。褶裥的设计不仅要考虑其在服装中的装饰性，还要考虑其对服装功能性的影响，如穿着的舒适度和活动自由度。此外，设计师在设计褶裥时，必须考虑人体曲面的复杂性，以及褶裥在服装中的视觉效果和功能性，这要求设计师具备对人体结构和服装材料特性的深刻理解。

（1）前中心褶裥设计。图 4-1-6 展示了一种巧妙的技巧，它将省道的体积转化为褶裥，从而为服装增添了精致的装饰。这种方法将省道的体积转移到前中心，利用这部分转

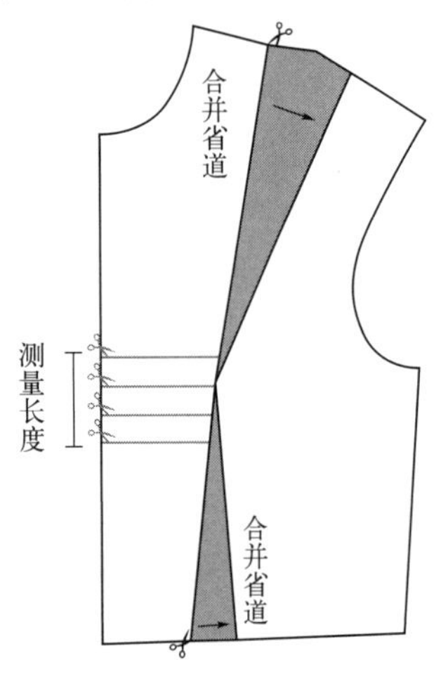

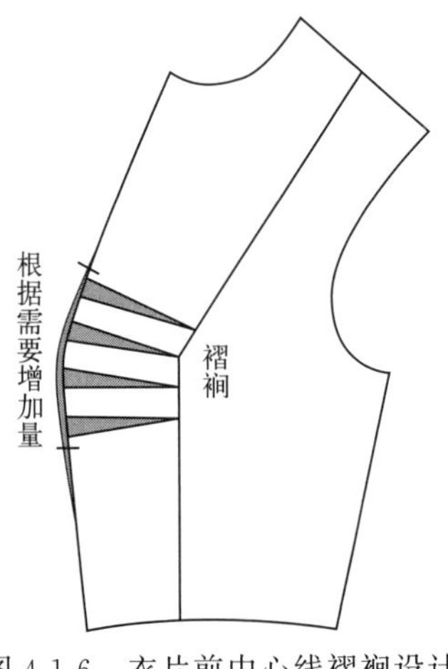

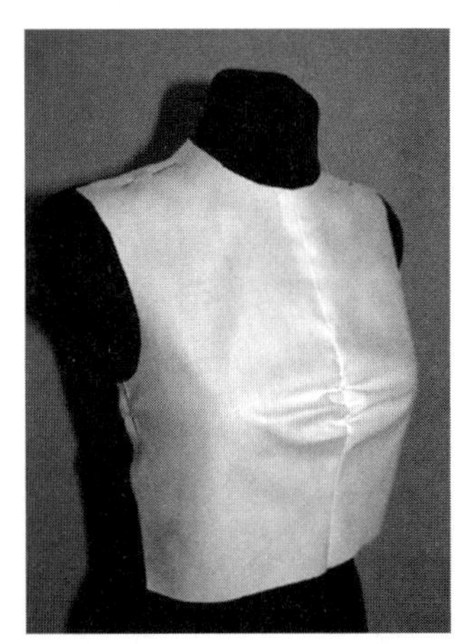

图 4-1-6　衣片前中心线褶裥设计

移的量来制作褶边。设计师根据转移的省道量进行创意设计，并在褶边的位置绘制线条，随后将省道划开并合上。这里采用了剪切法，如图 4-1-6 所示，将省道切开并均匀地融入和分配转移过来的量，使得整个过程更为简便。在展开褶裥之前，先测量面积，以确定需要制作多少个褶裥。接着，在转移过来的量两侧添加切口，以标示展开量的起始和结束位置。

(2) 肩部褶裥设计

另一种利用省道体积的方法是将其折叠成褶皱或抽褶。不过，这不会打造出非常合身的上身，特别是在使用抽褶的情况下。在这里，图 4-1-7 将选择从肩部开始制作褶皱，从肩部画两条额外的线，切开它们，完全关闭了下方的省道，部分关闭了上方的省道，将省道的体积分配到肩部的三个开口之间。

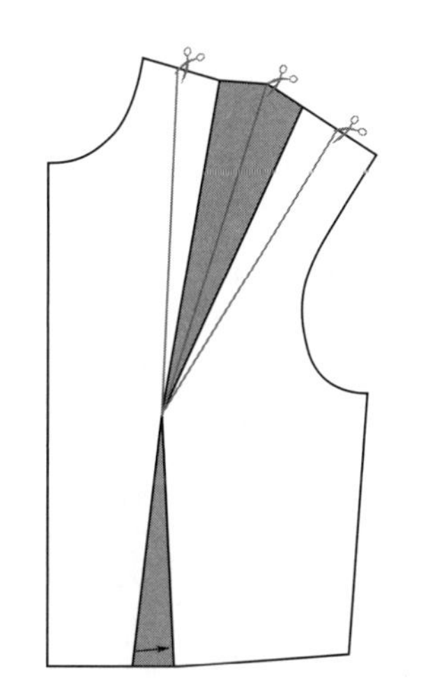

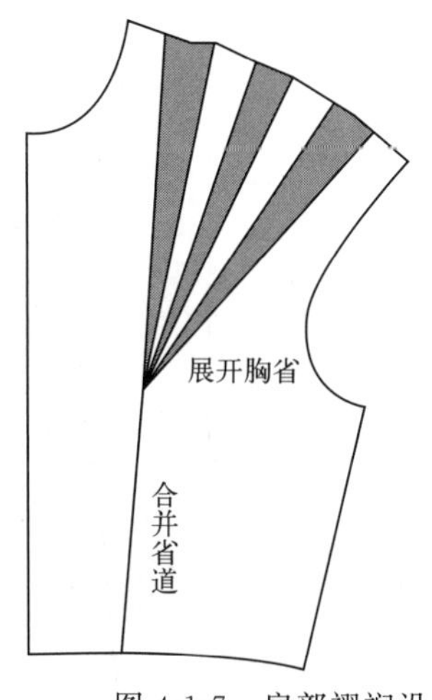

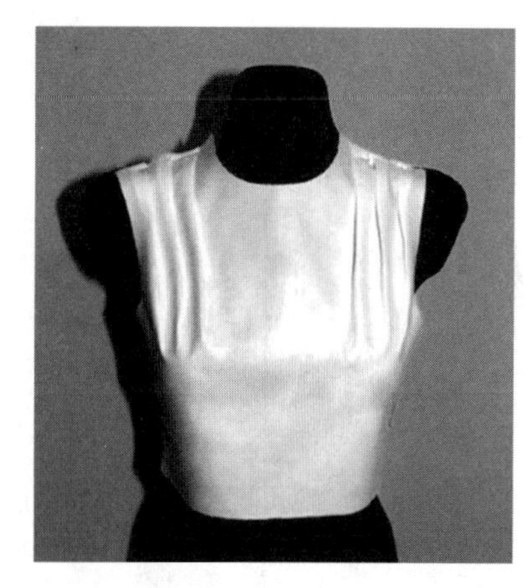

图 4-1-7 肩部褶裥设计

2. 褶裥转化为省道

在设计中，有时需要将褶裥的量转换回省道，以满足服装的合体性。这时，可以将褶裥的量集中到一个或多个省道中，通过省道的设置来消除多余的面料量，使服装更加贴合人体曲线，如图 4-1-8 所示。

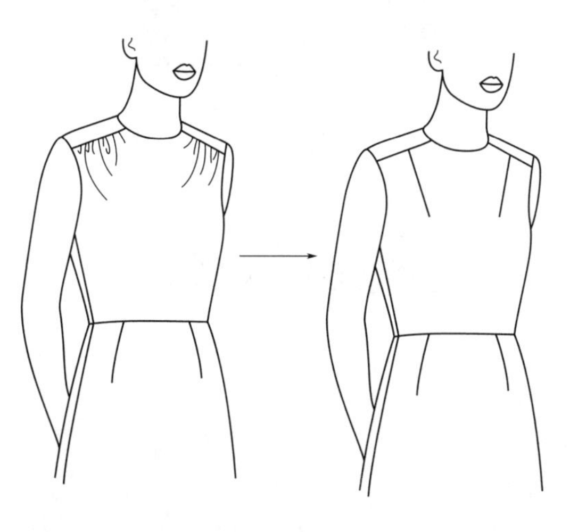

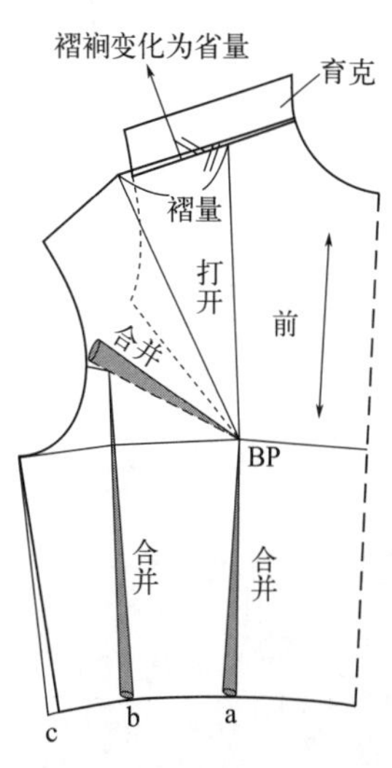

图 4-1-8 褶裥转省道

3. 省道与褶裥的结合

在某些设计中，省道和褶裥可以结合使用，例如在省道的位置设计褶裥，或者在褶裥中融入省道的元素。这种结合可以创造出独特的设计效果，同时满足服装的结构和审美需求。

图 4-1-9 展示了褶裥与省复合设计过程，从中可以看出，服装款式结合了分割线和打褶裥进行设计。为确保服装的美观性和舒适度，在结构设计时，需要将分割线远离胸点 2～3cm 来进行结构设计。接着，在分割线融入一个新的省道，从而得到一些可以转化为褶皱的余量。和上述几个案例一样，在旋转省道之前需要做好各个标记记号。

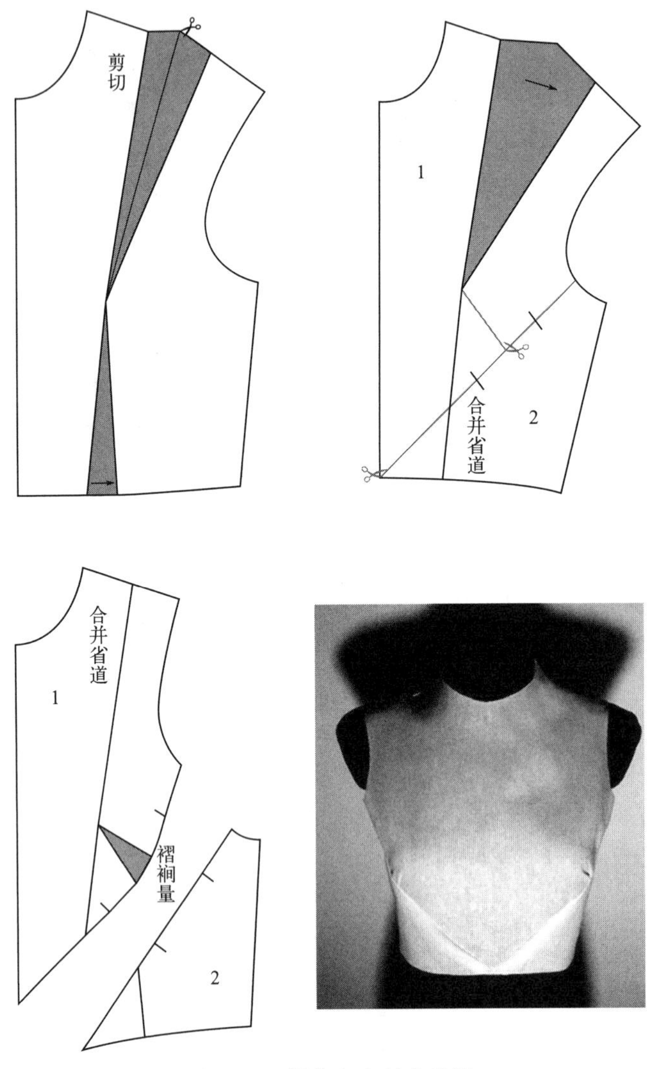

图 4-1-9 褶裥与省复合设计

四、省道转换成褶裥具体案例分析

1. 考虑的因素

如何设计能既符合人体结构，又满足美观和设计需求。

2. 如何转省道为褶裥（图 4-1-10）

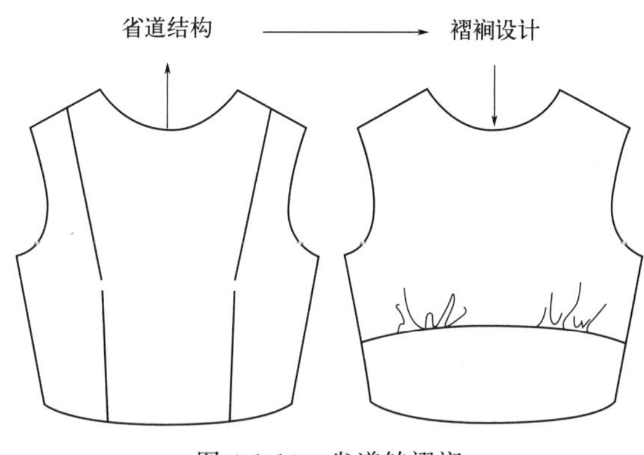

图 4-1-10　省道转褶裥

3. 转换方法

（1）闭合省道。在这个示例中，闭合腰部省道的操作实际上是将腰部省道与肩部省道相融合。这一步骤不仅有助于绘制出一条流畅的育克线，而且能够消除育克线下方的腰部省道。随后，在育克线下方，使用胶带将腰部省道的下半部分进行闭合，如图 4-1-11 所示，以完成整个省道转移的过程。

（2）设计褶裥位置。在样板中，设计绘制褶裥结构位置，如图 4-1-12 所示并在合并的腰省两侧做好标记，以便于即使省道转移到腰部时，通过对位点信息能够明确打褶裥的量及位置。

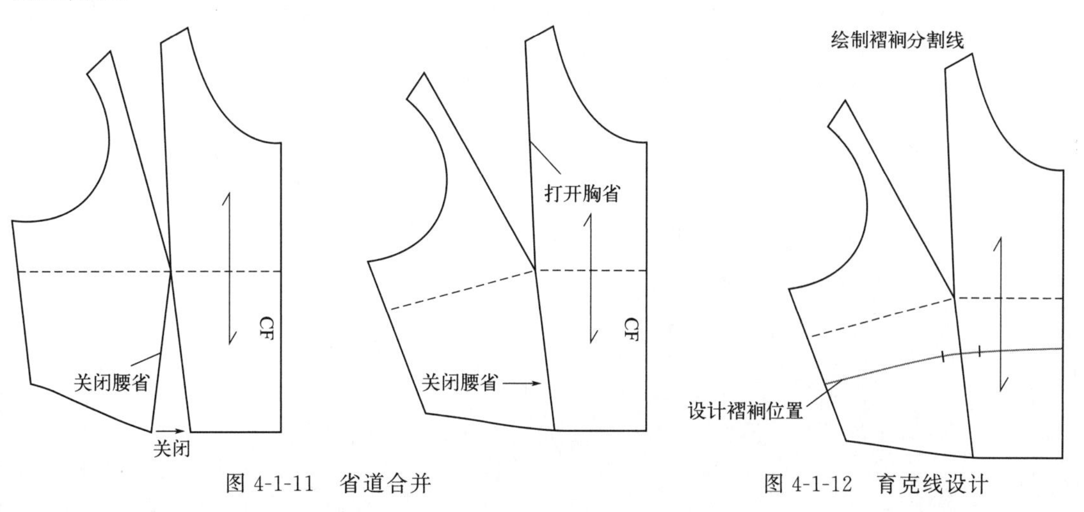

图 4-1-11　省道合并

图 4-1-12　育克线设计

（3）在育克线上裁剪纸样。设计的育克线（即褶裥分割线）将前片划分为上下两个部分。随后，将育克线上方的部分模块进行移动，将肩部的胸省省道与此合并，同时开辟出新的腰省省道，从而创造出额外的余量和空间。这一过程的最终效果如图 4-1-13 所展示的那样，成功实现了省道的转移。总之，通过闭合不需要的肩省来创建褶皱，提供了将腰部上部的省转变为其他设计元素的机会。

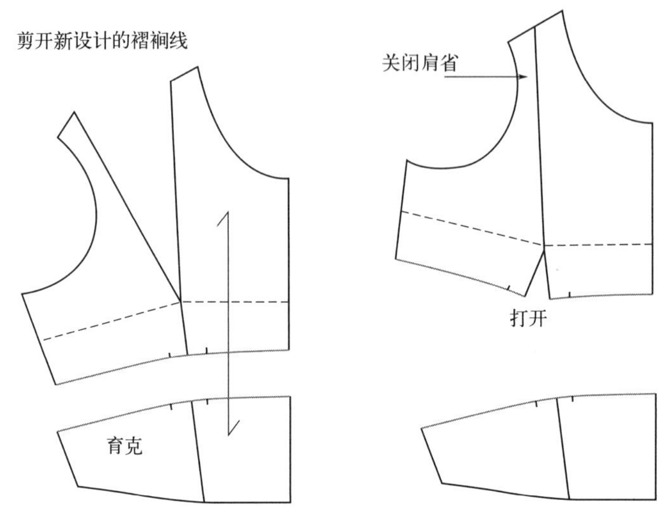

图 4-1-13　育克线分割与省道转移

（4）新形成的省道通过褶裥的形式巧妙地与衣片的下半部分相融合，最终的纸样效果如图 4-1-14 所示。在左侧，去除了不再需要的线条，使设计更加简洁；而在右侧，为纸样增加了缝份，以确保制作时的精确性。由于每种服装款式的风格都独具特色，这些步骤为基于基础原型纸样创作新设计提供了一个坚实的起点。

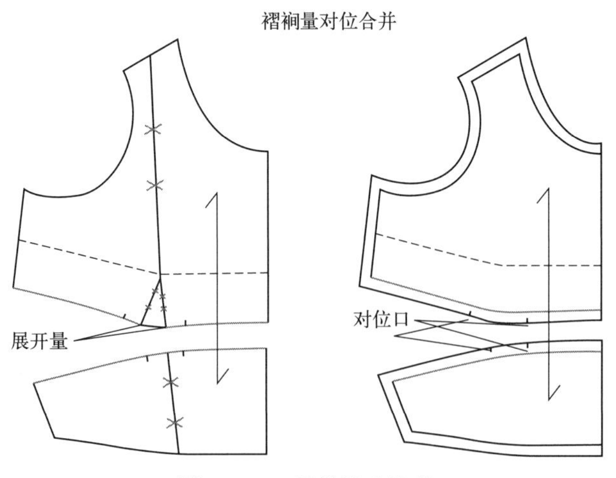

图 4-1-14　纸样最后呈现

第二节 省道转移

一、省道转移原理

省道转移是服装设计中的一项关键技术。它赋予设计师极大的灵活性，允许他们根据款式的具体需求，将省道从原始位置调整到新的位置，以更好地适应不同的设计要求和人体的自然曲线。在进行省道转移时，需要保持省道的角度大小不变，同时根据新位置的需求，对省长和省道的尺寸进行相应的调整。

在实际操作中，进行省道转移时需要综合考虑多个因素，包括省道的定位、长度、尺寸以及与人体曲线的贴合程度。例如，胸省的设计可以在 BP 点周围的 360°范围内灵活布局，而肩省的转移则通常在围绕肩胛骨凸点的 180°范围内进行。在转移过程中，省道的尖端应与人体的凸点保持适当的距离，以确保服装的合身性和美观性，同时兼顾穿着的舒适度。

省道转移后，其长度和大小会根据新位置的不同而有所变化。例如，胸省的长度可能会因为转移到不同位置而变长或变短，省道的大小也会根据服装款式的需要进行调整。样板师在进行省道转移时，需要充分考虑服装的整体造型和人体的实际曲线，以实现最佳的服装设计效果。

在实际应用中，省道转移可以创造出多种设计效果，如将胸省转移到腰省、肩省、领省等不同位置，或者将省道分解为多个部分，以创造出更加复杂和美观的服装造型。此外，省道还可以转化为褶裥或融入分割线中，为服装设计提供更多的可能性。通过省道的巧妙转移和设计，可以使得服装更加贴合人体，展现出更加优美的曲线和立体感。

二、省道转移方法

省道转移的实现方法主要分为三种：剪切法、旋转法和作图法。剪切法通过在纸样上直接剪开并重新定位省道来完成转移，这种方法直观且易于理解，但操作过程可能稍显繁琐。旋转法则更为高效，它以 BP 点（胸高点）或背高点为中心，通过旋转原型样板来实现省道的转移，这种方法能够迅速完成省量的调整。作图法则采用几何作图技术，以胸高点或背高点为圆心，按照相同的角度转移样板的一部分，从而实现省道的精确转移。以下主要介绍前两种方法。

1. 剪切法

剪切法（图 4-2-1）相对简单和直观，但会对纸样造成破坏，完成省道转移后一般要求重新描摹一下整个样板。剪切法是一种在服装设计和制版中常用的省道转移方法，它允许样板师将一个省转移到另一个位置，同时保持服装的整体平衡和合身度。具体做法是在设计新省位置，用剪刀剪开新省设置的位置（剪刀一般剪到BP点位置），然后关闭原省道，即完成省道转移。这种方法简单、直观、易懂，适合初学者，以单省转移方法为例，具体说明如下。

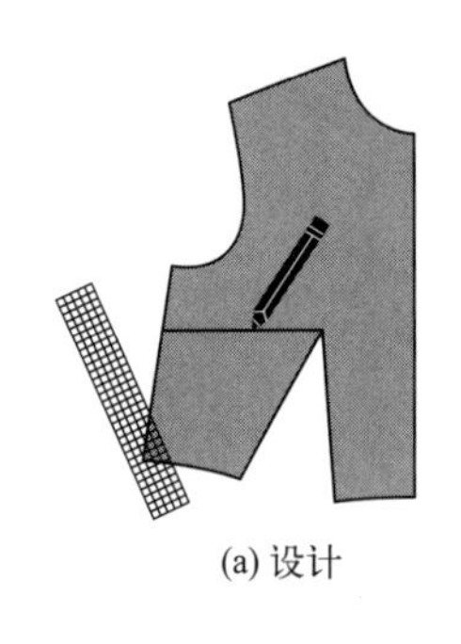
(a) 设计

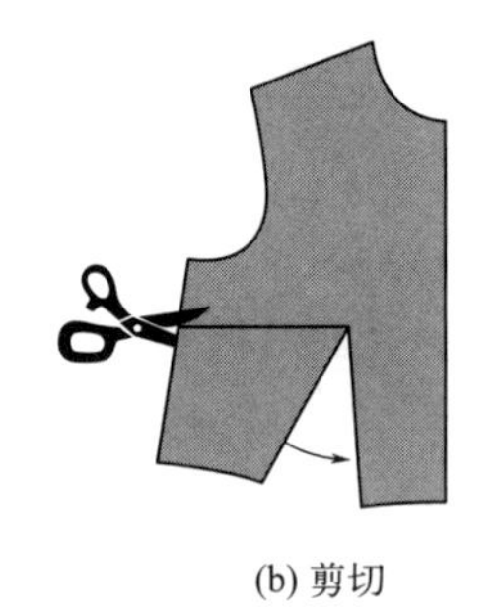
(b) 剪切

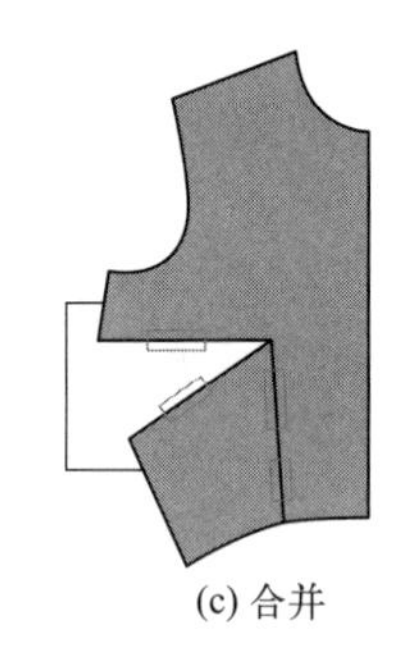
(c) 合并

图 4-2-1 省道转移剪切法

（1）描摹出基础版型的新副本，以免损坏原始版型。

（2）确定转移目标。首先确定想要转移的省，并确定新的位置。这里需要考虑服装的整体设计和穿着者的身体特点。

（3）在新省位置处与BP点连接，画一条直线。以图4-2-2为例，从胸点向外画另一条线到袖窿。

（4）剪切省线。沿着新省的线小心剪开，并剪掉原来的旧省，确保在两者之间留有少量纸张或纸板，以保持两片连接。也就是沿着省线剪开纸样，但不要剪到BP点上，留下约1～2mm的连接部分，以保持纸样的稳定性。接下来转移省线：移动旧省省道的一边，将剪掉的旧省合并，在移动过程中，保持省的深度和长度不变。如图4-2-2所示，将样板的右下角移动以闭合腰省的值。这将在新省的位置产生一个开口空间，如图4-2-2中的③所示。

（5）另一种方式也可以是旧省不要剪掉，只要沿着新省的直线剪到BP点，然后折叠旧省，新省自然展开，会产生一个开口空间，形成了新省。

（6）将样板纸小心地固定，或别在一张新的纸板上。描摹通过省道转移后产生的新样板，并使用锥子或描线轮标记胸点。需要平滑下摆的线，以创建新的腰线，如图4-2-2中的④所示。

（7）大约在离胸点1.5cm处画一个新的省点。然后从省点画到新省边的位置，通过测量两者的缝线，确保原始袖窿的测量值与原始样板相同。

（8）折叠新省，折叠的值将位于省的下方，如图4-2-2中⑧中的虚线所示，绘制和画顺袖窿轮廓线。然后绘制完并展开样板，新样板应该看起来如图4-2-2中的⑨所示。

2. 旋转法

旋转法指通过旋转样板来完成省道的转移，实际打版时常用此法。如图4-2-3的左边款式，合并腰部的胸腰省，打开袖窿省。即绘制新省，以BP点为中心旋转原型C点与C′点重合，画顺外轮廓。省道旋转法转移具体步骤如下。

（1）首先取出原有的上衣原型前片纸样。

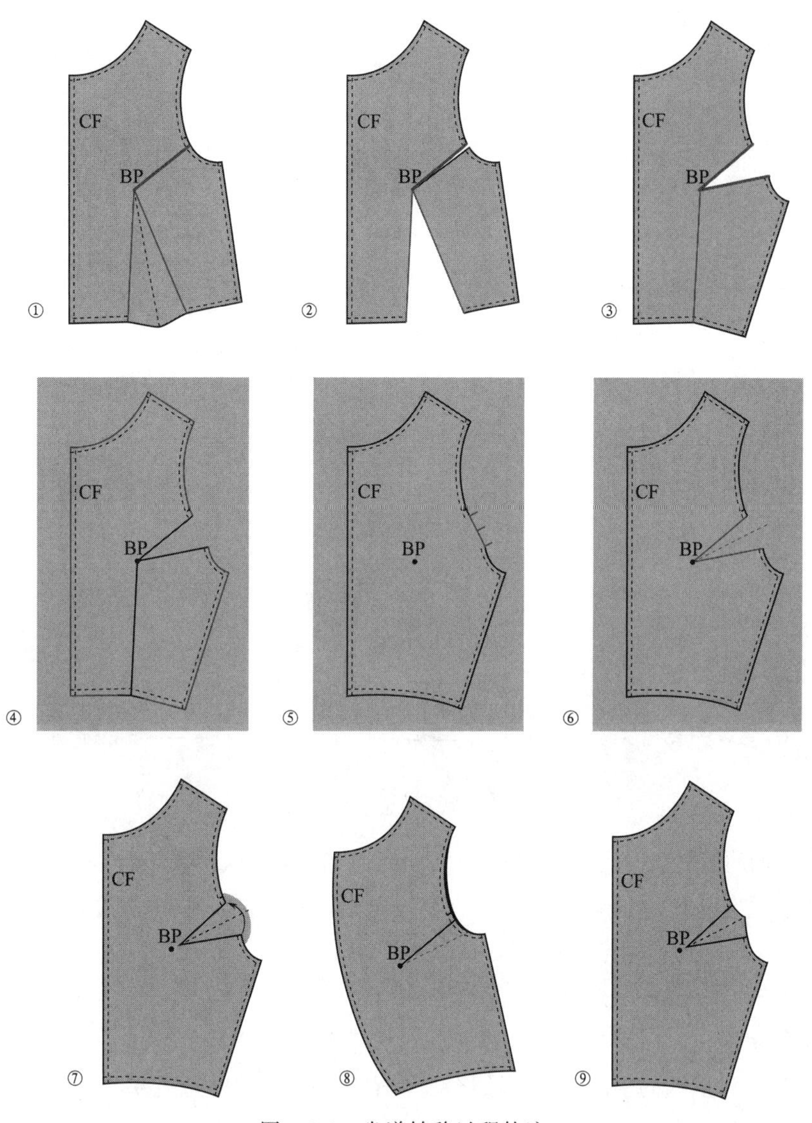

图 4-2-2　省道转移过程轨迹

（2）在纸样上找到胸高点，并在那里标记 BP 点以供参考。

（3）在胸高点周围画一个半径为 2～3cm 的圆圈。半径的长度取决于胸部的丰满度，通常较小的圆适用于较小的胸部，较大的圆适用于更丰满的胸部。

（4）在纸样上画出想要省线的位置（围绕着 BP 点 360°均是可以的）。线需要从纸样的边缘开始，指向胸高点，并且连接成线。

（5）在纸样的上方放置一张空白的透明或半透明描图纸（硫酸纸），并在描图纸上精确标记出胸高点以及需要移动的纸样区域。这个待移动的形状是由新设计中即将打开的省道线和即将合并的省道线的一边（离新省道最近端点之间的一边）共同构成的。这一形状定义了纸样上需要进行移动的具体部分。

（6）从刚画的线开始，沿着一个方向描摹纸样，直到遇到第一个现有的省的一边，也

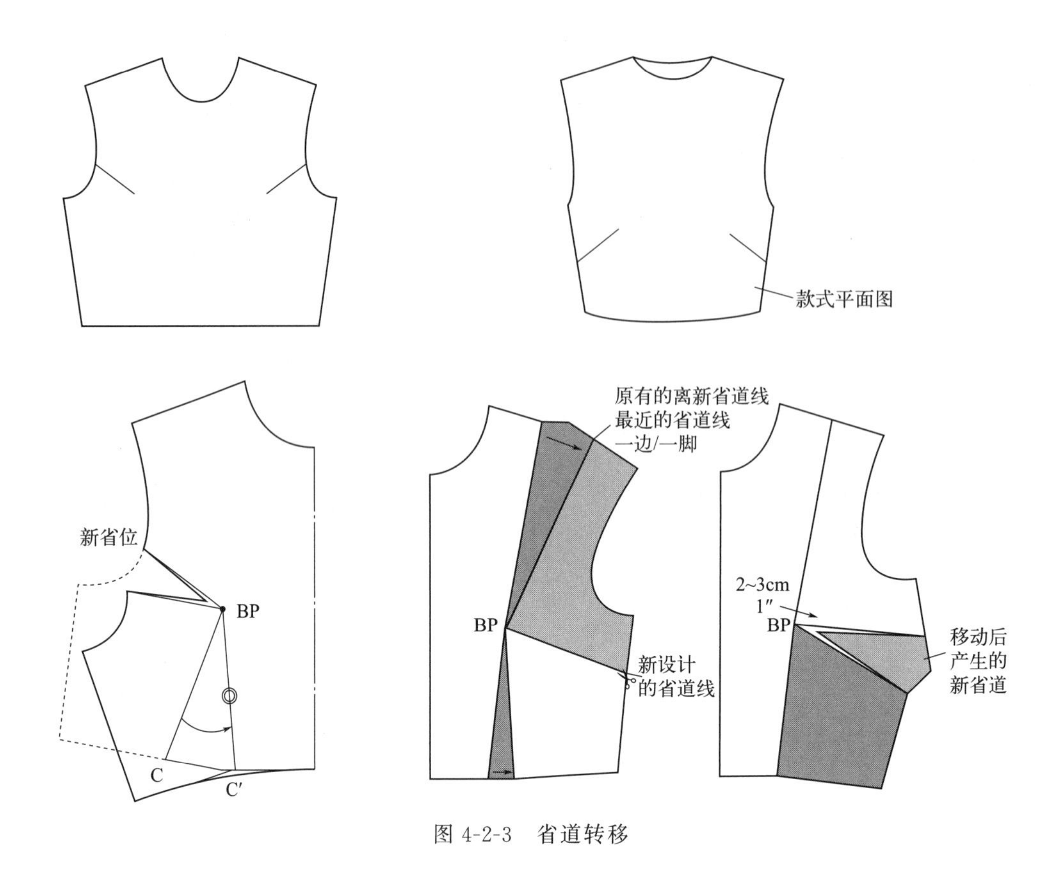

图 4-2-3 省道转移

就是这个刚画的线和将要合并的省的一边之间所有的线条和形状都要描摹下来（如图 4-2-3 右边图中的深浅色块所示，新设计的省位置线条和离最近的旧省的一边之间构成的区域都要描摹下来），其中腋下省与肩膀省构成的色块往上旋转合并胸省，腋下省与腰省所形成的形状往下旋转合并腰省，这样侧缝省就打开了。

（7）描摹完毕后，用铅笔的笔尖（可以使用尖锐的铅笔或锋利的剪刀尖端作为旋转工具）按压住上下两张纸的 BP 点，旋转移动上面的纸中新拷贝的色块，直到旧省的两边完全重合，并在旧省的两条边上做一个合并标记供参考。提示：旋转时，尽可能保持纸样稳定，避免扭曲形状。在接下来的步骤中，将移除原来的省并创建新的省。

（8）合并省完毕后，接下来拷贝描摹剩下未拷贝的纸样，直到遇到这个新省的另外一边为止，这样就形成了一个新的纸样。新设计的省大开口，即形成了新省。

（9）使用铅笔和尺子，连接新的省的两个脚到 BP 点，形成这个新省的两条边，这样构成一个完整的省。提示：两条省边应该完全等长，所以用尺子确保它们长度相等。

（10）调整省道的省尖，确保使之离 BP 点大约 2～3cm（如图 4-2-3 中所示）。

三、离开胸高点 2~3cm 画省线原因

在制作胸省时，需要在胸高点周围画一个半径为 2～3cm 的圆圈（见图 4-2-4），这样做的原因有以下几点。

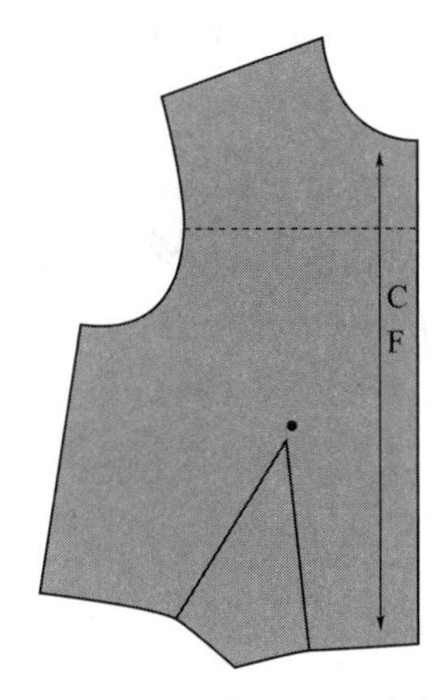

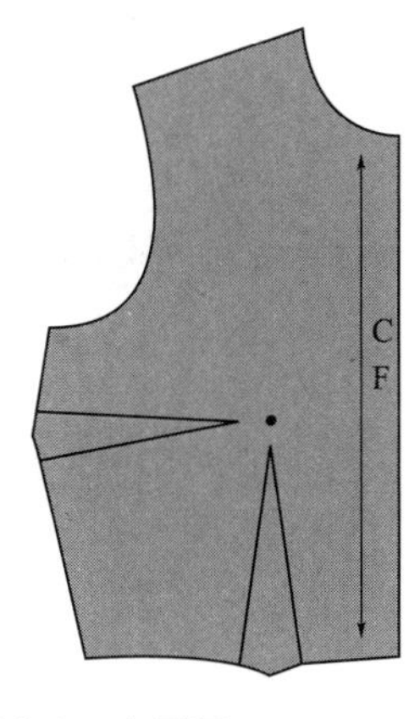

图 4-2-4　胸高点周围画一个圆圈

（1）避免紧绷。如果省线直接从胸高点开始，可能会导致服装在胸高点处过于紧绷，影响穿着的舒适度和外观的自然度。

（2）适应不同胸型。不同的人胸型大小不同，2～3cm 的半径可以为不同胸型的人提供一定的调整空间，使得服装更加贴合个人的体型。

（3）美观性。直接从胸高点开始画省线可能会在视觉上造成不自然的效果，而稍微离开胸高点可以使得服装的外观更加流畅和美观。

（4）缝纫工艺。在实际缝纫过程中，直接在胸高点处进行缝纫可能会比较困难，而且容易损坏面料。通过在胸高点周围画圆，可以为缝纫提供一定的操作空间。

（5）省的分布。省的分布需要考虑服装的整体造型和平衡，2～3cm 的半径可以帮助更好地规划省的位置和形状，以达到理想的效果。

（6）避免省点过于集中。如果所有的省都集中在胸高点，可能会影响服装的整体造型和舒适度。通过适当地调整省的位置，可以分散省点，使得服装更加舒适和美观。

总之，离开胸高点 2～3cm 画省线是一种常见的服装设计技巧，旨在确保服装的舒适度、美观性和适应性。

四、省道设计

1. 衣片双省设计

在服装样板设计中，细微的调整对于服装的整体尺寸比例具有显著影响。特别是在对胸围进行调整时，这种变化可能会对省道的宽度产生连锁效应。当胸围尺寸整体增加时，相应的省道宽度也可能随之增加。如果省道的角度扩展至大约 35°，这不仅会使缝纫和熨烫过程变得更加复杂，而且可能会影响布料的平整度。过宽的省道在熨烫时难以保持平整，这不仅会影响服装的外观，造成扭曲，还可能导致省道一侧出现不均匀的拉扯现象。为了解决这一问题，建议将一个宽阔的省道拆分为两个或更多的较窄省道。这种将省道分割并结合旋转的技术，特别适用于为胸部丰满的身形定制半身样板。这种方法不仅能够提高制作效率，还能更好地适应身形，同时保持织物的纹理和走向，从而确保服装的美观性和舒适度。通过这种细致的调整，样板设计师能够确保服装的尺寸比例和外观质量，满足不同体型的需求。图 4-2-5 为一省与两省上衣示意图。

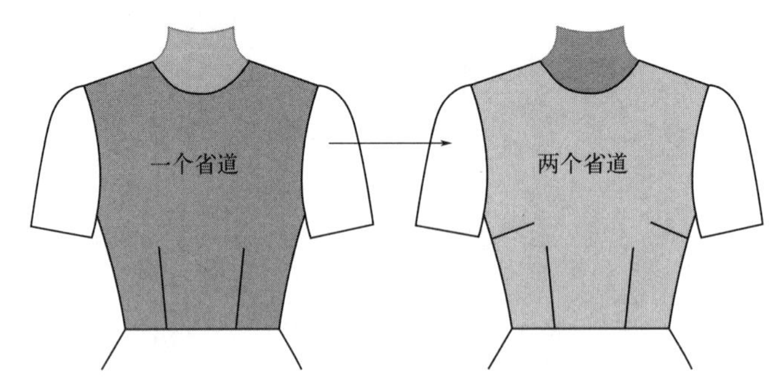

图 4-2-5　一省与两省上衣示意图

双省分布方法一般是一个胸省和一个腰省，其中，胸省可以转移到肩膀、袖窿、领子或者腋下，如图 4-2-6 所示。

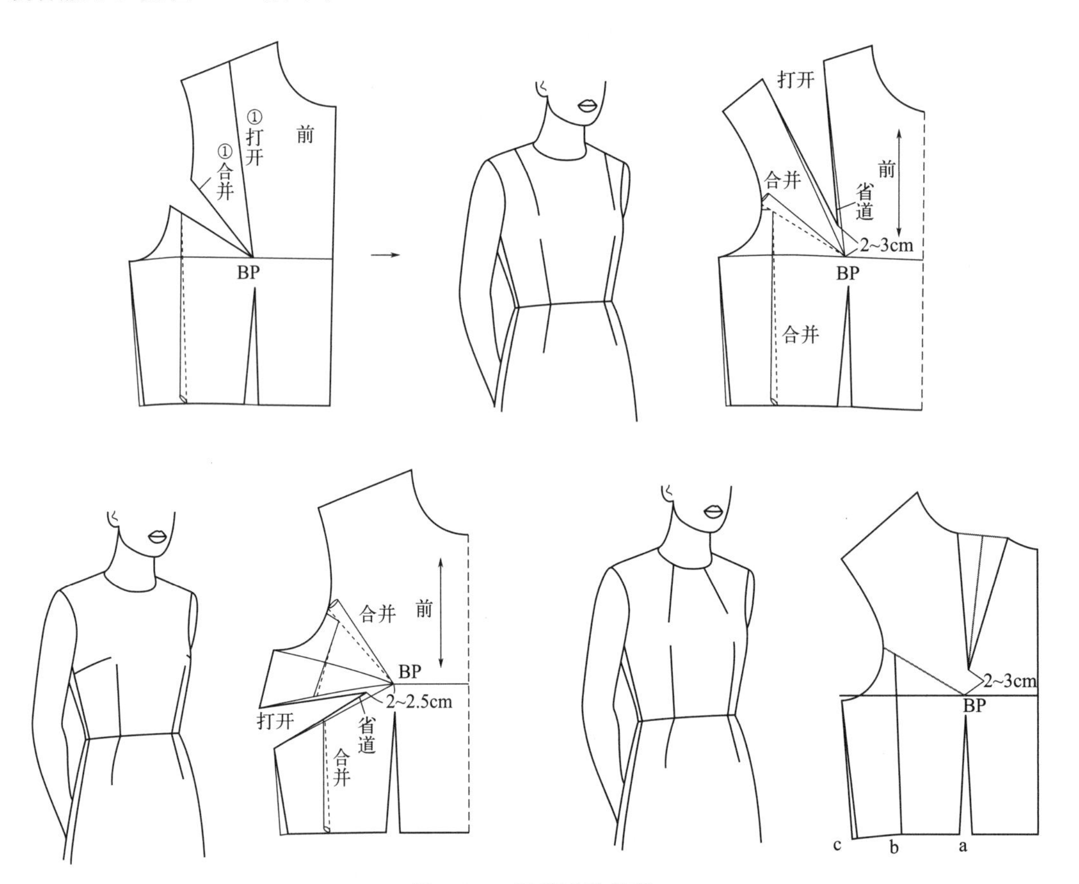

图 4-2-6　双省道的转移

胸省的设计确实可以 360°分布，这为服装的款式设计提供了极大的灵活性。除了提到的几个组合外，还可以有多种双省的创新组合。例如，如图 4-2-7 展示的那样，省道分布在袖窿和侧缝处，这种设计不仅对提升服装的结构性和功能性至关重要，同时也为服装增添了独特的视觉魅力。从美学的角度来看，设计师可能会选择将省道进行巧妙地拆分，创造出既实用又美观的服装作品。这种设计手法不仅满足了服装的功能性需求，还大大增强了服装的艺术表现力。

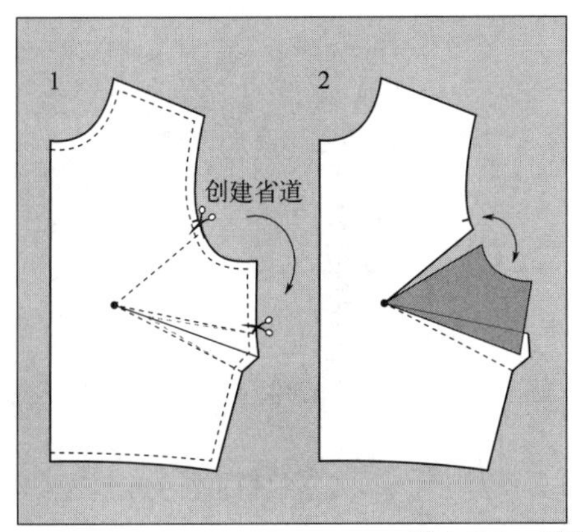

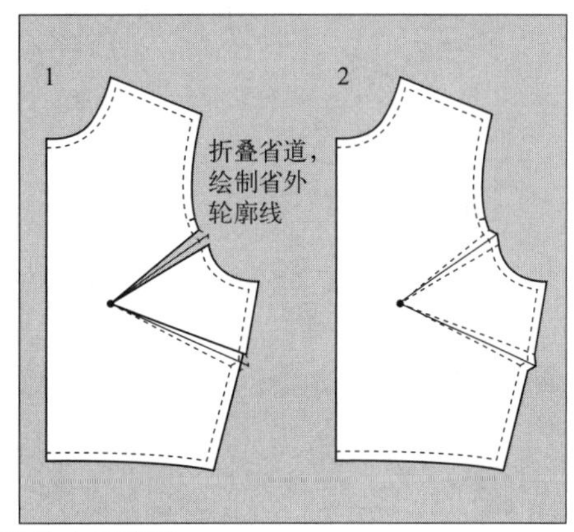

图 4-2-7　两省设计之两胸省

2. 省道圆顺分割处理

省道并非总是采用直线设计，而是可以根据服装的美观需求，灵活地采用曲线化的造型。如图 4-2-8 所示，在规划好省道的布局之后，两个省道需要进行平滑处理，以形成各异的分割线。通过这样的设计手法，可以创造出多样化的服装款式。

使用分割线可以使省道巧妙地消失，因为它们被吸收进接缝之中了。这一技术最著名的应用实例是公主缝和刀背缝。

[案例一] 公主线

在公主线造型中，只需沿着省道将两个部分分离，分成过 BP 点的肩省和腰省，从而进行衣片的分割，实现省道的隐藏，具体过程如图 4-2-8 所示。

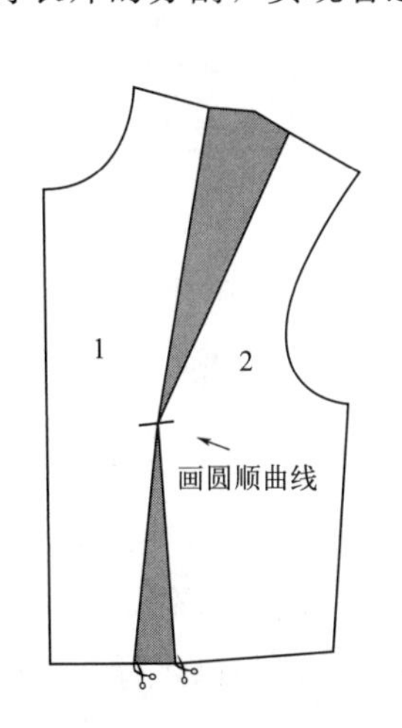

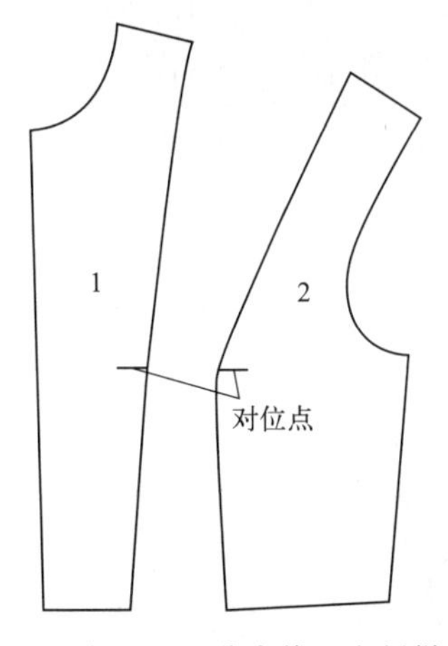

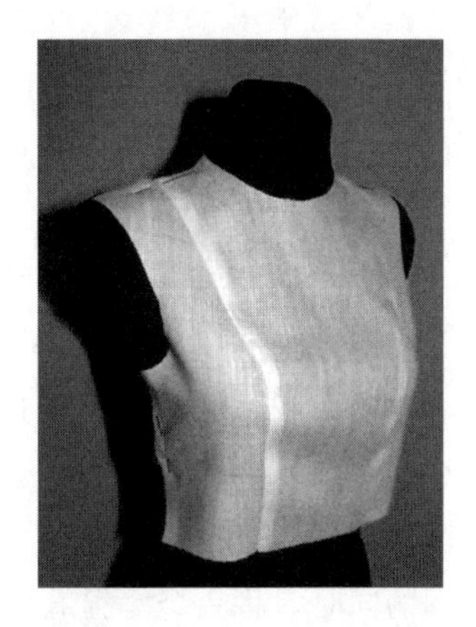

图 4-2-8　公主线上衣纸样

[案例二] 刀背缝

在刀背缝处，需要绘制一条曲线并做好对位点标识，通过闭合上部的省道，把省量转移到曲线部分，画顺刀背缝，如图 4-2-9 所示。在较大的纸样上，可能出现一些额外的松量。为了解决这个问题，需要在胸高点周围保留一部分松量作为宽松度，并通过在腰线处进行调整来消除剩余的尺寸差异，如图 4-2-10 所示。

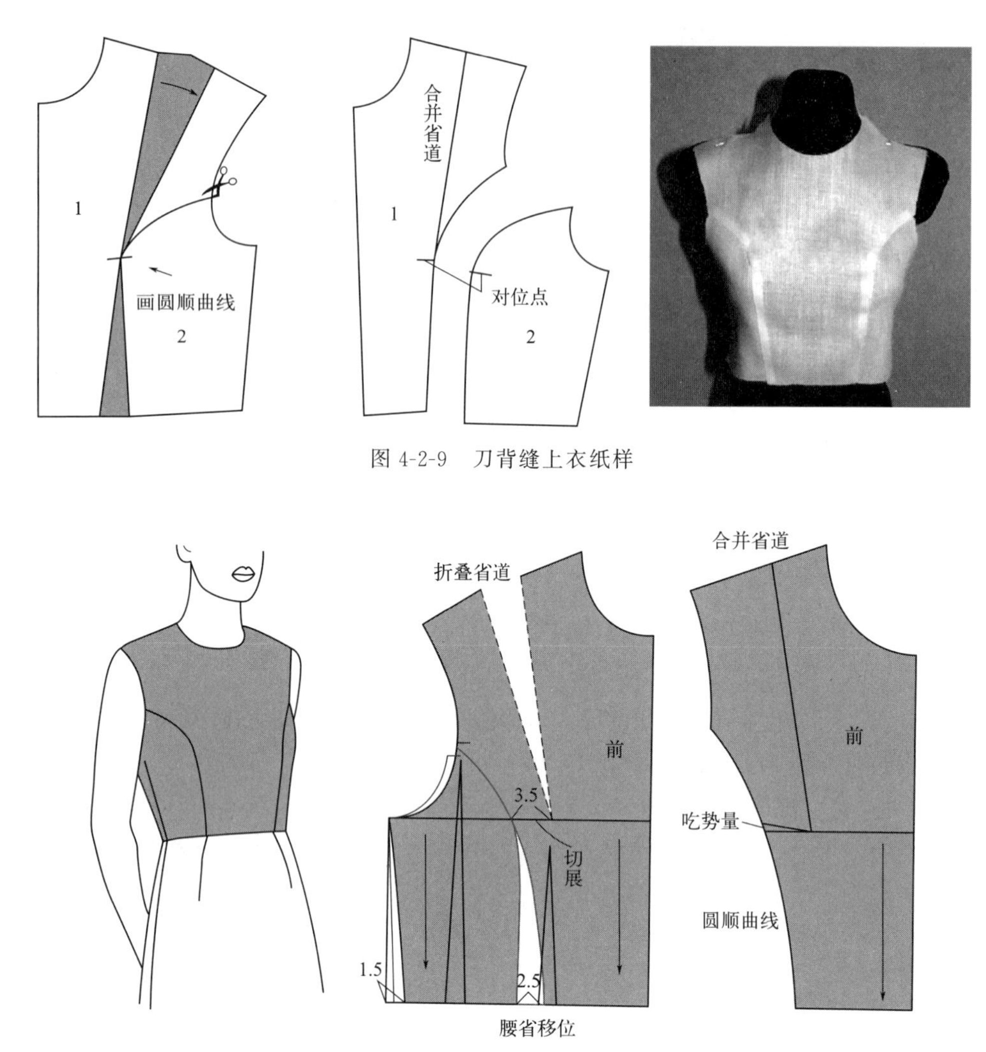

图 4-2-9　刀背缝上衣纸样

图 4-2-10　刀背缝转移原理示意图（单位：cm）

3. 省道转移注意事项

省道的分割与旋转在技术上有一定的相似性，它们都涉及一个新的省道位置的创建。然而，与旋转不同，分割不是简单地关闭一个省道并开启另一个，而是将一个省道的分散量分配到两个或更多的省道中（图 4-2-11）。这种方法允许样板师和设计师在保持服装设计意图的同时，将一个宽省道细分为两个或多个较窄的省道，从而在不牺牲设计初衷的前提下，实现更加精细的调整。

此外，如果发现省道的尖端过于集中，可能会影响服装的外观和穿着的舒适度。在这种情况下，建议将省道尖端从最初的省道中心线向每侧稍微移动，通常这种移动不应超过

2.5cm。这样的微调有助于分散省道的集中点，使得服装更加贴合人体曲线，同时保持视觉上的平衡和和谐（图 4-2-11）。腰省转移成多个肩省案例，如图 4-2-12 所示。

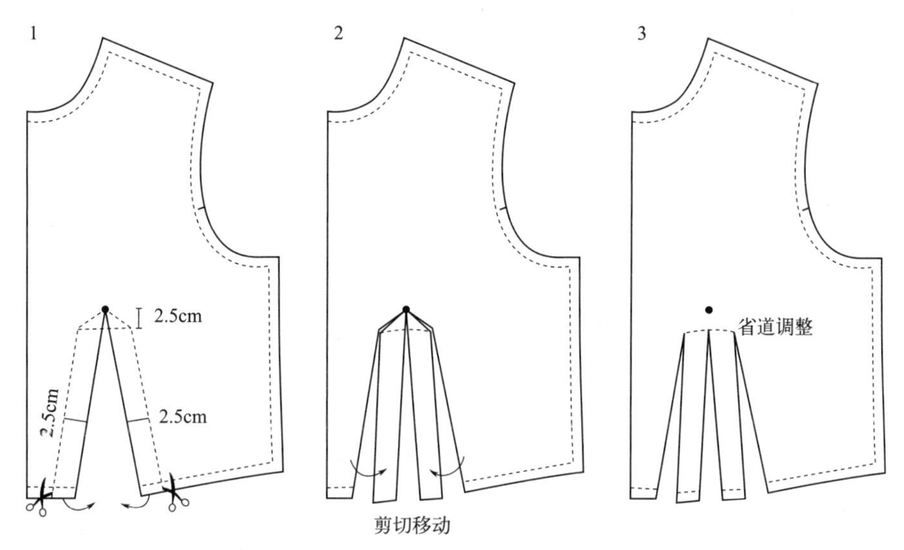

图 4-2-11　多省道转移调整

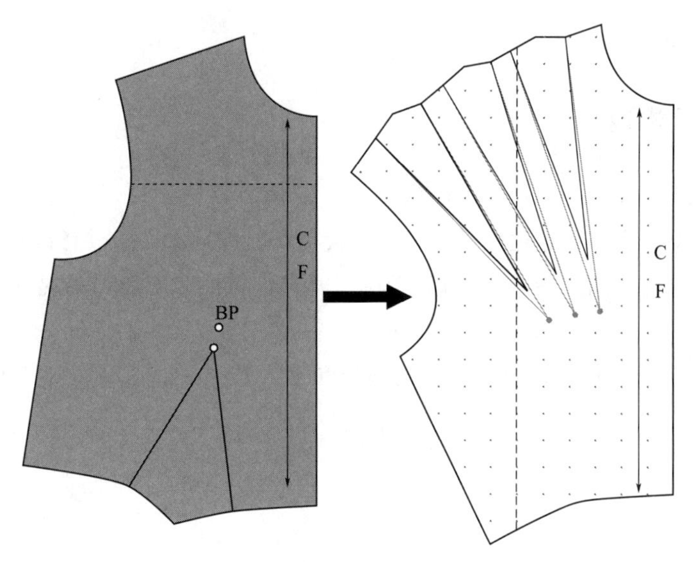

图 4-2-12　腰省转化成多个肩省

第三节 女上衣胸省设计与转移

一、胸省的作用

在服装样板制作过程中，胸省的设计是一项关键的技术，它不仅关系到服装的美观性，还直接影响到服装的舒适性和人体工程学的符合度。胸省的设计首先需要基于对人体结构的深入理解，尤其是对女性胸部形态的精确把握。设计师通常会考虑胸部的体积、位置和形态，以确保胸省能够贴合胸部曲线，同时允许适当的活动空间。

为了美化身体线条，胸省的位置和形状需要精心设计。例如，胸省的尖点位置通常会位于胸高点（BP点）附近，这样可以在视觉上强调胸部的立体感，同时也能够在不牺牲舒适度的前提下，塑造出更加流畅的服装线条。胸省的大小和长度也会根据服装的风格和所需的合身度进行调整，以确保服装既能够展现身材，又不会对穿着者造成压迫感。

增强舒适性是胸省设计中另一个重要的考量因素。设计师会通过省道转移的技术，将胸省的量分散到服装的其他部位，如腋下或腰部，这样可以减少胸部区域的紧张感，提供更好的活动自由度。此外，胸省的设计还会考虑面料的特性，如弹性和透气性，以确保服装在保持形状的同时，也能够适应身体的自然运动。

符合人体工程学原则的胸省设计，还需要考虑人体在不同姿势下的变化。通过立体裁剪技术，设计师可以在人台上模拟人体的动作，观察胸省在不同姿势下的表现，从而对样板进行必要的调整。这样的方法可以确保服装在各种日常活动中都能够保持舒适和美观。

总之，胸省的设计是一个综合考虑人体结构、服装风格、面料特性和舒适性的复杂过程。通过精心的设计和制作，胸省不仅能够美化身体线条，还能够提供良好的穿着体验，符合人体工程学的要求。

二、胸省结构设计

省道可以在服装的不同部位之间转移，例如从胸省转移到腰省或肩省。在转移过程中，应保持省道的角度不变，而省道的长度和大小会根据新位置的需求进行调整。这种转移可以通过省道移动的原理，如旋转法，将省道围绕BP点进行360°旋转，实现省道的转移，如图4-3-1所示。胸省在BP点360°范围内均可设计省位，如图4-3-2所示。通过这些方法，设计师可以在保持服装合体性的同时，充分发挥创意，设计出既实用又美观的服装。

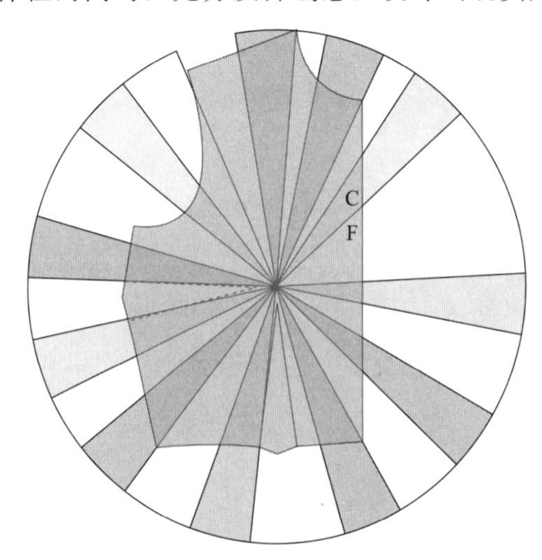

图4-3-1 360°省道转移

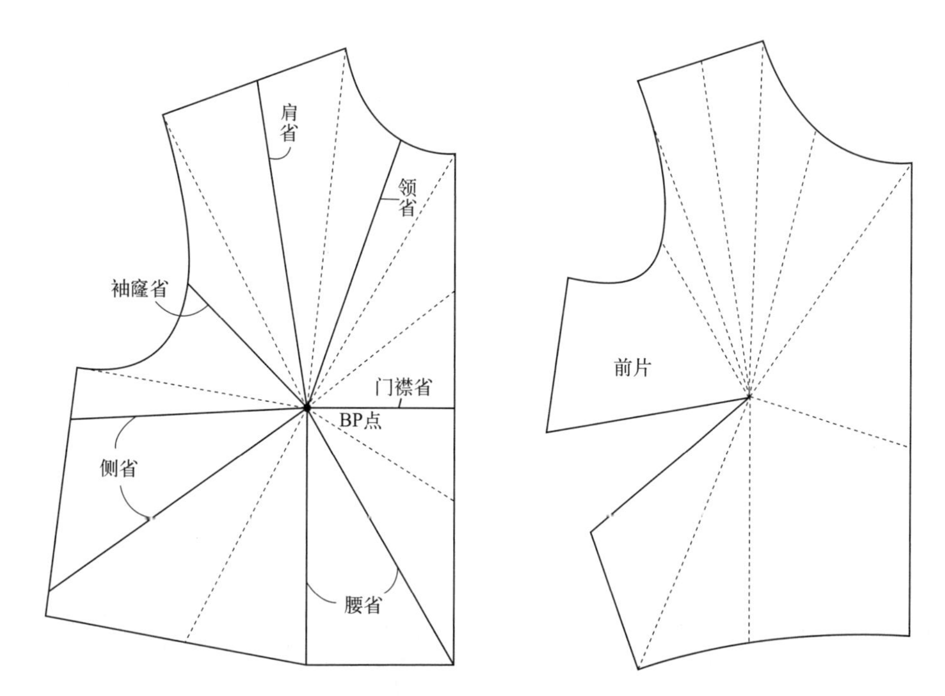

图 4-3-2 胸省在 BP 点 360°范围内均可设计省位

1. 胸省转移

围绕着 BP 点可以随意旋转省道，得到一个个不同的外观。无论最初是有一个还是两个省道，都无关紧要。从胸围点开始，沿着新设计省方向画一条新线。把它切开，然后把其他省道合上。在开口下面加纸，在距胸围点 2～3cm 的地方画出新的省道。具体款式如图 4-3-3 所示。

2. 胸省转移步骤

（1）原型轮廓打开：首先，将原型轮廓（含省位）打开后平铺，以便进行修改。复合成前片：将原型的一半复合成完整的前片，这样可以更清晰地看到省道的位置和形状。

（2）画出新省道位置：在前片上画出新的省道位置，通常根据设计需求和款式来确定。

（3）剪开新省道：在新省道的位置剪开，直至 BP 点。关闭原省道：将原来的省道闭合，这样省道的量就会转移到新的位置。

备注：可以使用旋转法或剪开法来转移省道。旋转法是将 BP 点和新胸省位置连接线，按住 BP 点，原型沿逆时针或顺时针方向旋转，将原胸省至新胸省的形状，用点线器描画移转。剪开法是在新胸省位至 BP 点剪开，闭合原有的胸省，则胸省量转移至新胸省位。

（4）实际省尖设定：实际省尖应与 BP 点保持一定距离，一般离 BP 点 2cm 左右。

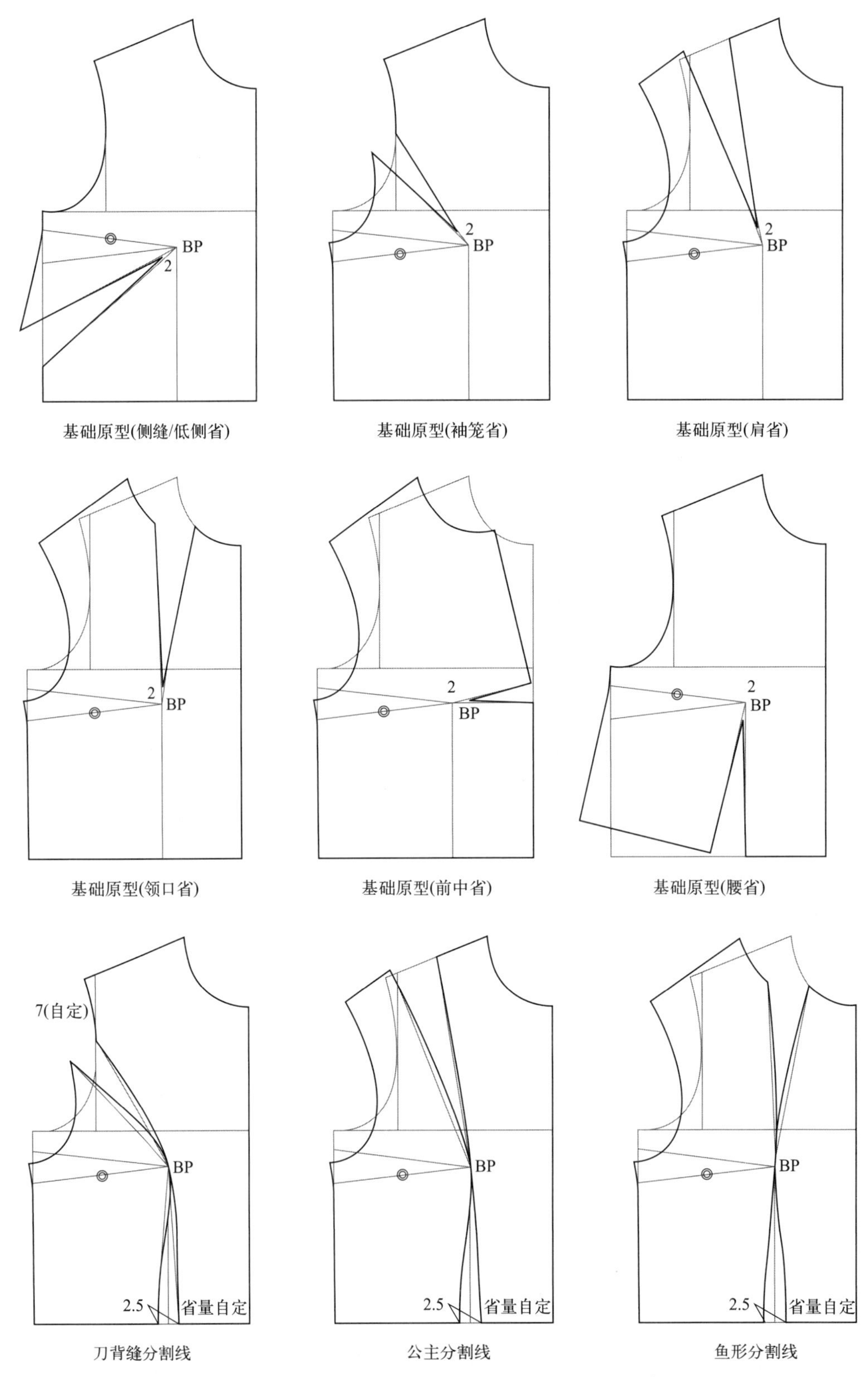

图 4-3-3　胸腰省道在不同位置的名称和上衣纸样造型（单位：cm）

3. 案例分析

由于胸省结构设计可以有 360°的方向，因此通过转省，呈现款式丰富。全胸省道转移比较经典的款式如图 4-3-4 所示。

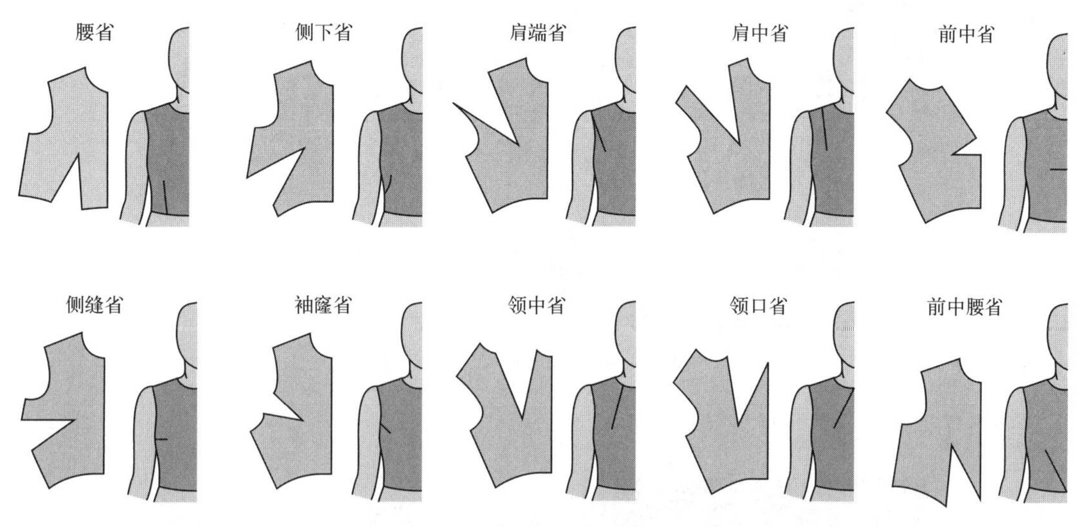

图 4-3-4　全胸省道转移经典款式

（1）中心线胸省转移。在前片前中心线处通过 BP 点设计一条水平线，然后剪开水平线，合并原有的老省道，实现省道的转移和款式的设计，如图 4-3-5 所示。

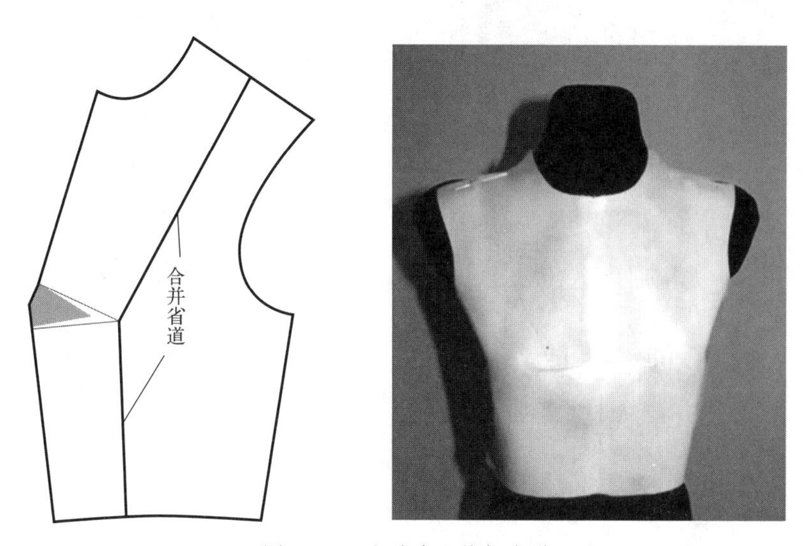

图 4-3-5　衣片中心线加省道

（2）侧缝胸省转移。在前片侧缝处通过 BP 点设计一条省道线，然后剪开此设计线，合并原有的肩膀省道和腰部省道，实现省道的转移和款式的设计，如图 4-3-6 所示。

（3）肩膀胸省转移。在制作时，设计绘制并剪开新设计的省，如图 4-3-7 中的第 2 步所示。然后，像通常一样，根据款式特征合并老的省，实现省道转移到新设计的省量中，

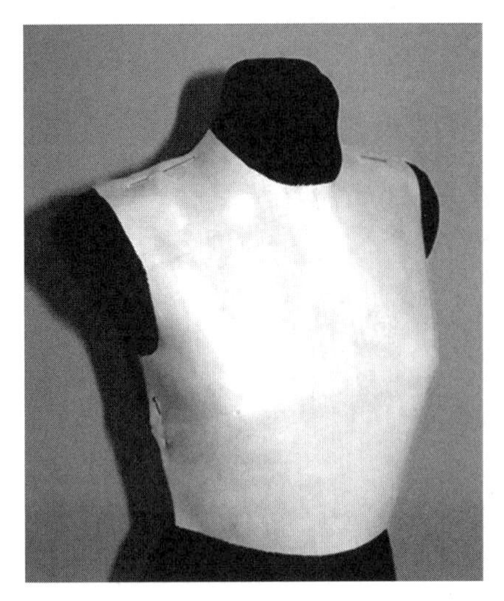
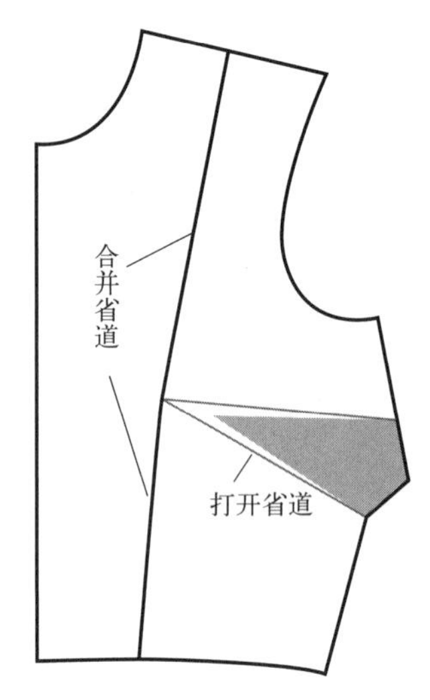

图 4-3-6　衣片侧缝线加省

最终的纸样如图 4-3-7 中的 3 所示。

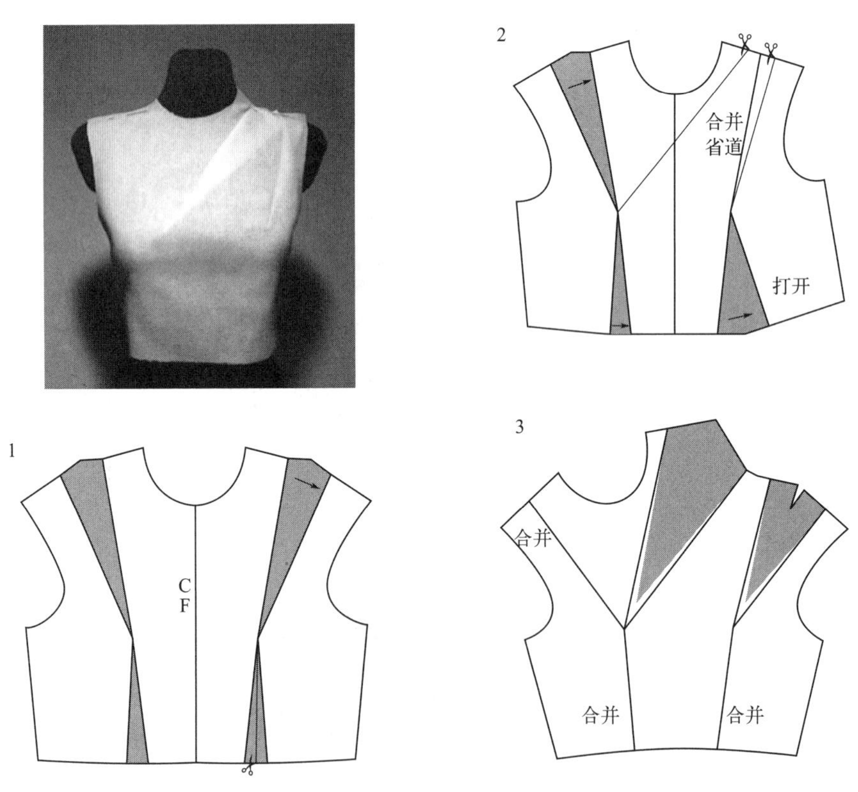

图 4-3-7　肩膀加省道

（4）曲线分割结构设计。在制作曲线分割结构设计时，通过胸高点设计绘制曲线，并剪开新设计曲线，如图 4-3-8 中的第 2 步所示。然后，根据款式特征合并老的省，实现省道转移和新款式设计，如图 4-3-8 中的 3 所示。

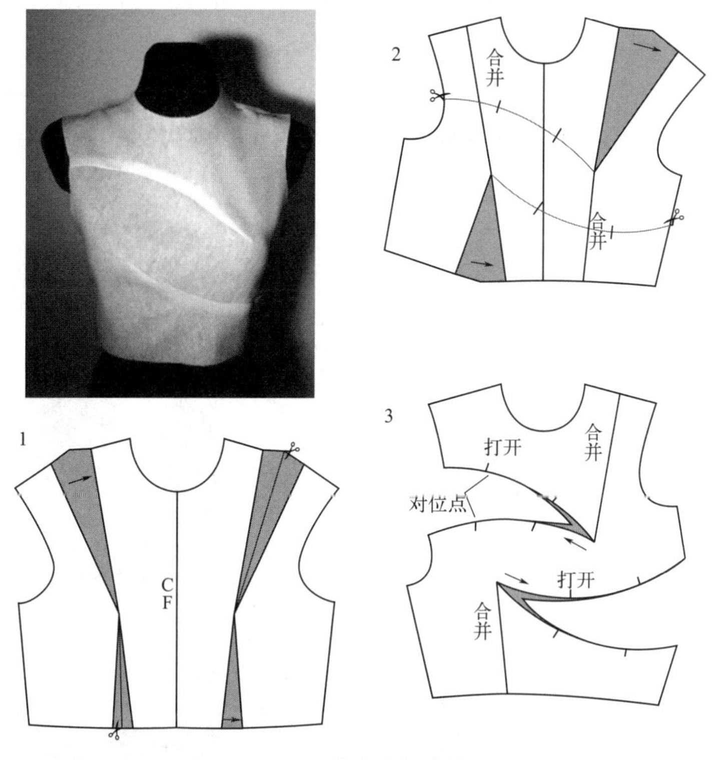

图 4-3-8　曲线分割设计省

（5）横向分割线。如图 4-3-9 所示，通过 BP 点设计横向分割线，将上身部分横向分成两片，分别对上下两部分合并肩省和腰省，并画顺上下分割线弧度，形成新的款式图纸样。

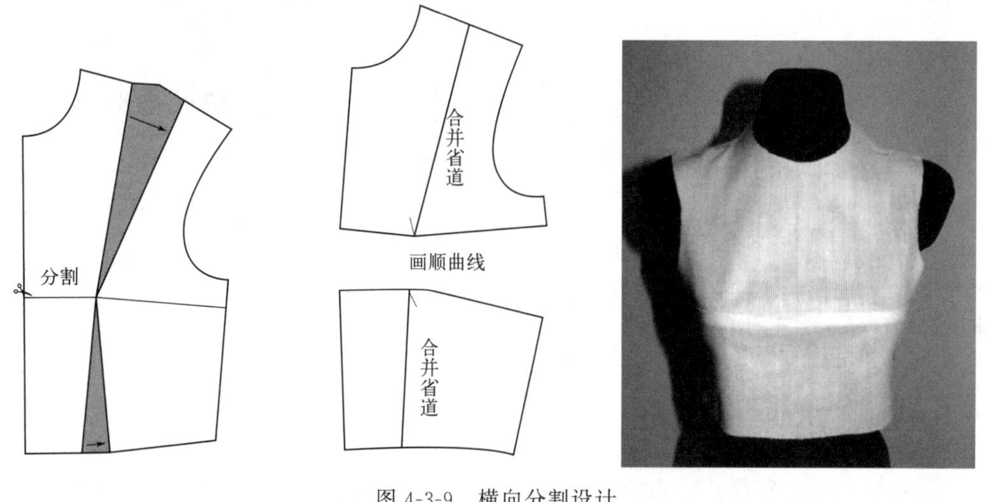

图 4-3-9　横向分割设计

需要注意的是，要在胸高点周围的角上平滑处理并添加标记记号，缝制时以实现对位。

（6）几何形设计。几何造型设计与分割造型线密切相关，通过画出任何通过省道点的形状来使省道消失。必须确保至少有一条分割线延伸到上身衣片的一个边缘。否则，样板将无法平铺。图 4-3-11 案例的菱形形状，其廓形的两边，一边延伸到腰线，一边延伸到领线，从而自动解决了合身问题，并根据款式需求做好对位点标识，如图 4-3-10 和图 4-3-11 所示。

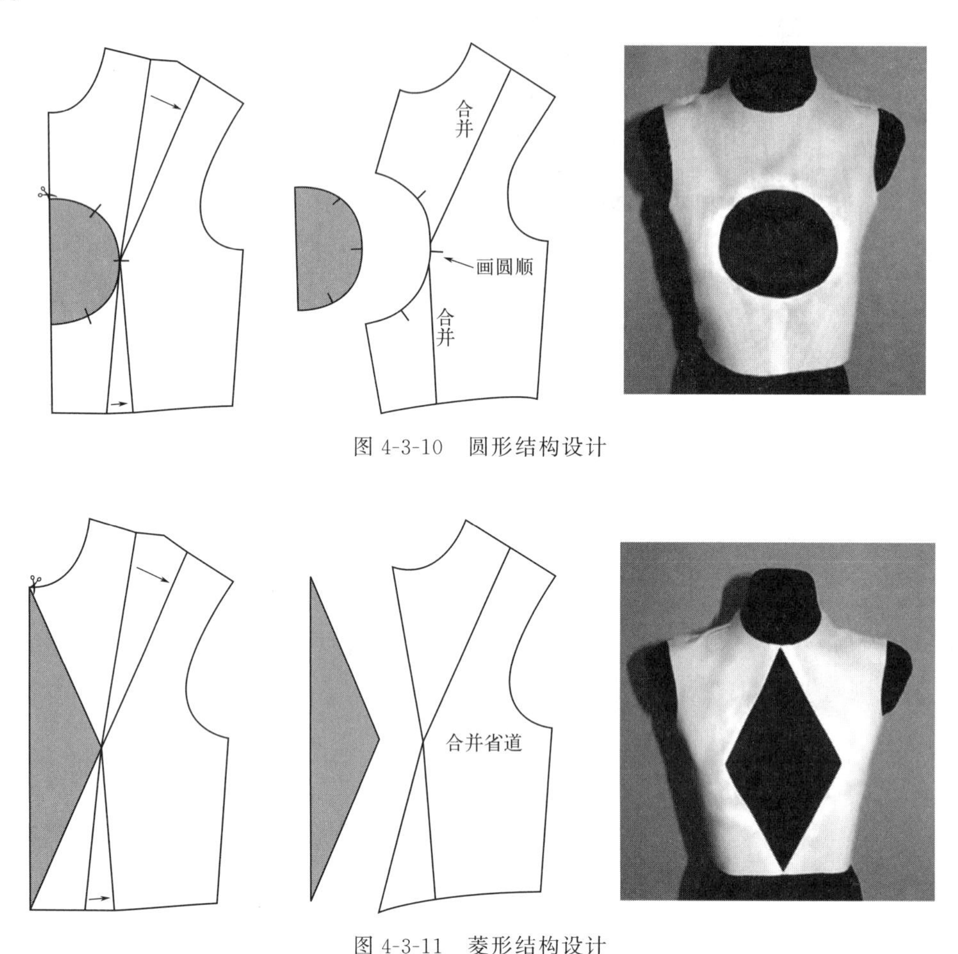

图 4-3-10 圆形结构设计

图 4-3-11 菱形结构设计

第四节 上衣肩胛省转移

一、肩胛省设计

肩胛省是开放的省道，它指向肩部肩胛骨后部的最高点。由于肩胛凸相对胸凸来说在外形上比较模糊，它的省量也比较小（1.5cm 左右），因此在进行省移时采用全省转移居多。不过，有时在一种比较严格的造型中，只用肩胛省的一大部分进行省道制作，剩余的部分采用归拔的方法处理掉，使造型更加丰满自然。例如 1.8cm 的肩胛省，只用了

1.5cm，剩余 0.3cm 用于归拔处理。

以肩胛凸点为中心的 180°范围内可进行省移。具体的省名称根据部位不同命名如下：外肩省、后袖窿省、后腰省、后领口省。

二、肩胛省转移方法

在女上衣原型中进行后背肩胛骨省道转移，是为了更好地适应人体背部的曲线，使服装更加合体舒适。以下是一般的步骤和方法。

（1）确定肩胛骨位置：在原型的后背片上，找到肩胛骨的凸起位置，通常位于肩胛骨下角，距离腰线大约 15～20cm 的位置。

（2）标记省道位置：从肩胛骨的最高点向下画一条线，这条线将作为省道的中心线。省道的长度和位置可以根据设计需求进行调整。

（3）省道的形状：省道通常呈锥形，省尖指向肩胛骨的最高点，省底位于腰线附近。省道的宽度可以根据服装的款式和所需的合体度来确定。

（4）省道转移：如果需要将省道转移到其他位置，可以使用旋转法或剪切法。旋转法是将原型围绕肩胛骨的最高点旋转，将省道转移到新的位置。剪切法则是在新省道位置剪开原型，然后闭合原省道，将省量转移到新位置。

（5）调整省道长度和角度：在转移省道时，要保持省道的角度不变，但省长和省量的大小可以根据新位置进行调整。

（6）试穿和调整：在实际裁剪和缝制之前，最好进行试穿，以检查省道转移后的效果。如果需要，可以根据试穿结果进一步调整省道的形状和位置。

这个过程可能需要多次尝试和调整，以确保最终的服装既舒适又美观。在实际操作中，可能还需要考虑面料的特性、服装的风格和穿着者的体型等因素。具体的肩胛省变化如图 4-4-1 所示。

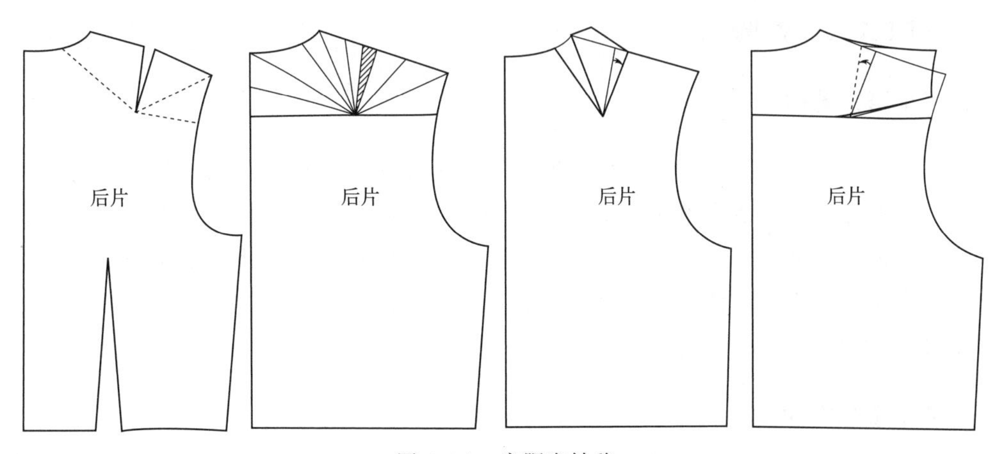

图 4-4-1　肩胛省转移

第五节 腰部省道转移结构设计

一、腰省概况

原型上衣的腰省变形是服装设计中常用的技术之一，它允许样板师通过调整和改变腰省的形状、位置和大小，来适应不同的款式需求和人体曲线。

（1）腰省的功能：腰省主要用于塑造腰部的曲线，它通过在原型上衣的侧缝处创建一个褶皱或收紧的部分，来突出或适应穿着者的腰部形状。

（2）基本形态：标准的腰省通常是一个倒 V 形，省尖指向腰部最细的部分，省的底部与腰线齐平。这种设计有助于收紧腰部，创造出一个沙漏形状的轮廓。

（3）变形的多样性。

位置变化：腰省可以向前或向后移动，以适应不同的款式设计，如将腰省移至前片，可以强调前身的腰部曲线。

数量变化：可以通过增加腰省的数量来创造更复杂的设计，例如在前后片各增加腰省，以提供更多的形状调整。

形状变化：腰省的形状可以从传统的倒 V 形变为更平滑的曲线，或者变为更尖锐的角度，以适应不同的设计美学。

（4）设计考量。设计师需要根据服装的整体风格和设计意图来决定腰省的变形。例如，宽松款式可能不需要明显的腰省，而紧身款式则可能需要更显著的腰部收紧。

（5）人体结构：腰省的设计应考虑穿着者的体型，以确保服装的舒适性和美观性。对于不同的体型，腰省的位置和大小可能需要相应的调整。

二、腰省设计案例

1. 多个腰省结构

除了将两个省道合并为一个，还可以将它们变成更多的省道。以下是可以这样做的一种方法：首先，将胸省和腰省两个省道合并，并测量合并后总的腰部省道宽度；然后将其除以想要的省道数量，在所需位置（在本例中是在腰线处）绘制新的省道，并将省道保持在接近胸高点的位置，如图 4-5-1 所示。此外，还需要根据款式需要进行微调，如图 4-5-2 所示。

2. 腰部褶裥设计

腰省设计是服装结构设计中的重要环节，它通过在服装腰部区域引入褶皱或褶皱线，如图 4-5-3 所示，以适应人体曲线，使服装更加合体，设计出更多款式。以下是进行腰省设计的一些基本步骤和考虑因素。

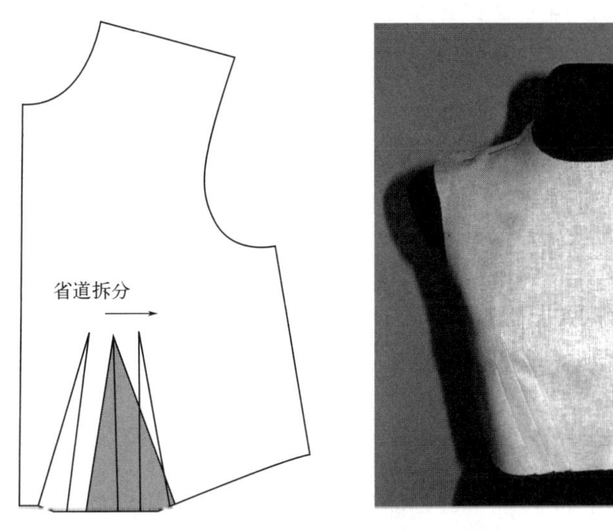

图 4-5-1　多个腰省省道结构设计

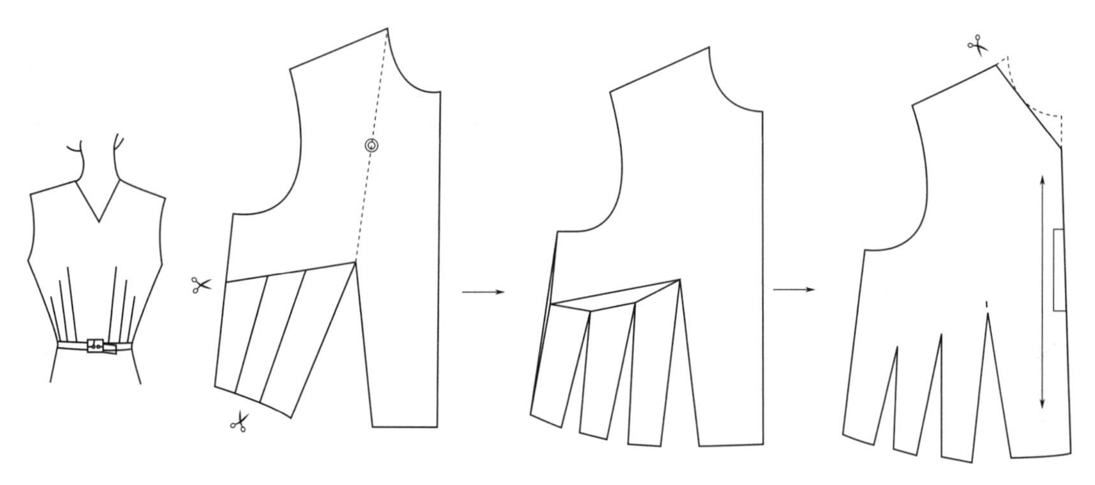

图 4-5-2　多腰部省道的结构设计与变化过程

（1）确定腰省的位置：腰省通常位于腰部最细处，可以是单个或多个，根据设计需要分布在前片、后片或侧缝处。

（2）省道的形状和大小：腰省的形状通常为锥形或钉子形，大小根据服装的款式和人体的体型来确定。省道的长度、宽度和深度都会影响最终的服装造型。

（3）省道的转移：省道可以从一个位置转移到另一个位置，以适应不同的设计需求。例如，可以将胸省转移到腰省，创造出不同的视觉效果和合体度。

（4）省道与分割线的结合：省道可以与服装的分割线结合，如公主线、侧缝线等，以塑造更加立体和合体的服装造型。

（5）省道的隐藏：在设计中，有时需要将省道隐藏在服装的线条中，使其既具有塑形功能，又不破坏服装的整体外观。

（6）省道的装饰性：省道不仅可以具有功能性，还可以具有装饰性。例如，可以通过省道的变化创造出褶皱效果，增加服装的视觉效果。

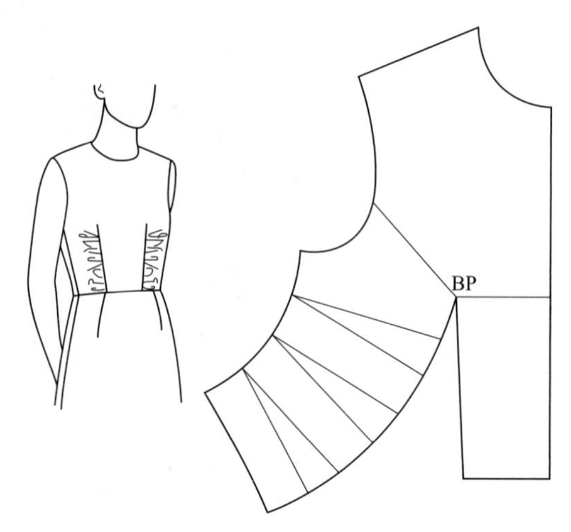

图 4-5-3　腰部褶裥结构设计

第五章

袖子结构设计

第一节 手臂与袖子的关系

一、袖子与人体工程学关系

1. 手臂与人体关系

人体上肢是身体中最活跃、活动范围最广的部分，它通过肩部、肘部、腕部等关节的活动，驱动全身各部位的动作变化。袖子作为服装的重要组成部分，与衣身的袖窿相连，共同塑造出完整的服装外观。不同的服装风格和功能需求会导致袖子呈现出多样的结构和形态。各种袖子与主体服装的结合，也会对整体造型产生不同的影响。袖窿，尤其是肩部和腋下区域，是连接袖子和衣身的关键部位，纸样设计不当可能会限制上肢的活动。因此，衣袖作为服装中较大的组成部分，其设计不仅要与整体服装协调，还要兼顾装饰性和功能性的平衡。

上肢的运动主要体现在腋窝的伸展与收缩。当手臂自然下垂时，腋窝处的肌肉群呈现出自然的收缩状态；而当手臂向上、向前或向后伸展时，腋窝的肌肉群则像交错的弹簧一样自由伸展。手臂的广泛活动范围对袖子的结构设计提出了要求：在手臂自然下垂时，袖身应贴合手臂的外轮廓；而在手臂活动时，袖身不应妨碍其活动范围。这就要求设计师全面考虑袖身与手臂的结构关系。首先，袖身的升降位置和大小弧线应与手臂的自然弯曲相匹配；其次，袖山的高度、袖身的松量以及弯曲状况都应满足所需的活动范围。当然，不同服装有不同的设计要求，需要根据个体差异进行调整。

2. 手臂的弯曲度

手臂自然下垂时，前臂通常会呈现大约10°～15°的自然弯曲，如图5-1-1所示。

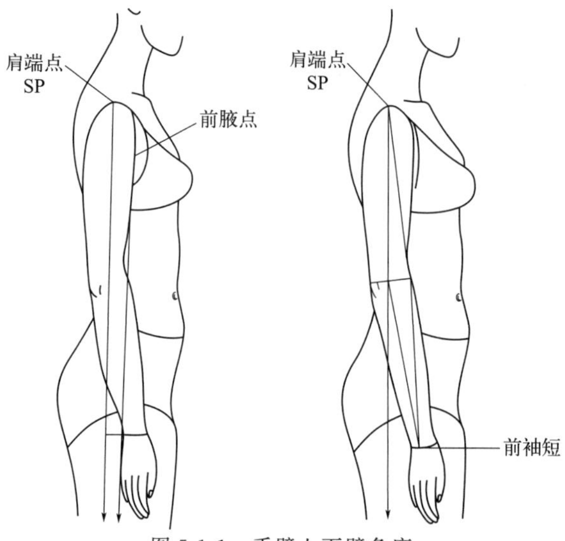

图5-1-1　手臂上下臂角度

一个设计精良且制作得当的袖子会有一些温和的塑形，并遵循身体的自然曲线。由于人的手臂自然向前倾斜，因此反映在样板上，袖口前偏量有所倾斜（图 5-1-2）。

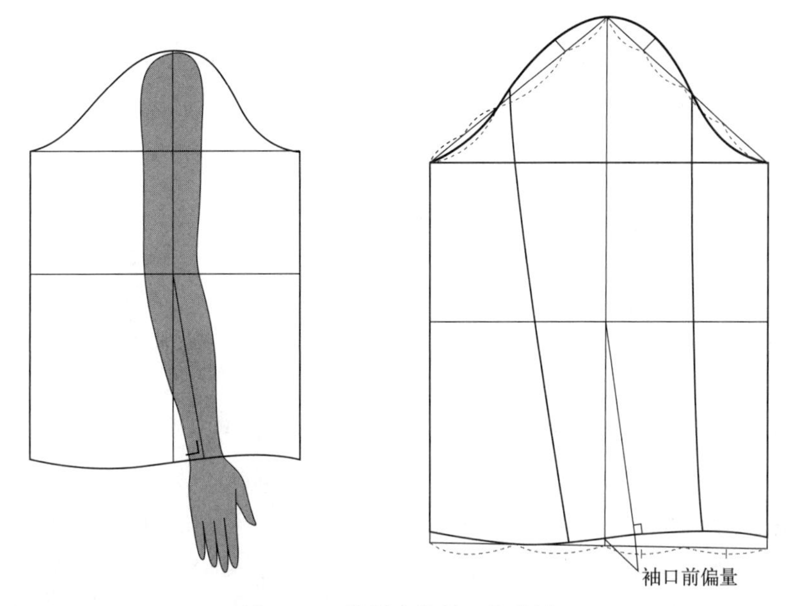

图 5-1-2　样板中的袖口前偏量

袖口的前偏量是一个在衣袖结构设计中常需考虑的因素，它指的是袖中线在袖口处向前偏移的距离。这个量的大小与衣袖的类型、性别差异以及设计需求等因素密切相关。

（1）袖口前偏量的常见范围。

直身袖：对于直身袖来说，袖口前偏量一般较小，通常在 0～1cm 之间。这是为了保持袖子的直线形态，使其外观简洁、大方。

较直身袖：这类袖子的袖口前偏量会稍大一些，大约在 1～2cm 之间。这种设计可以在一定程度上增加袖子的动态感，使其更加贴合人体曲线。

女装弯身袖：女装弯身袖的袖口前偏量通常较大，一般在 2～3cm 之间。这是为了更好地适应女性上肢的形态特点，使袖子在穿着时更加舒适、自然。

男装弯身袖：男装弯身袖的袖口前偏量则可能更大一些，达到 3～4cm。这种设计旨在增强袖子的立体感，使其与男性健硕的上肢相协调。

（2）影响因素。

人体上肢形态：袖口前偏量的设定需考虑人体上肢的前倾量，以确保袖子在穿着时能够自然贴合上肢曲线。

设计需求：不同的设计风格和场合对袖口前偏量的要求也不同。例如，正式场合的服装可能更注重袖子的直线形态，而休闲或运动风格的服装则可能更注重袖子的舒适度和灵活性。

性别差异：由于男女上肢形态的差异，女装和男装在袖口前偏量的设计上也会有所不同。

综上所述，袖口的前偏量是一个根据衣袖类型、性别差异和设计需求等多种因素而定的变量。在实际的服装设计中，需要根据具体情况来确定合适的袖口前偏量，以确保袖子在穿着时既美观又舒适。由于服装设计领域的发展和变化，具体数值可能因设计师的偏好和流行趋势而有所不同。

二、袖子变化设计

袖子可以分为装袖（即单独裁片缝制到衣身上的袖子）和连身袖（与衣身连成一体的袖子）。它们可以是短袖（图 5-1-3）或长袖。装袖的例子包括泡泡袖、无袖帽袖、花瓣袖和蝴蝶袖。其中，连身袖的例子则包括拉格伦袖、和服袖和蝙蝠袖。许多装袖类型都是通过增加袖子的宽松度来设计的，比如泡泡袖在袖山或肱二头肌部位增加了宽松度；主教袖则在手腕部位增加了宽松度。

图 5-1-3 短袖

袖子变化设计是指在基本袖子款式的基础上，通过改变袖子的形状、长度、宽松度等元素，创造出不同的视觉效果和穿着体验。以下是一些袖子变化设计的思路。

(1) 袖长变化：通过调整袖子的长度，可以设计出从短袖到长袖的各种款式。例如，将短袖延长至手肘以上可以制成中袖，再延长至手腕以下则可以制成长袖，见图 5-1-4。

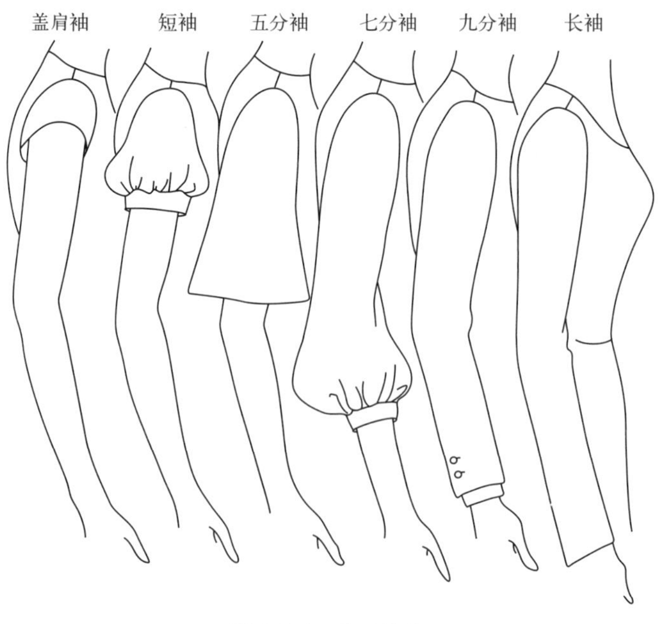

图 5-1-4 袖子造型

（2）袖型变化：改变袖子的基本形状也是常见的变化设计方法。例如，将直筒袖改为喇叭袖、泡泡袖或灯笼袖等，都可以使服装呈现不同的风格和特点。图 5-1-5 为部分袖型。

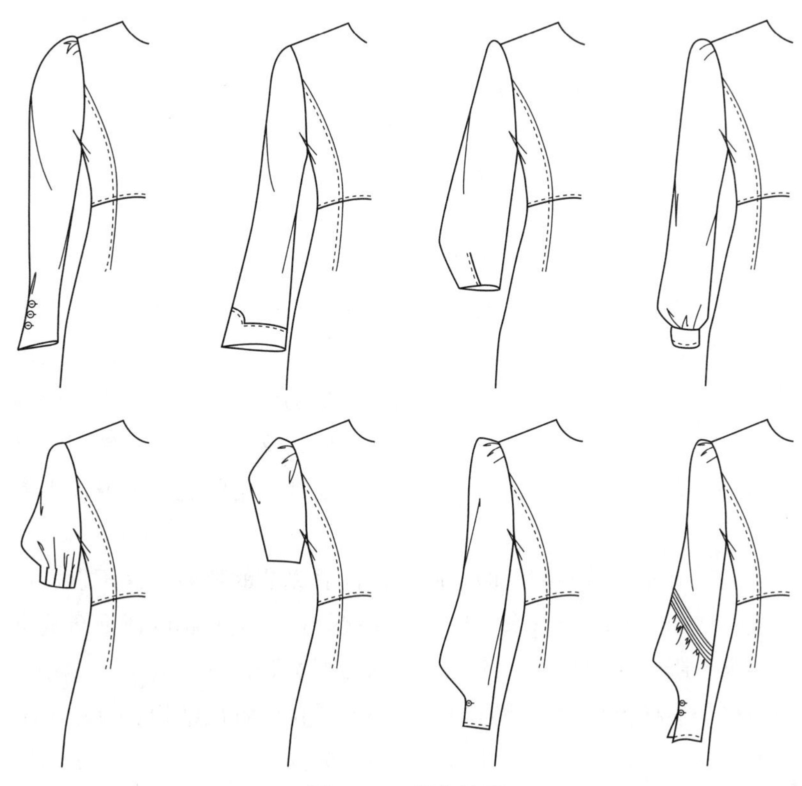

图 5-1-5　部分袖型

（3）宽松度变化：通过调整袖子的宽松度，可以设计出紧身袖、合身袖或宽松袖等不同的款式，如图 5-1-6 所示。宽松度的变化不仅影响袖子的外观，还会对穿着的舒适度和活动自由度产生影响。

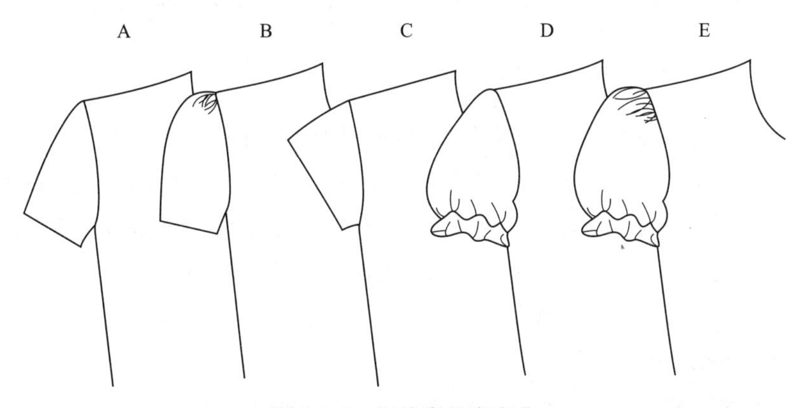

图 5-1-6　短袖宽松度变化

（4）细节装饰：在袖子上添加各种细节装饰也是变化设计的重要手段。例如，可以在袖口处添加蕾丝边、荷叶边或蝴蝶结等装饰元素，以增加服装的层次感和美感。

（5）功能性设计：根据穿着者的需求，还可以在袖子上进行功能性设计。例如，为户外服装添加防晒袖套、为运动服装添加弹性袖口等，以提高服装的实用性和穿着体验。

三、袖子在人体上的部位名称

在服装制版中，手臂与袖子的样板结构关系是至关重要的，它们必须相互协调以确保服装的舒适性和美观性。手臂的结构包括肩关节、肘关节和手腕，这些部位的运动范围直接影响袖子的设计。袖子的样板通常从袖山顶点开始，这个点与肩关节相对应。袖山顶点的定位要考虑肩宽和肩斜，确保袖子能够自然地附着在肩膀上。从这个点向下，袖山弧线被设计成能够贴合手臂的弯曲，同时留有足够的空间以便于手臂的运动。袖山弧线的深度和长度通常基于胸围和肩宽的比例来确定。袖子的侧面线需要与衣身的袖窿弧线相匹配，以确保袖子能够平滑地安装在衣身上。袖窿弧线的形状要考虑手臂自然下垂时的姿态，以及手臂抬起时的运动需求。在袖窿深处，可能需要设计一定的宽松度或加入褶皱，以适应手臂的运动。

在肘部区域，袖子通常需要额外的空间来允许肘关节的弯曲。这可以通过在样板中设计省道、褶皱或者增加额外的布料来实现。在手腕处，袖子的宽度通常会减小，以贴合手腕的轮廓，这要求制版时对袖口的尺寸进行精确的测量和计算。

总的来说，袖子的样板结构设计需要综合考虑手臂的解剖结构、运动范围和服装的整体设计。通过精确的测量、合理的设计和不断地试穿修正，可以确保袖子既符合人体的生理需求，又满足服装的美学要求。

图 5-1-7 描述了袖子样板的各个部分，包括袖顶、袖山高、袖山弧线、袖肥、侧缝、腋下、袖上部分、袖下部分以及袖口（长袖的手腕）。袖顶有时也被称为袖头或袖冠。

图 5-1-8 中的 1 代表袖山高；2 代表袖长，袖长部分可以根据设计需求自主确定；3 代表袖肥，是手臂的最宽之处；4 代表袖口。这几个指标构成了袖子的关键部位。

1. 袖山高

（1）袖山高测量。袖山高是指从肩部尖端到腋下线的距离。腋下线大约在腋下方 1.5cm 处。图 5-1-8 和图 5-1-9 展示了人体袖山高度，图 5-1-10 展示了基础版型或样板上的袖山高度。注意，样板上的袖山高度会根据袖型的不同而变化，例如，喇叭袖的袖顶高度会比合身袖低。图 5-1-9 中垂直的虚线是袖山高，横着的是袖肥。

（2）袖山高的取值范围参考如下。

宽松的袖山高在 9cm 以下；

比较宽松的袖山高 10～12cm；

比较合体的袖山高 12～15cm；

合体袖的袖山高在 15cm 以上。

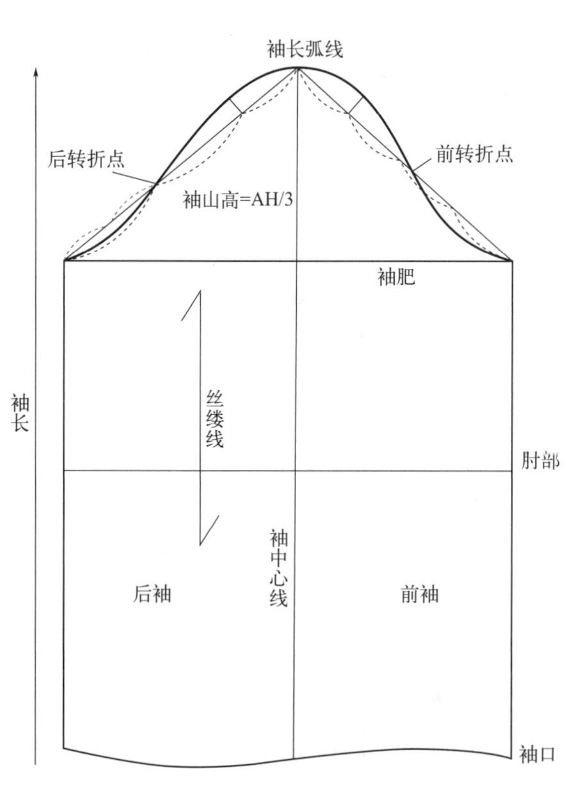

图 5-1-7　袖子具体部位名称

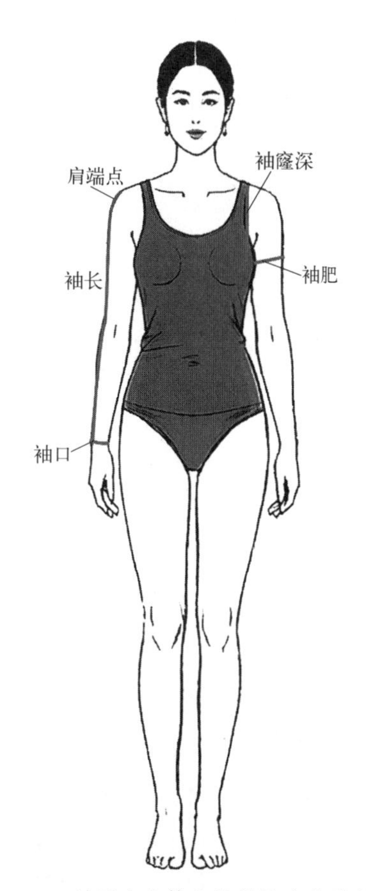

图 5-1-8　袖子在人体上的部位名称示意图

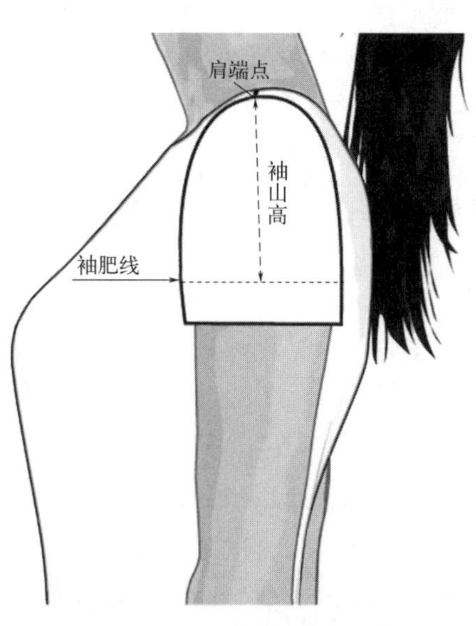

图 5-1-9　袖山高和袖肥示意图

(3) 袖山曲线形状分析。袖山的形状如图 5-1-10 中看到的，袖山在纸样的前部和后部有不同的形状。在前部，上臂和下臂的曲线比后部的曲线更加突出（或者说更弯曲）。这是由于肩部的解剖结构（实际的肩部和手臂的功能情况所不同）决定的。

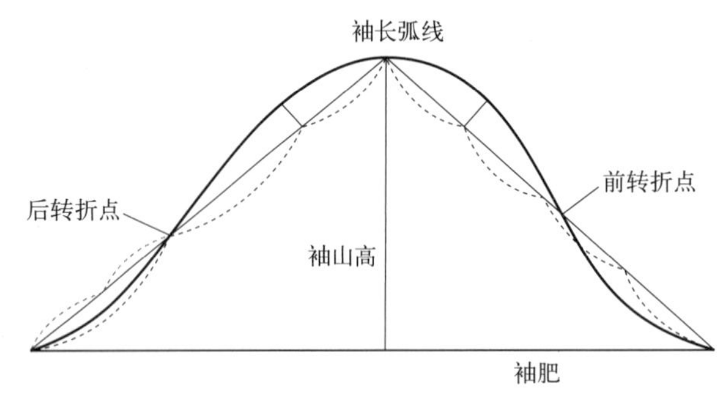

图 5-1-10　袖山弧线

突出的前部下袖山：需要在前部下袖山处有更多的空间，以便能够向前伸展。

突出的前部上袖山：袖子必须能够适应前部突出的肩骨，与后部相比，前部的肩胛骨是平坦且浅的。

2. 袖肥

袖肥（图 5-1-11）是指衣物袖子的宽度，它直接关系到穿着者的舒适度和整体效果。如果袖子过宽或过窄，都会导致穿着不合适，影响穿着者的形象和活动自由度。正确计算袖肥是制作一件合体衣服的重要环节。

袖肥的计算方法主要有以下几种。

（1）测量法。直接使用软尺测量袖子最宽处的尺寸，这种方法简单直接，但需要确保测量时的准确性。

（2）计算法。根据服装号型和人体尺寸，通过一定的公式计算得出。常见的计算公式：袖肥＝$\frac{1}{5}$胸围×2。

在$\frac{1}{5}$成品胸围×2 的基础上，袖肥尺寸如下。

贴体：－2.5cm

合体：－2cm

比较合体：－1.5cm

休闲：－（1～0）cm

宽松：＋（0～3）cm

（3）图纸法。在服装设计图纸中，根据袖上高及前后袖窿长度等关系或者模板来确定袖肥的尺寸。这种方法适用于批量生产，可以确保每件服装的一致性。

在具体计算时，还需要考虑服装的款式和用途、服装的面料以及个人的穿着习惯。例如，运动装的袖肥通常会设计得更大一些，以增加活动的自由度。不同面料的弹性不同，袖肥的计算也会有所差异。有的人喜欢穿着宽松的衣物，有的人则喜欢紧身的衣物，这也会影响袖肥的尺寸。袖肥的计算是一个综合考量的过程，需要结合多种因素来确定。在实际操作中，可以通过不断实践和调整，找到最合适的袖肥尺寸，以确保服装的舒适度和美观度。

3. 袖肘

袖肘通常指的是袖子在肘部的位置（图 5-1-11）。在样板中，袖肘长度通常是袖长的一半加上 2～4cm，但在各个版本的原型制图中有不同的算法，具体请看第二节。当然，这个具体数值可以根据服装的款式和设计要求进行调整。

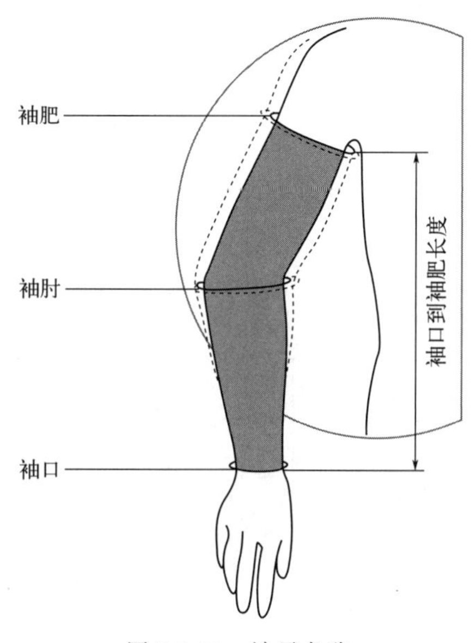

图 5-1-11　袖子名称

第二节 ▸ 袖子原型样板制图

一、标准袖子原型制作

（1）测量前袖窿和后袖窿的长度，分别作为横轴和纵轴，如图 5-2-1 所示。接着，从纵轴的上部开始，量取总袖窿长度的三分之一作为袖山的高度，并以此确定袖山顶点的位置。最后，根据这些测量数据，绘制出袖子的基本框架。

（2）从袖山顶点出发，沿着袖肥线方向，分别测量并记录前袖窿的长度以及后袖窿的长度加 1cm，这些数据将作为构建袖山弧线基本框架的关键参数，如图 5-2-2 所示。

（3）从袖山顶点垂直向下测量，确定袖长。接着，将袖肥线上方 3cm 的位置到袖口的长度进行等分，找到这个等分点。然后，从这个等分点向上延伸 1.5cm，并画一条水平线，如图 5-2-3 所示。这条水平线即为肘部线，它在袖子设计中起到了关键的定位作用。

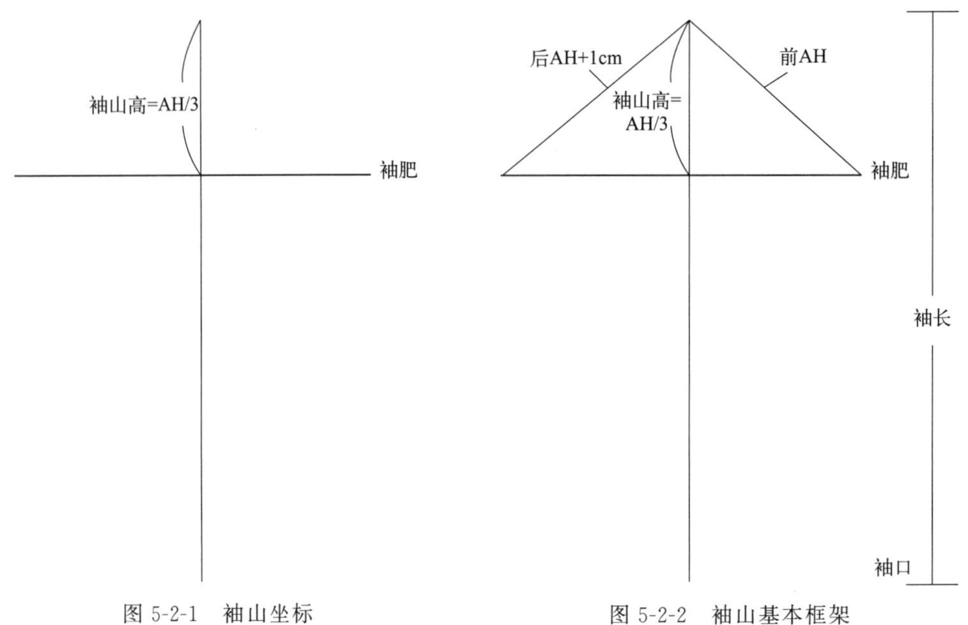

图 5-2-1 袖山坐标　　　　图 5-2-2 袖山基本框架

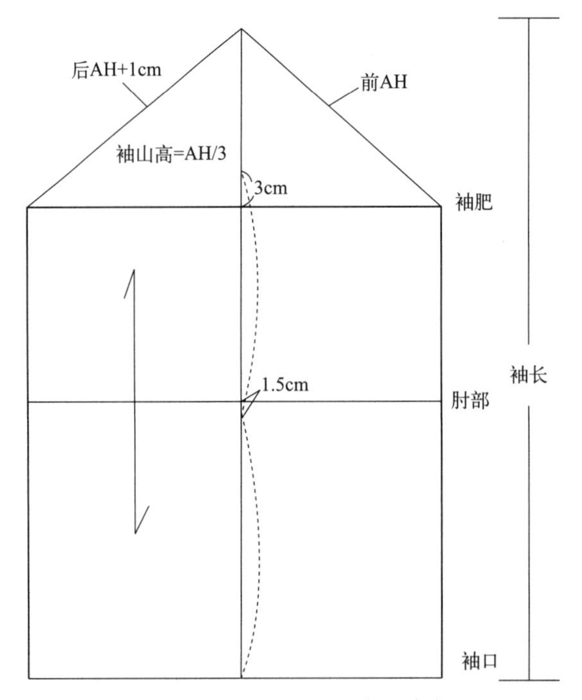

图 5-2-3 原型袖重要位置确定

(4) 将前袖窿线平均分为四等份。在第一等份处，从袖窿线垂直向上延伸 1.8cm，作为第一个前转折点。在第二等份处，向下移动 1cm，作为第二个前转折点。在第三等份处，垂直向下延伸 1.3cm。然后，从袖山顶点开始，用平滑的曲线连接这三个新确定的点，直至腋下点。

(5) 在后袖窿斜线上，量取等于前袖窿斜线长度的一等份。在该点上，垂直向上延伸 1.5cm。将剩余部分再分为两等份，其中，平分点作为后转折点。对于后袖窿腋下的一等份部分，再次将其平分为两等份，并在平分处垂直向下延伸0.7cm。具体操作可参考图5-2-4所示的示意图。

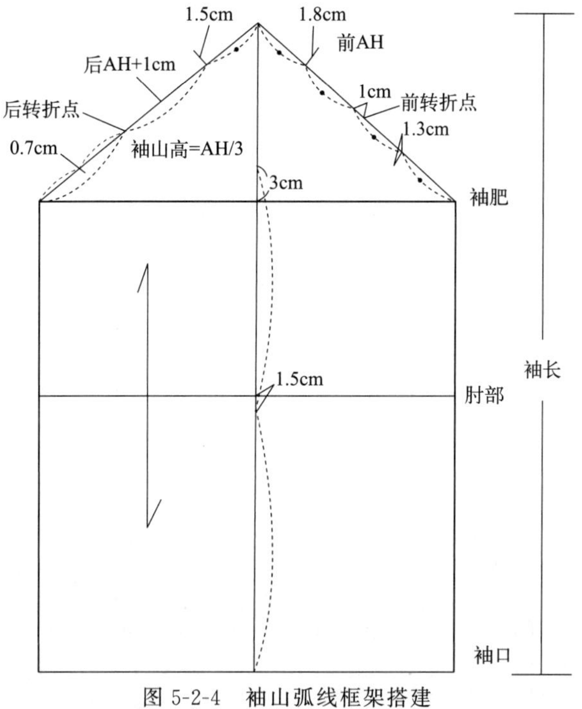

图5-2-4　袖山弧线框架搭建

（6）以流畅的圆顺手法连接各个关键点，细致地勾勒出袖山的弧线。这一步骤需要精确地描绘出曲线的自然过渡，确保袖山弧线的平滑与和谐。最终效果可以参考图5-2-5所示的示例。

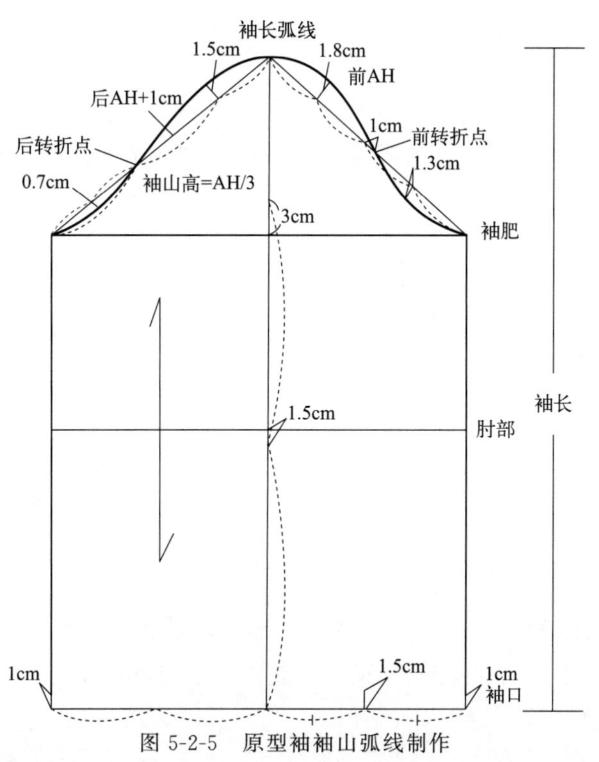

图5-2-5　原型袖袖山弧线制作

（7）对原型袖的袖口线进行调整：前袖口线向上翘起 1cm，形成凹量 1.5cm 的弧度，后袖口线同样向上翘起 1cm，如图 5-2-6 所示。在调整过程中，确保所有连接点保持圆滑过渡，最终形成正式的袖口线。

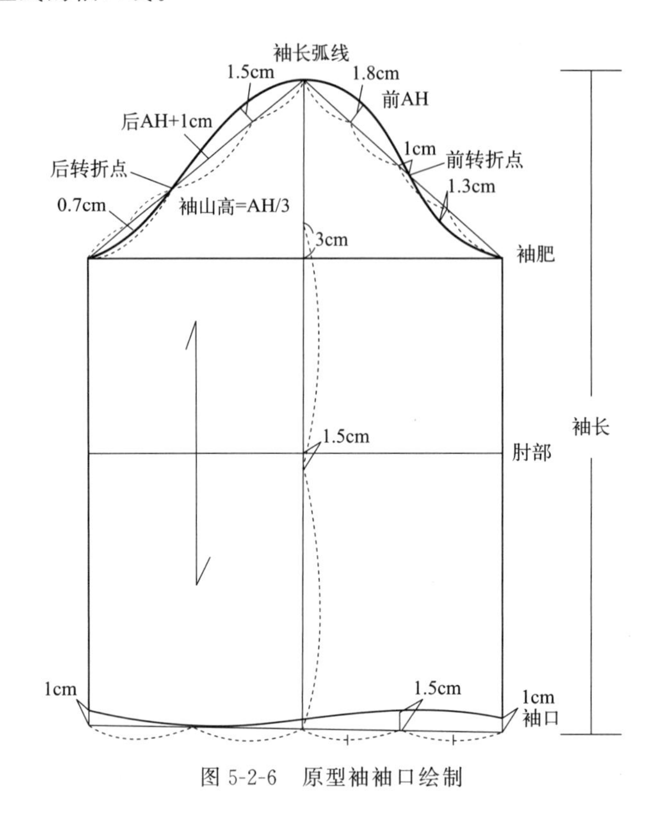

图 5-2-6　原型袖袖口绘制

二、袖山弧线

不同的袖子制版方法最终会呈现出略有差异的曲线效果。如图 5-2-7 所示，即使针对相同的袖窿和肱二头肌尺寸，采用不同的制版方法也能创造出多种不同的曲线设计。

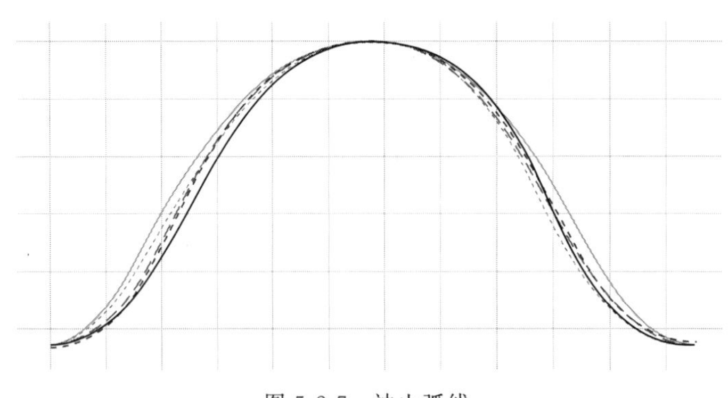
图 5-2-7　袖山弧线

袖山弧线的曲线之所以呈现出这种特定的形状，是为了确保能够顺利地与袖窿相缝合。在图 5-2-8 中，袖子以白色半透明的形式叠加在前身和后身上，这样的处理使得我们能够清晰地看到袖窿和袖山的轮廓。同时，该图也展示了袖窿与袖窿弧线之间的相互关系，揭示了它们之间的协调性和匹配度。

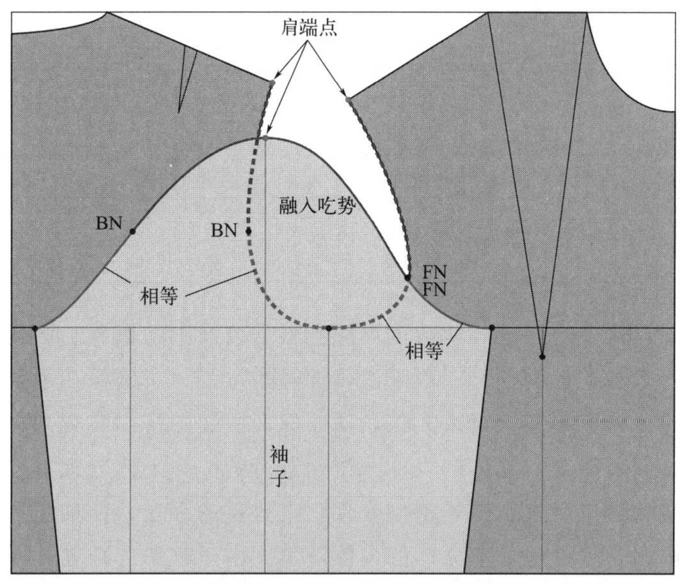

图 5-2-8　袖山弧线与袖窿关系

1. 袖山弧线松量

在服装设计领域，曲线的宽松度是指在袖子曲线设计中预留的额外空间，这一设计至关重要，因为它确保了袖子能够舒适地适应并缝合到袖窿中，满足人体运动和舒适的需要。若不预留这样的宽松度，衣片与袖子将无法顺利缝合。对于紧身袖或紧身袖山，标准的宽松度通常介于 3～4.5cm 之间。这意味着袖山曲线的总长度需要比前后袖窿长度之和稍长，超出的长度即为所需的宽松度。这表明在服装制作过程中，袖山弧线的长度并不与袖窿弧线完全相等，而是稍长一些，两者之间的差值即为装袖时袖山所需的余量，这一概念在图 5-2-9 中得到了直观展示。表 5-2-1 为袖山弧线加宽松量情况。

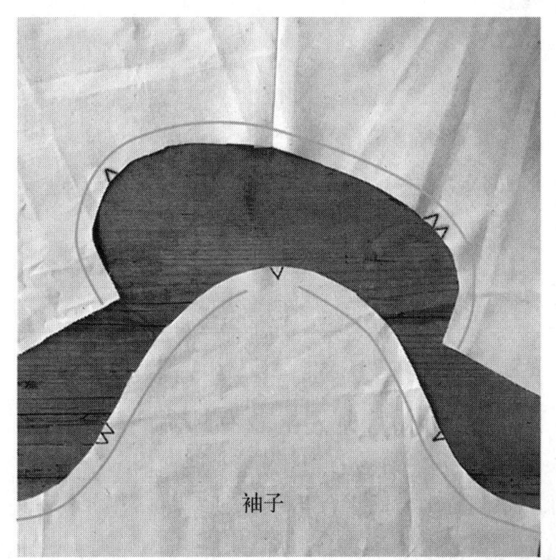

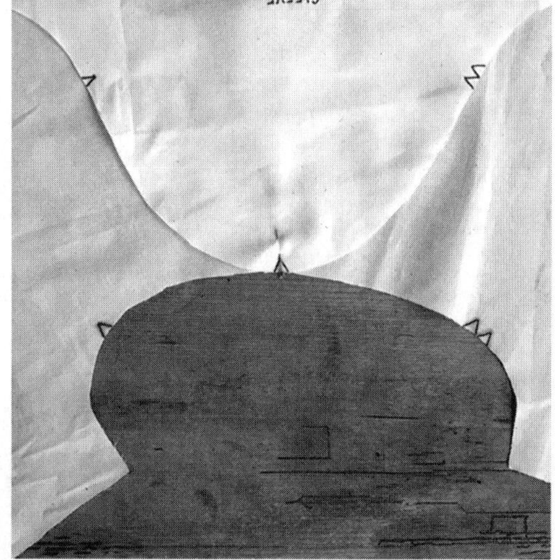

图 5-2-9　袖山弧线与袖窿的关系

表 5-2-1　袖山弧线加宽松量情况

合体情况	袖山弧线加宽松量情况		
	裙子	夹克	外套
很合体	2～3cm	3～5cm	5～7cm
合体	4～5cm	5～7cm	7～9cm
半合体	5～7cm	7～9cm	9～11cm
比较宽松	8～9cm	9～11cm	11～13cm
很宽松	10～11cm	11～13cm	13～15cm
非常宽松	12～13cm	13～15cm	15～17cm

在实际应用中，这个吃势的确切数值可能会根据设计师的偏好、服装的风格以及穿着者的体型和舒适度需求进行调整。一般来说，加宽松量是为了确保在手臂自然下垂或者进行一些基本活动时，袖子不会太紧或太松，从而保证服装的整体美观和穿着的舒适性。

为了将平面的面料适合于立体的人体造型而进行的一种工艺处理方法，是将多余的量均匀地吃进所要缝的部位后进行湿热塑型处理。吃势量的存在，使袖山形成漂亮的袖山圆势，使袖形更加饱满，更好地适应立体的人体造型。由于吃势的存在，经常遇到的问题是绱袖子的时候袖山与袖窿对不上，袖山弧线长了一些。在制版时，一般的袖子作图过程：测量前后 AH，以前后 AH 长度为依据画袖山参考线，然后在参考线上线画袖山弧线，两点之间，弧线距离肯定大于直线的长度。而大出来的这些长度就是袖山的吃势，吃势的存在使得袖子更富有立体感。吃势需要在绱袖子的时候消化掉，一般前后腋点以下不需要吃缝量，参考图 5-2-10，袖山顶部两侧用抽褶的方式消耗掉吃势，再绱袖子。

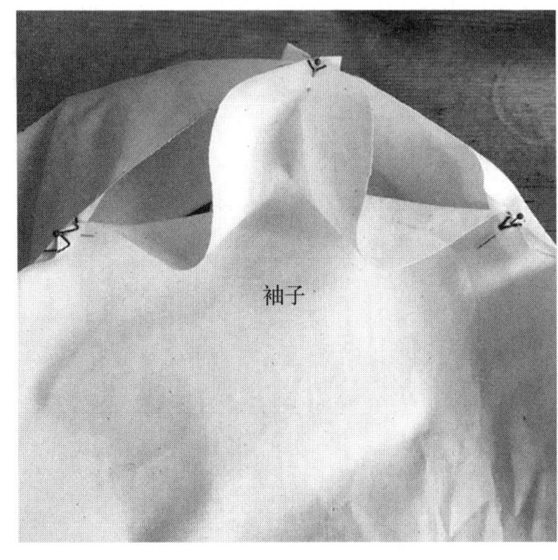

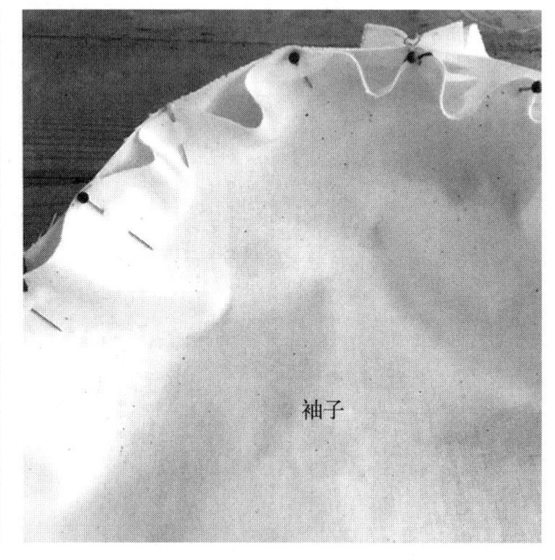

图 5-2-10　袖山吃势

2. 袖山吃势影响因素

在服装设计中，袖山吃势是一个重要的概念，它涉及多个因素。吃势量的多少与款式、造型相关，与袖山高低相关。一般袖山越高，吃势越大一点，袖山越低，吃势越小一点。对于男士衬衫，要缉明线的一般不留吃势。以下是影响袖山吃势的主要因素。

（1）做缝倒向。做缝倒向决定了衣袖与衣身的相对位置。当倒向衣袖时，衣袖处于外圈，而衣身则在内圈，这要求袖山吃势较大。相反，当倒向衣身时，袖山吃势则需要较小。如果做缝为分缝，袖山吃势的大小则介于两者之间。因此，在相同条件下，不同的做缝倒向会导致不同的袖山吃势。

（2）面料厚度。面料的厚度也会影响袖山吃势。当面料较厚时，内外圈的长度差会更大，这就需要更大的袖山吃势来平衡内外圈。因此，袖山吃势与面料厚度成正比。夏季上衣一般吃势在 0～2cm 之间，秋冬大衣则在 4.5cm 左右或者更大。在袖肥固定的前提下，增加袖山高来增加吃势。

（3）袖斜线倾角。袖斜线倾角的大小直接影响袖山的立体形态。倾角越大，袖中线与袖窿平面的夹角越小，可能导致袖山头偏薄。为了解决这一问题，需要烫缩足够的袖山吃势，以形成良好的袖山圆势和厚度。因此，袖山吃势与袖斜线倾角的大小成正比。另外，在画袖山的时候，袖山辅助斜线与前后 AH 经常有个差量，薄款±0～0.5cm，秋冬大衣±1cm，一般前袖窿增加量小于后袖窿。

（4）袖山弧长。袖山弧长越长，意味着袖山吃势也越大，前提是袖窿弧线长度固定。在相同条件下，袖山吃势与袖山弧长成正比。

（5）垫肩厚度。垫肩的厚度和其对袖窿线的影响也会影响袖山吃势。垫肩越厚，袖山头下部的凹陷越明显，这就需要更多的袖山吃势来保证从袖山顶点到凹陷部的自然过渡。因此，袖山吃势与垫肩厚度成正比。

（6）衣袖宽松程度。衣袖的宽松程度也会影响袖山吃势。衣袖越宽松，袖山高度越低，装袖点在人体肩点下方，袖子的造型决定了袖山吃势必须较小，甚至没有。因此，袖子越宽松，袖山吃势越小。

3. 袖山吃势的分配

常规的肩部造型从人体侧面看，肩端部偏前位置弧线曲度较大，偏后位置弧线曲度较平缓，其形状呈马蹄形。俯视人体肩部，腋根的方向性线是向前倾斜的，左右两条线在人体前方延长后可形成一锐角，袖窿的曲线，前部的肩峰到前腋点之间的走向是凸向内侧方向，上面肩峰部朝外侧，下面前腋窝到后腋窝之间的腋底是凸向内侧，后面的肩峰到后腋点之间几乎呈直线倒向外侧，同时臂根线的形状，4 个方位都不同，因此形成了复杂的曲面。

（1）袖窿线的贴合区、吃势区。根据人体的上肢功能分布，可将袖窿划分为贴合区、吃势区。如图 5-2-11 所示，袖窿曲线腋下部分是松量几乎为 0 的贴合区。对位点以上部分是袖子的吃势区，服装与体表之间有一定空隙，它对于人体穿着舒适性作用很大。同时，吃势区也可根据造型需要设计成任何形状。图 5-2-10 显示袖山弧长并不与袖窿弧长完全等长，而是比袖窿弧长略长一些，大约长 10%，二者的差值就是装袖时袖山的吃势量。

（2）袖山吃势量的分配。袖山吃势分布的合理与否是袖子成型优劣的重要因素。一般

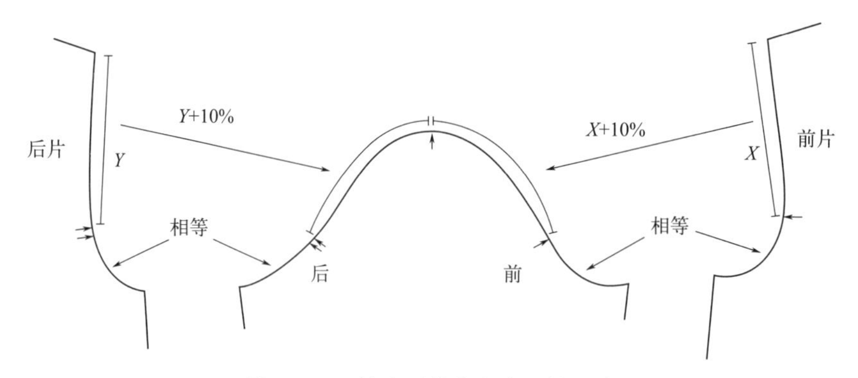

图 5-2-11 袖山弧线在衣片上的反映

情况下，将整个袖山弧线划分成几个分布区域。除了袖山吃势为 0 的区域外，其余几个区域的单位长度的吃势均不一致，在每个区域中的吃势基本均匀分布，但要注意每 2 个相邻区域的自然过渡。在肩点附近的贴合区处的袖山吃势占整个袖山吃势的 1/5，剩余的袖子前后贴合区处的袖山吃势各占整个袖山吃势的 3/10，袖子前部作用区的袖山吃势为整个袖山吃势的 3/20，袖子后部作用区的袖山吃势为整个袖山吃势的 1/20。比较简单易行的方法是通过袖子缝制（图 5-2-12 所示假缝后）进行均匀抽拉。

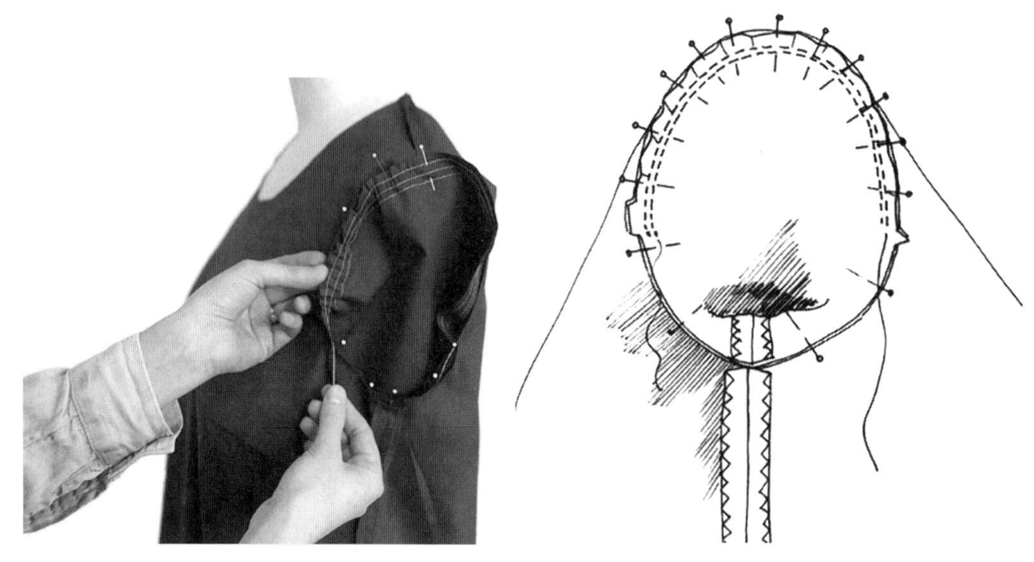

图 5-2-12 袖子制作

（3）袖山吃势的确定与修正。理论上的袖山吃势要在实践中得到印证，需要利用缝制工艺与熨烫工艺来实现，然而利用这些工艺获得的吃势毕竟有限，当二者出现出入时，可根据设计要求和面料质地等特点进行适当调整。在纸样上，当袖山高不变，袖山吃势需要增加时，可将袖肥加大；相反，当想减少袖山吃势时，可在衣片上将袖窿弧线加长，将袖窿开深后在侧缝上追加。在修正时，不仅要考虑设计要求，还要考虑人体穿着的舒适性，袖子应具有胳膊活动所必需的量，只有处处以人为本，才能设计与制作出满意的、立体的袖型。图 5-2-13 为袖山吃势制作方法。

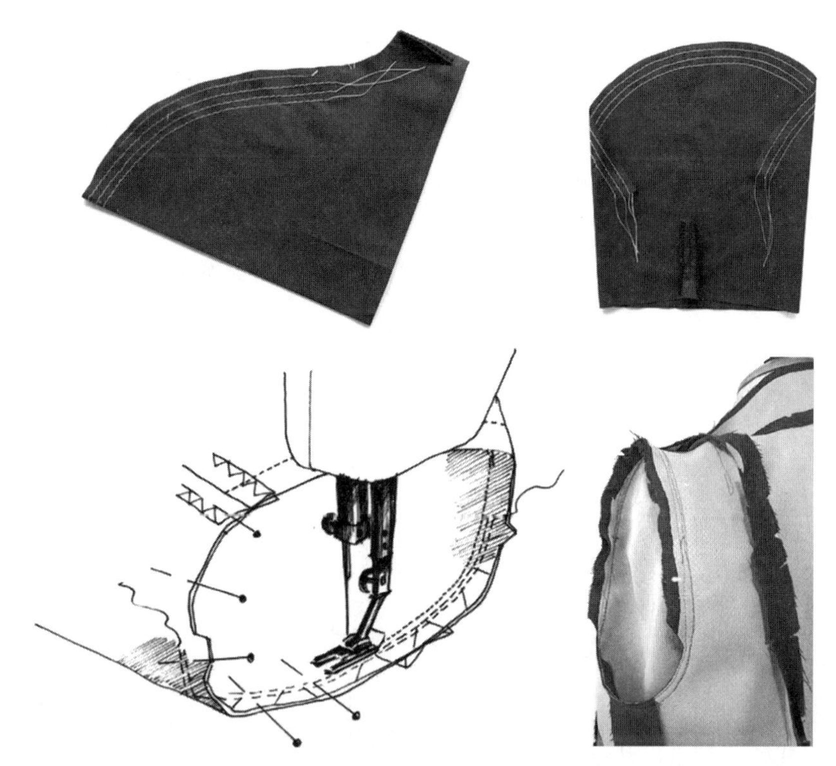

图 5-2-13 袖山吃势制作方法

三、袖口尺寸计算

在服装设计与裁剪的精细流程中，精确计算袖口尺寸占据着举足轻重的地位。它不仅关乎穿着时的舒适体验，更是提升服装整体美感的关键要素。

(1) 精准测量手腕基础尺寸。利用柔软的卷尺，轻轻环绕手腕最细处一周，确保尺寸既不过紧束缚，也不过松失真。

(2) 个性化调整袖口松紧。根据个人偏好及穿着场景，设定袖口所需的宽松度。通常建议袖口周长较手腕周长多出 1.5～2cm，这一微小差异既确保了舒适无束缚，也便于穿脱自如。

(3) 考虑面料特性进行微调。面料的弹性是调整袖口尺寸不可忽视的因素。对于弹性较好的面料，可适当减少增加的尺寸；相反，若面料弹性较小，则需适当增加尺寸，以确保最终的穿着效果。

(4) 计算并确定袖口宽度。将调整后的袖口周长除以 2，所得结果即为所需的袖口宽度。这一步骤是裁剪前的重要准备，确保了袖口宽度与整体设计的和谐统一。

(5) 预留缝纫缝份。在裁剪时，别忘了为缝纫预留足够的缝份，一般建议增加 1～1.5cm，以确保缝合后袖口依旧保持理想的尺寸与形态。

通过以上五步策略（测量手腕、调整松紧、考虑面料、计算宽度、预留缝份）可以轻松掌握计算袖口尺寸的技巧，无论是为自己还是为他人量身定制衣物，都能确保袖口既合体又美观。

四、袖山与袖肥的关系

在 AH 不变的前提下，袖山越高，袖肥越小，袖子越合体；袖山越低，袖肥越大，袖子越宽松。袖山高的范围根据不同的款式和风格有所不同，例如宽松的袖山高在 9cm 以下，而合体袖的袖山高在 15cm 以上。袖山高、袖肥和袖子的关系和效果如图 5-2-14 所示。

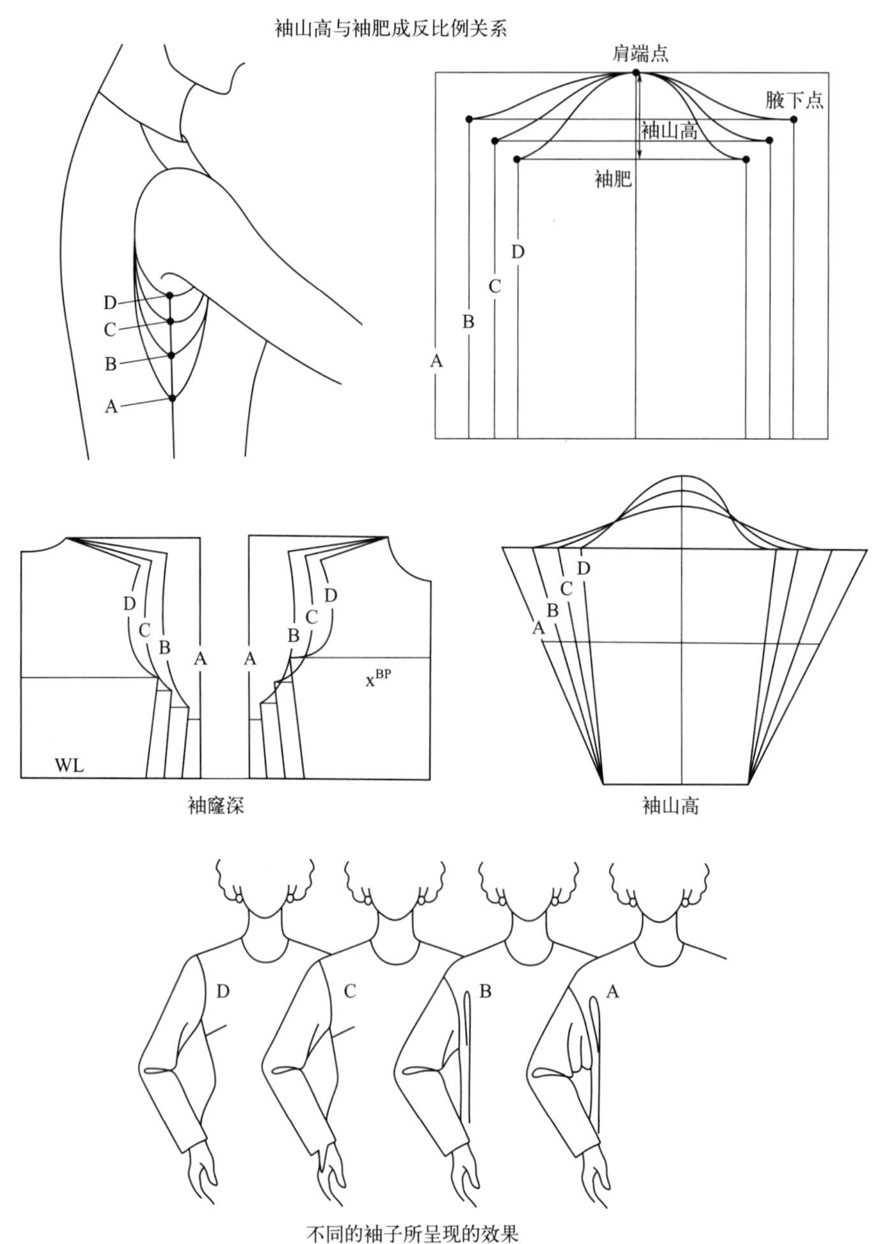

图 5-2-14　袖山高、袖肥和袖子的关系和效果

袖山和袖肥的关系如图 5-2-15 所示。袖窿固定，袖山越高，袖肥越窄，活动机能差一些，因为手臂抬高的时候，会拉扯起更多的衣片。为了解决这个问题，可以减少袖窿深，袖窿浅了，夹圈小了，牵扯的衣片也就少了，从而弥补了袖山高、袖肥窄、活动机能差的缺点。这就是为什么高定的西装特别合体，而同时活动自如了。

相反的，袖窿固定，袖山浅，袖肥宽，整个袖子宽松，活动量好，腋下两侧有余量，不美观，可以通过加深袖窿来解决。

从新文化式上衣原型的绘制过程可以看出，袖窿深是根据净胸围 B 得出来的，胸围过大或者过小都会影响袖窿深，特殊体型需要特殊修正。

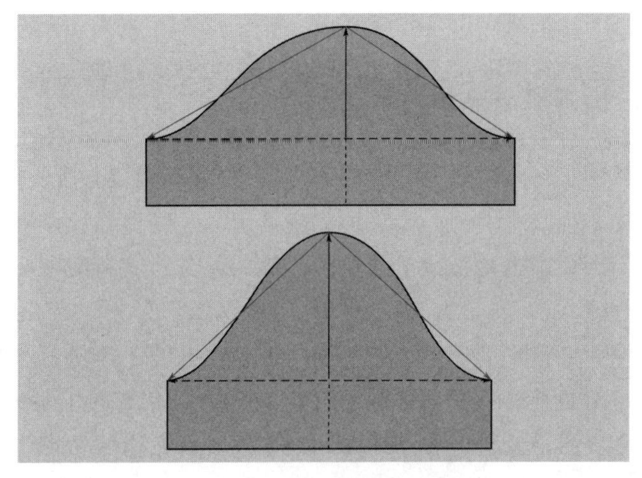

图 5-2-15　袖山和袖肥的关系

以 $B=100$cm 为例计算，在袖山弧线恒定的情况下，袖山越高、袖肥越小；袖山越低、袖肥越大。袖山高最小为 0，就是水平连身袖的效果。

普通男衬衣袖山高 8～12cm，穿着比较舒服。

普通女衬衫袖山高 12～15cm，穿着舒服并且有型。

日常外套、西装袖山高 16～20cm，相当有型，但也很不舒服。再高的话，胳膊抬起困难。

有一种袖子，袖山高比 0 还小，为负数，胳膊放下来的时候皱褶就会堆积，但这种衣服就是穿着时手是经常抬上去的，比如滑雪服、体操举重服等。

袖肥：一般情况下，袖肥尺寸可以参考手臂围＋7cm，但依据不同品类、不同的袖子设计风格，袖肥与手臂围的关系有所变化，具体见表 5-2-2。

表 5-2-2　不同品类的袖肥

品类名称	袖肥＋量	品类名称	袖肥＋量
窄袖	手臂围＋4～6cm	旗袍	手臂围＋6～8cm
衬衣	手臂围＋8～10cm	女西装	手臂围＋10～12cm
男西装	手臂围＋14～16cm	女大衣	手臂围＋14cm 以上
男大衣	手臂围＋16cm 以上		

宽松风格：袖山高＝0～9cm，公式＝$B/10$＋（－10～－1）cm；袖肥＝$2B/10$＋（3～5）cm

较宽松风格：袖山高＝9～13cm，公式＝$B/10$＋（－1～3）cm；袖肥＝$2B/10$＋（1～3）cm

较贴体风格：袖山高＝13～16cm，公式＝$B/10$＋（3～6）cm；袖肥＝$2B/10$＋（－1～1）cm

贴体风格：袖山高≥16cm，公式＝$B/10$＋（6～9）cm；袖肥＝$2B/10$＋（－2～0）cm

在AH不变的前提下，袖山越高，袖肥越小，袖子越合体；袖山越低，袖肥越大，袖子越宽松。

五、袖山高、袖窿深与贴体度的关系

袖山弧线与袖窿的关系是服装设计中的一个重要概念，它们共同决定了袖子的外观和穿着的舒适度。袖窿是指衣服上为袖子预留的空洞部分，其形状设计来源于人体腋窝的截面形状，通常呈蛋形。袖山则是指袖子与肩部相连的部分，其高度和形状会影响袖子的合体度和活动自由度。

袖山高与袖窿深、贴体度的关系也很重要。低袖山的袖子结构，对应的袖窿应该开得深度大，宽度小，呈窄长型，这样袖子和衣身较为宽松；而高袖山的袖子结构，对应的袖窿应该深度浅，宽度大，形状接近原型袖窿，袖子和衣身较为贴体。

设计时，袖山弧线需要与袖窿弧线相匹配，以确保袖子能够平整地安装在衣身上，并且在手臂活动时不会紧绷或过于宽松。设计师通常会根据服装的整体风格和功能需求来调整袖山和袖窿的设计，以达到理想的外观和舒适度。例如，合体的西装或衬衫可能会采用较高的袖山和较窄的袖窿，以提供更好的外观合体度；而宽松的休闲装或外套则可能采用较低的袖山和较宽的袖窿，以提供更多的活动空间和舒适度。

总的来说，袖山弧线与袖窿的关系是服装设计中的关键要素，它们共同决定了服装的功能性和美观性。设计师需要根据服装的款式、面料特性以及穿着者的体型和活动需求来精心设计这两者的关系，以创造出既舒适又美观的服装。

第三节 袖子样板变形

一、泡泡袖

泡泡袖（图5-3-1）是一种短袖设计，其特色在于袖山和/或上臂部位增加了额外的体积感。这种设计可以通过使用松紧带或袖口收紧来实现。可以根据需要调整丰满度的大小，以创造出不同程度的蓬松效果。泡泡袖主要分为三种类型，如图5-3-2所示。

第一种是仅在袖口处增加体积，第二种是在袖口和袖山都增加体积，第三种则是袖口和袖山都进行了加量设计。

图 5-3-1　泡泡袖

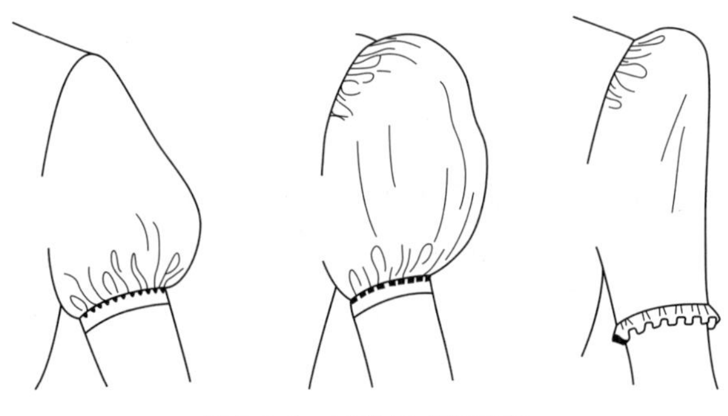
图 5-3-2　三种形式泡泡袖

1. 泡泡蓬松袖

制图具体步骤：描摹标准袖，短袖袖长为 5cm，使腋下缝线与肱二头肌线成直角，如图 5-3-3 中箭头所示。

注意：这里的“5cm”是一个示例长度，实际的袖子长度应根据设计需求和尺寸规格来确定。

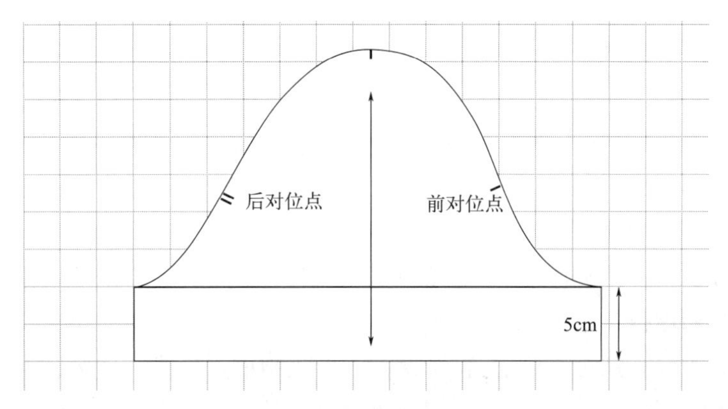

图 5-3-3　绘制蓬松袖

（1）将肱二头肌线分成六个相等的部分，如图 5-3-4 中箭头所示，并画五条垂直线。

（2）对于在肱二头肌处增加丰满度的袖子，沿着所有这些垂直线剪切。

（3）沿着所有这些垂直线剪切，在袖山处增加丰满度。

（4）对于在肱二头肌和袖山处都增加丰满度的袖子，仅沿着中间的三条线剪切，然后根据需要用胶带将这些部分粘贴起来，以创建纸样部件。

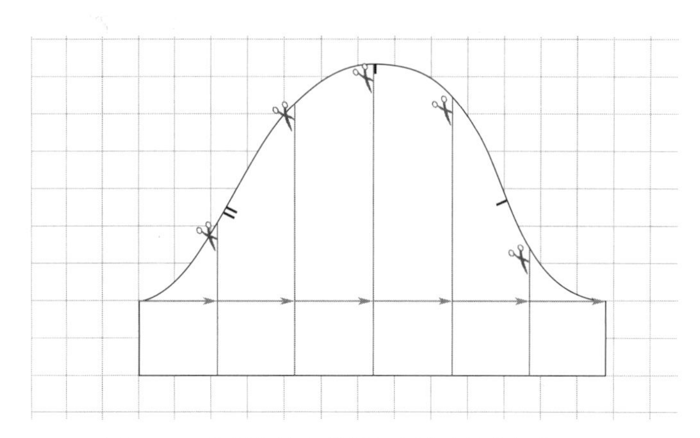

图 5-3-4　绘制在袖山处增加丰满度的蓬松袖（1）

（5）将各部分展开，使它们之间有相等的空间。这里使用的是 4.5cm，因此不得不重新绘制袖山和袖边曲线，如图 5-3-5 所示。

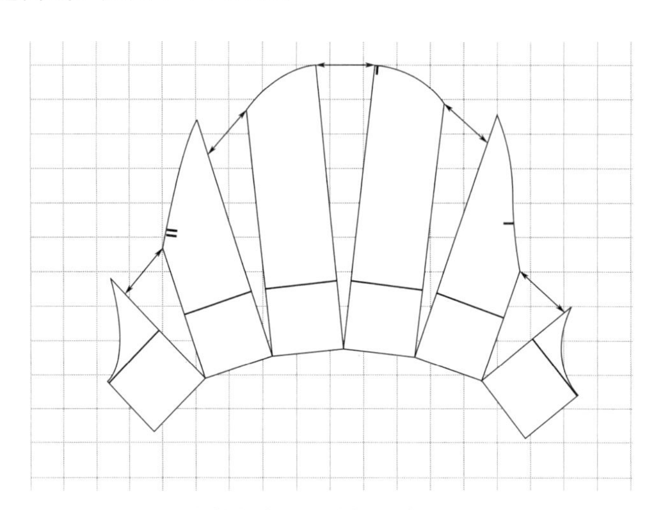

图 5-3-5　绘制在袖山处增加丰满度的蓬松袖（2）

（6）按照图 5-3-5 所示重新绘制袖山，将袖山的高度提高与展开的间距相同的量（在这个例子中是 4.5cm）。

（7）重新绘制袖边曲线如图 5-3-6 所示。

（8）如图 5-3-7 所示标记记号，确保从衣身袖窿点到记号的长度与原始袖子中的长度相同。增加的丰满度位于记号上方。

（9）标记布纹线，从记号到衣身/袖窿点重新绘制前袖曲线，并标记纸样部件。

（10）添加缝份和裁剪说明。

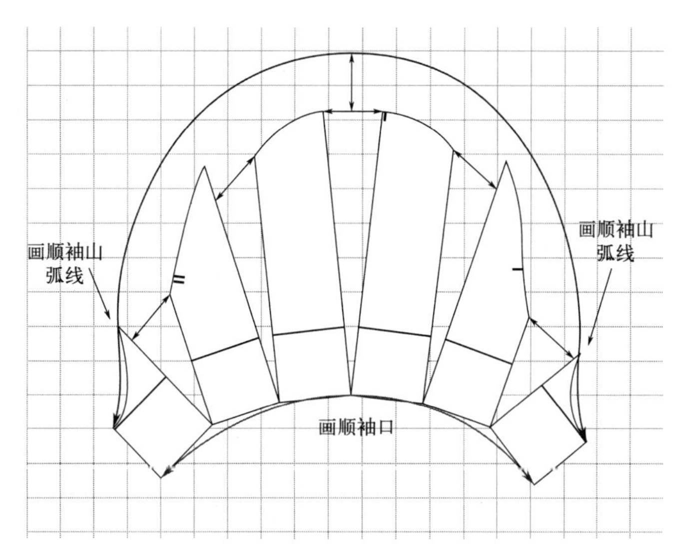

图 5-3-6　绘制在袖山处增加丰满度的蓬松袖（3）

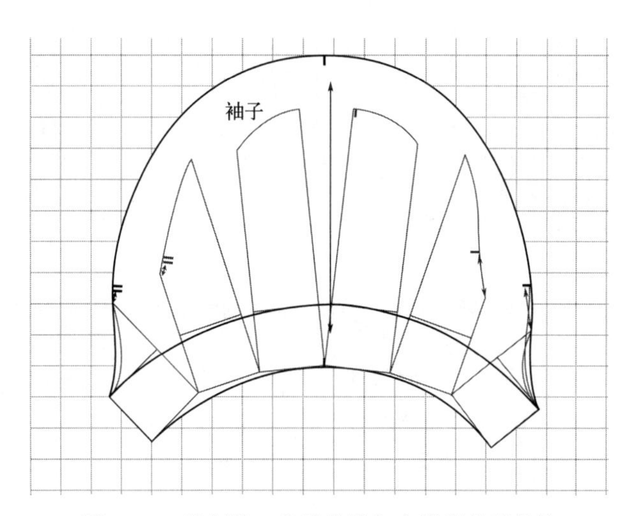

图 5-3-7　绘制肱二头肌处增加丰满度的蓬松袖

2. 上下蓬松袖

绘制方法如下。

（1）画一条平行于肱二头肌的线，大约位于袖山顶部和前后记号之间的中点位置，如图 5-3-8 所示。沿着这条线剪切，呈现 8 个部分。

（2）剪切并水平和斜向展开这些部分，使它们之间有相等的空隙，如图 5-3-9 所示，放置它们以便重新绘制曲线。

（3）画一条中心线以制作顶部记号。剪切并展开 4cm，具体数值取决于想要增加多少丰满度。

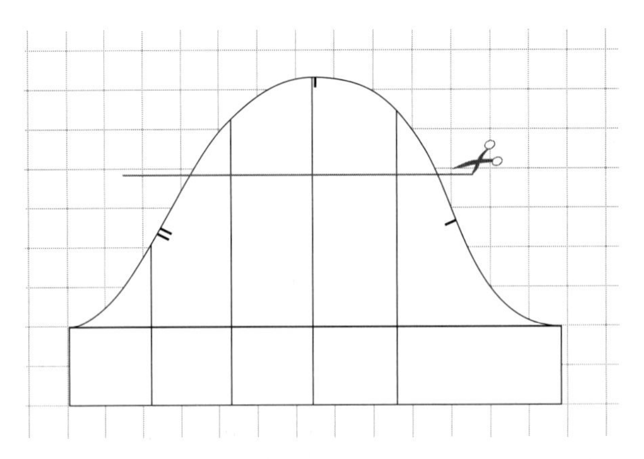

图 5-3-8　绘制袖山和肱二头肌处都增加丰满度的蓬松袖（1）

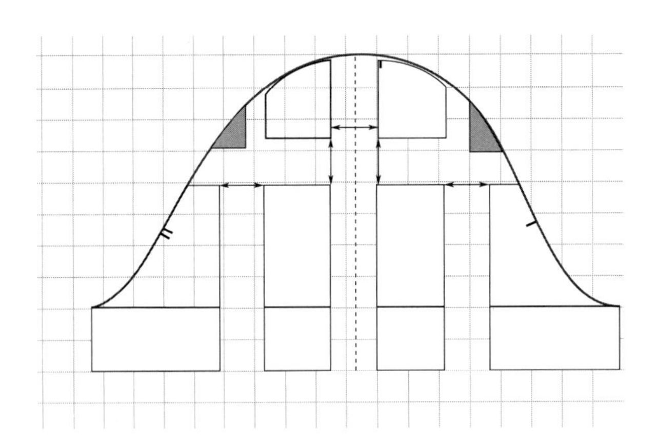

图 5-3-9　绘制袖山和肱二头肌处都增加丰满度的蓬松袖（2）

（4）标记记号：标记布纹线、标记纸样部件，并添加缝份和裁剪说明，具体如图 5-3-10 所示。

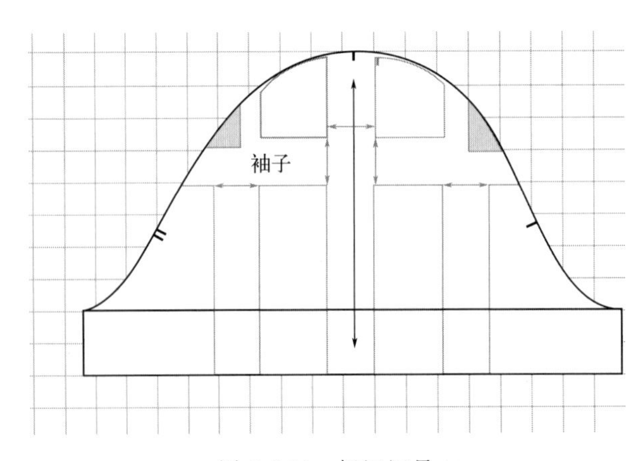

图 5-3-10　标记记号

二、喇叭袖

图 5-3-11 所示的喇叭袖是短袖，其在肱二头肌部位增加了额外的丰满度。具体而言，如果在手臂周围加上袖口或松紧带，就变成了一种蓬松袖。

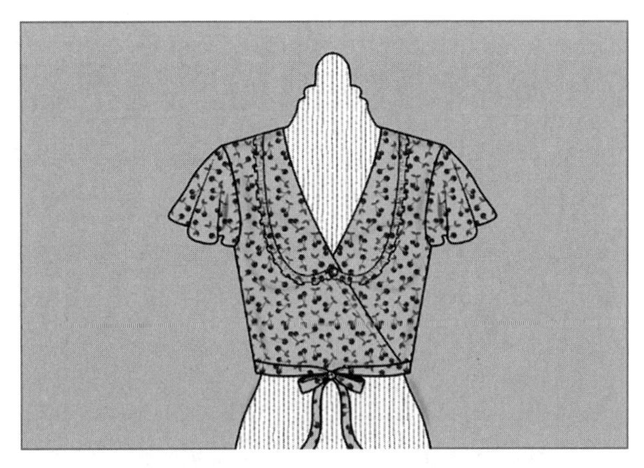

图 5-3-11　喇叭袖

喇叭袖纸样可以使用标准袖块来制作，从袖肥到袖口长度约 5cm。如图 5-3-12 所示绘制喇叭袖基本型。

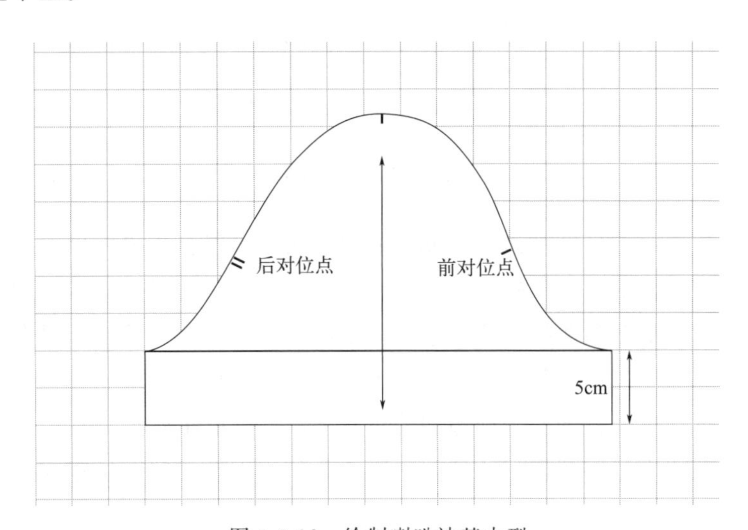

图 5-3-12　绘制喇叭袖基本型

（1）对于这种蓬松袖，其丰满度以某种方式在手臂周围聚集，可以搭配袖口或使用松紧带等。注意，如果使用这种袖子不在手臂处进行聚集，而是敞开的，它就是喇叭袖。因此，这种蓬松袖和基本喇叭袖的绘制方式是相同的。如果将其展开足够多，它就变成了蝴蝶袖。图 5-3-13 将标准型分成 6 个部分均匀展开，使每个部分之间有 4.5cm 的距离。

（2）根据这个深度重新绘制袖边，以使曲线更加平滑——注意前袖窿处的平滑曲线。降低袖边：需要确定袖子的展开量，并据此将袖边向下移动相应的距离，如图 5-3-14 所

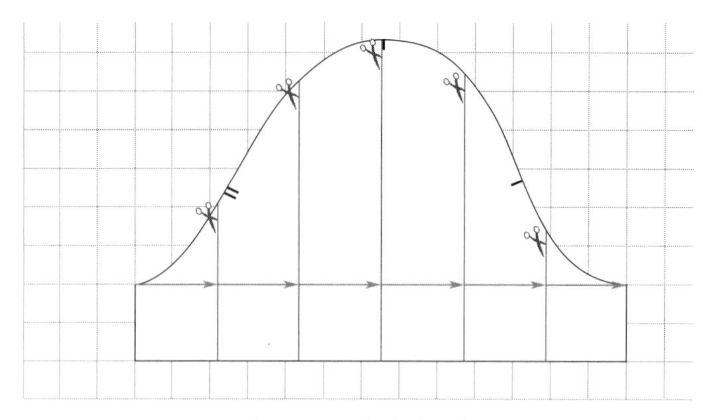

图 5-3-13 设计喇叭袖

示。在这个例子中，展开量是 4.5cm，因此袖边也要向下移动 4.5cm。该纸样做法与泡泡袖相差无几。

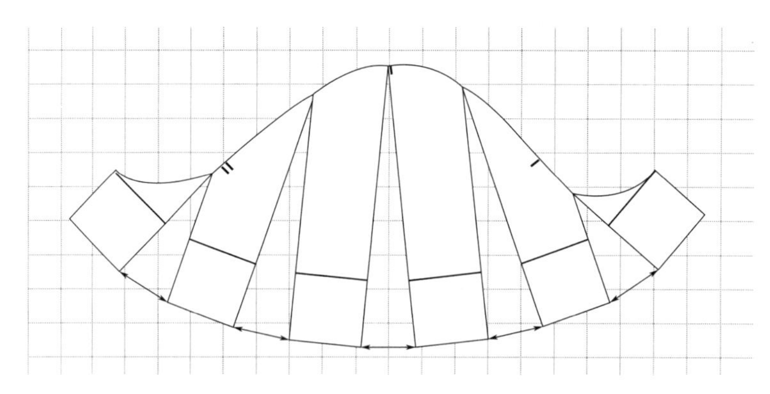

图 5-3-14 重新绘制袖边

(3) 平滑袖边曲线。降低袖边线，原有的袖边曲线可能会变得不平滑或不符合设计要求。此时，需要根据新的袖边位置重新绘制和画顺袖边曲线，以确保其平滑且符合整体设计。特别注意前袖窿部分的曲线，因为它对袖子的外观和穿着舒适度有很大影响。

(4) 重新绘制袖山。袖山是袖子与衣身连接的关键部分，其形状和大小直接影响袖子的穿着效果和整体外观。在调整了袖边和袖边曲线后，需要重新绘制袖山部分，以确保其与衣身和袖子的其他部分相匹配。此外，这里的调整通常涉及袖山的宽度、高度和曲线形状等参数。

通过以上步骤，可以完成喇叭袖的设计工作，如图 5-3-15 所示。在设计过程中需要保持耐心和细心，不断调整和修改，直到达到满意的效果为止。

(5) 在完成了喇叭袖的基本形状绘制后，接下来需要标记一些重要的细节，以确保裁剪和缝制过程中的准确性，如图 5-3-16 所示。

①标记切口。切口是用于在裁剪和缝制过程中对齐布料的重要标记。在喇叭袖的设计中，需要在袖子的关键位置标记切口。这些位置包括袖山与袖身的连接点、袖子的前后中点，以及任何需要特别对齐的曲线转折点。可以使用铅笔或标记笔轻轻地在布料上画出切

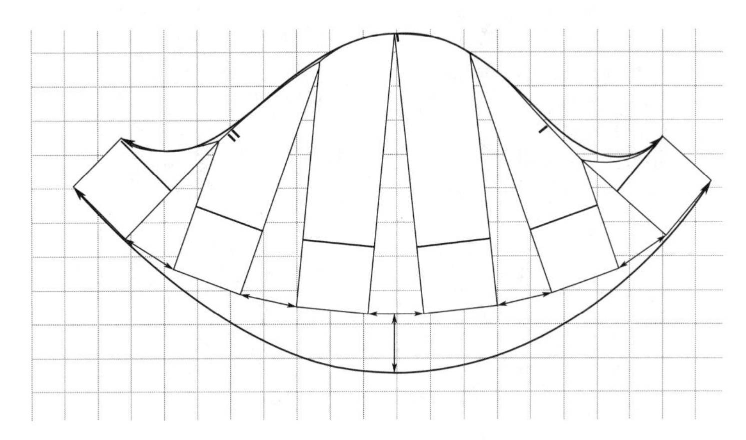

图 5-3-15　喇叭袖绘制完成

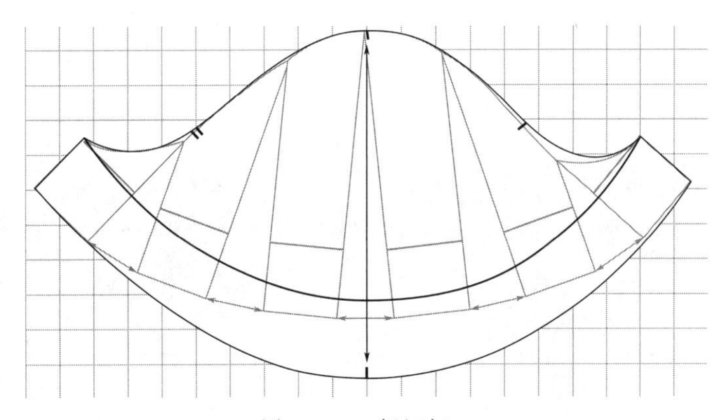

图 5-3-16　标记切口

口的位置，并确保它们清晰可见但不会影响最终的裁剪和缝制。

②标记布纹线。布纹线是指布料中纤维的排列方向，它对于服装的悬垂性、伸缩性和整体外观都有重要影响。在喇叭袖的设计中，需要沿着袖子的长度方向标记布纹线。通常是从袖山开始，沿着袖子的中心线一直延伸到袖边。使用直尺或专用的布纹线标记工具，在布料上画出一条清晰的直线作为布纹线的指示。

注意：在标记切口和布纹线时，要确保它们与袖子的设计线保持平行或垂直关系，以避免在裁剪和缝制过程中出现偏差。

（6）标记完成后，仔细检查以确保所有切口和布纹线都已正确无误地标记在布料上。如果需要，可以使用不同颜色的笔或标记工具来区分切口和布纹线，以便在后续步骤中更容易识别。

三、盖袖

盖袖（图 5-3-17），又称帽子袖，是一种短小的袖型，其长度仅延伸至肩部之上。这种袖型在袖外不会延伸至肱二头肌的位置，而在袖内靠近腋下的部分，有些达到肱二头肌的高度，有些没有达到肱二头肌的高度。

图 5-3-17 盖袖

图 5-3-18 展示了帽子袖的三种不同风格。可以看到，这三种风格，帽子袖在外侧水平线上（虚线）都远远没有达到肱二头肌线。帽子袖可以在腋下水平线上稍微延伸至肱二头肌线以下（第三种风格）。如果它在外侧超过了肱二头肌水平线，那么就不再是帽子袖了。

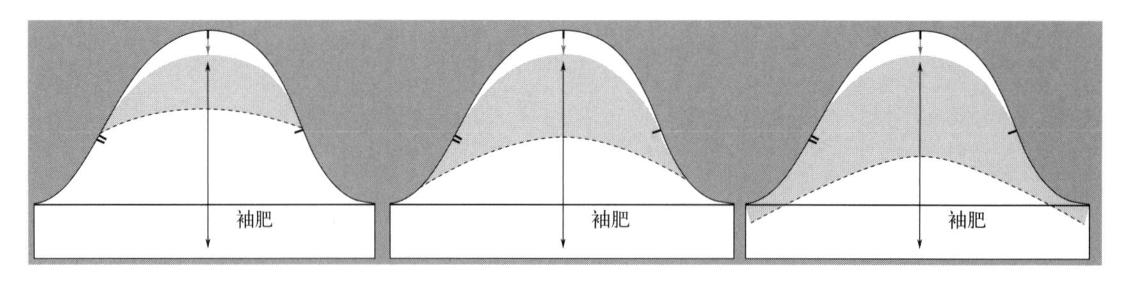

图 5-3-18 三款帽子袖

由于它们与基本袖子原型的形状相同，所以这几款帽子袖可以使用标准袖块或无省袖块来创建。创建这些风格的袖子相当直接，但需要注意：袖山的宽松量不是必需的，因此需要减少袖山的高度；如果想让袖帽突出，需要在袖窿侧增加丰满度；如果想要袖山上有褶皱，就在袖山上增加丰满度。举例如下。

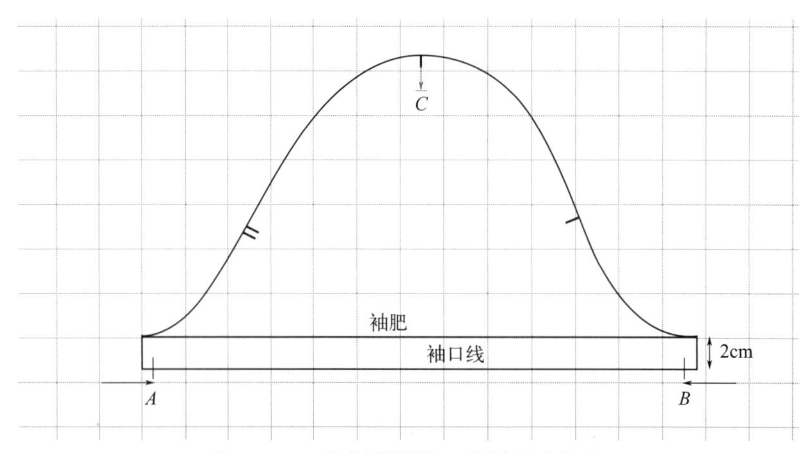

图 5-3-19 绘制帽子袖 使用无省袖块

（1）从袖边线两侧向内测量 0.5cm 并作标记 A 和 B。

（2）从袖山中点向下测量 2cm 并作标记 C，如图 5-3-19 所示。

（3）从 A 到 B 绘制新的袖边线——这条线的曲线可以根据需要进行设计。

（4）在 A、B、C 等记号之间重新绘制袖山线，使其触及点 C。

（5）图 5-3-20 中袖山高度的减少量为 2cm，这是一个通用量，但这个量可以进行调整。

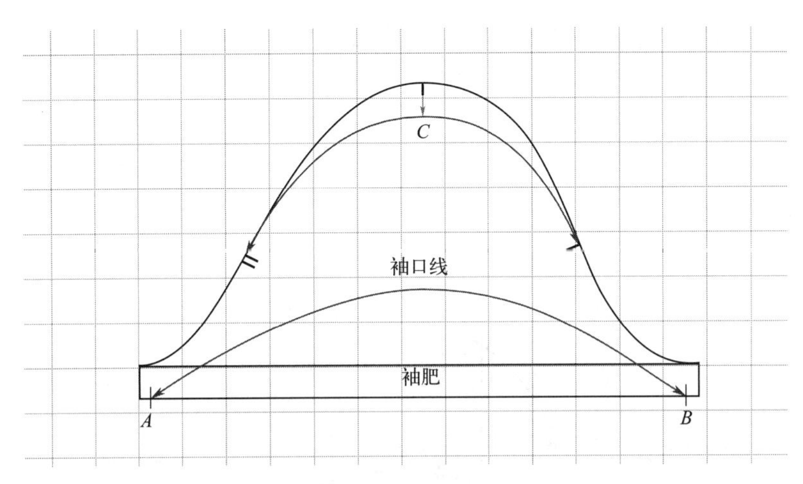

图 5-3-20 绘制帽子袖（1）

（6）从 A 到 B 绘制新的袖边线曲线，如图 5-3-21 所示。

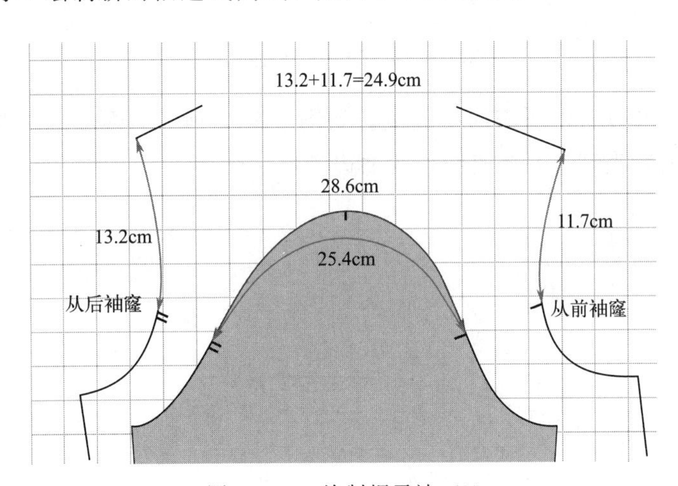

图 5-3-21 绘制帽子袖（2）

通过以上步骤得出了图 5-3-22 中的基本形状，可以直接使用这个袖子，在另一张纸上绘制最终的袖子，并标记布纹线。

（1）根据图 5-3-23 所示，从袖子的中心画一条线。

（2）在中心线和后部记号之间画第二条线，位于它们之间的中点。

（3）在中心线和前部记号之间画第三条线，位于它们之间的中点。

（4）沿着这些线条剪切。

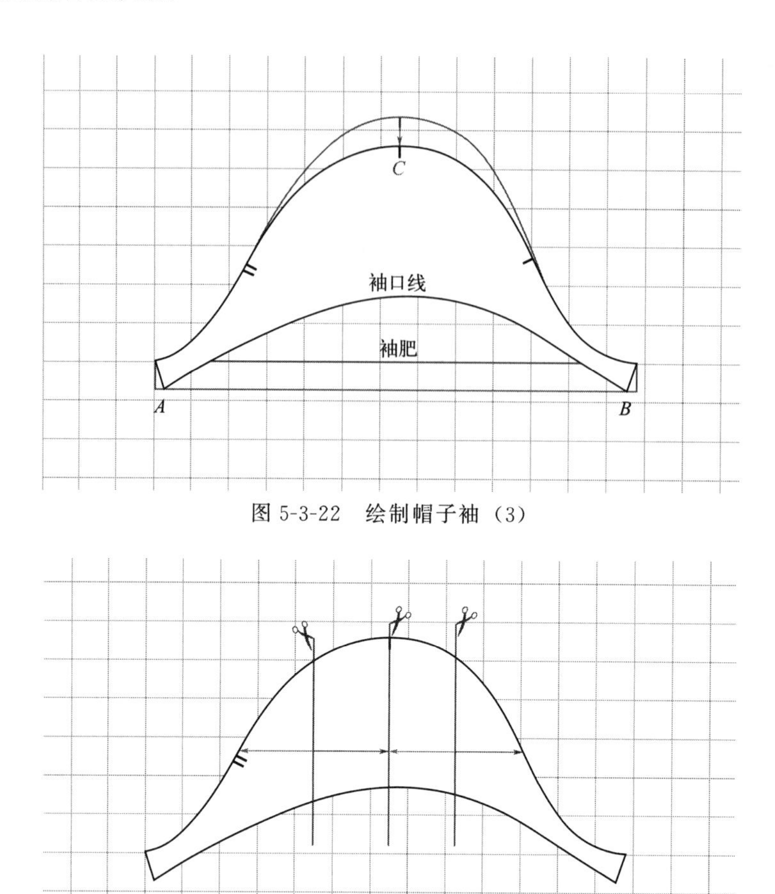

图 5-3-22　绘制帽子袖（3）

图 5-3-23　绘制帽子袖（4）

（5）剪切并展开以获得所需的丰满度。如图 5-3-24 所示，可以将其向外延伸，直到得到一条曲线，或者直到有一条直线作为袖边。

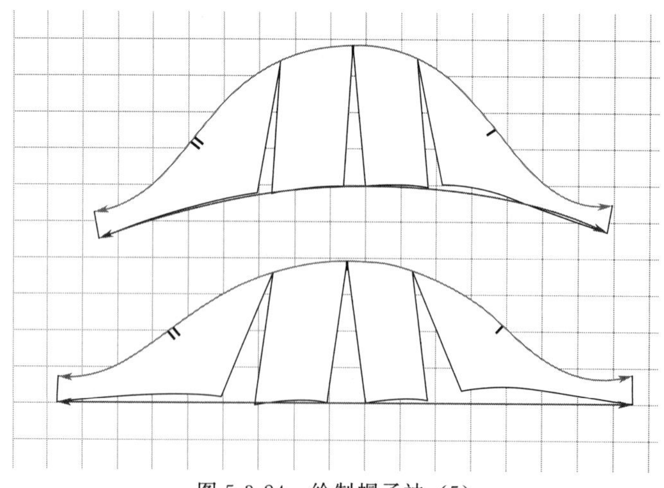

图 5-3-24　绘制帽子袖（5）

（6）画顺袖山弧线、袖口线、标记记号、标记布纹线、标记纸样部件，并标记裁剪说明等，如图 5-3-25 所示。

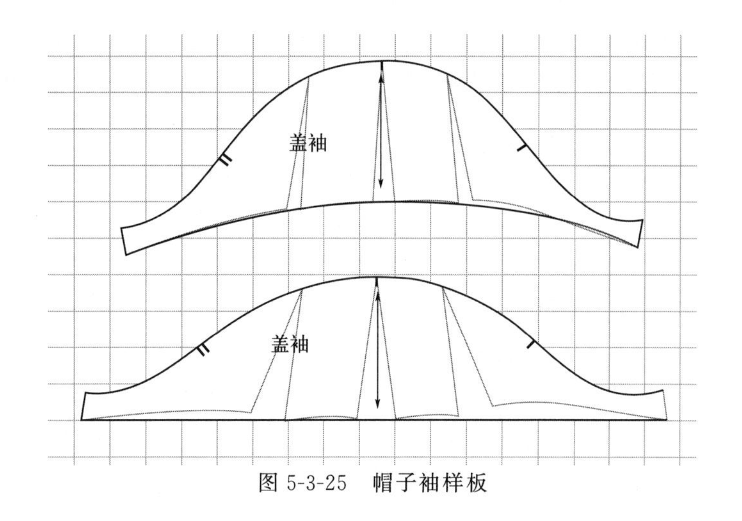

图 5-3-25　帽子袖样板

四、合体一片袖

根据袖子原型绘制合体一片袖步骤如下。

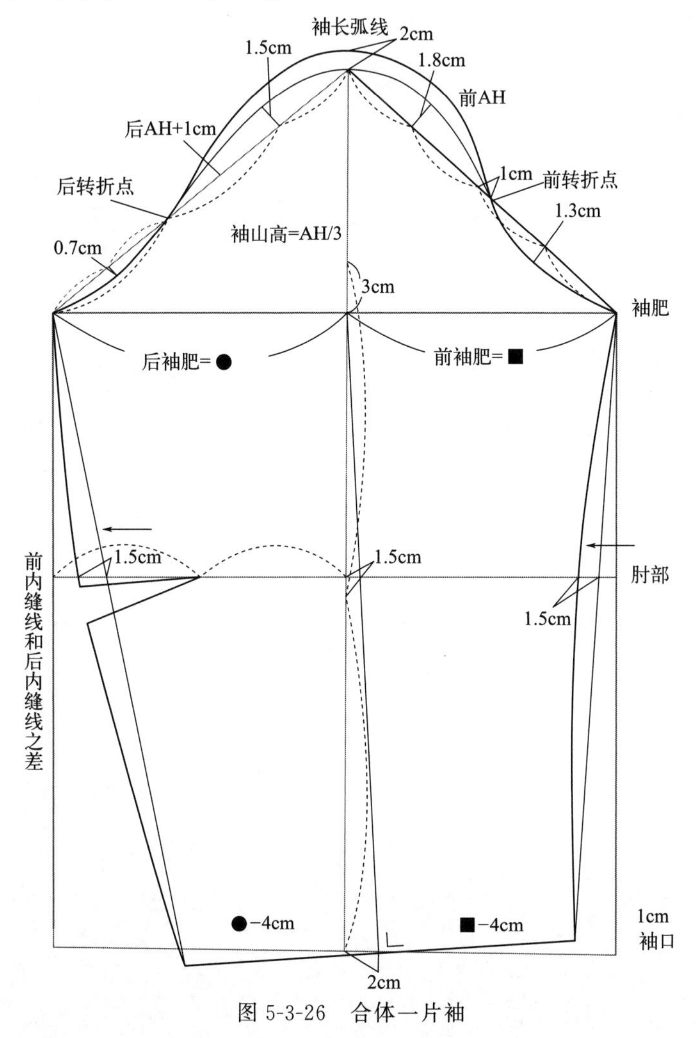

图 5-3-26　合体一片袖

按照合体袖的造型结构要求，如图 5-3-26 所示，首先选择足够的袖山高度，以保证衣袖与衣身贴体的状态，并根据需要增加袖山的缩容量（吃势），使用袖子标准基本纸样，在原肩点向上追加 1～2cm，重新修正袖山曲线（依材料的伸缩性最后保持袖山曲线长度大于袖窿曲线长度 3cm 左右）。然后，根据需要增加袖山的缩容量（吃势），使用袖子标准基本纸样，根据手臂的自然弯度，使原袖中线下端点向前移 2cm（控制在 2～4cm，此值越大，合体度越大，相反越小）为合体袖的袖中线，以此为界限，根据前、后袖肥各减 4cm（经验值）来确定前、后袖口宽，引出前、后袖内缝辅助线，并在肘线上作前后袖弯 1.5cm，完成前、后内缝线。肘省为前、后袖内缝之差。所谓合体一片袖是依据手臂的静态特征，通过袖口、袖弯的结构处理实现的。但是，从平面到立体的造型原理上看，断缝要比省缝更能达到理想的造型效果。因此，通过合体一片袖的肘省转移和省缝变断缝、大小袖互补的一系列结构处理，得到的两片袖结构比一片袖结构造型更加精致美观。由此可见，对两片袖结构的选择有两个目的：一是为了合体；二是力求造型的完美。它与一片袖的区别主要在后者，当然也带来了工艺上的难度。

第六章

领子结构设计

第一节 领子基本知识

一、领子纸样概况

在现代服装结构设计中，衣领纸样在服装制图中占据着十分重要的位置。衣领与衣身领口的弧线相缝合，要依据颈部结构来进行纸样设计，使缝制后的服装舒适、美观，所以，配领技术是否合理、科学就显得非常重要。目前，领子纸样结构中起翘量设置多少的问题、领窝与领子的缝制精度问题还存在着诸多需要进行探讨完善的地方。领子结构设计需要解决的问题是明晰衣领与颈部形态关系、衣领与衣身领窝结合的关系、领型的结构原理、不同领型的纸样设计等方面的技术问题。“画领先画颈”，绘制衣领时离不开对人体颈部的了解，由于颈部具有颈体前倾、后高、前低、根粗、上细、后颈平缓、前颈短等形体特点，决定了领子的基本造型是上领口和下领口的关系（图 6-1-1）。

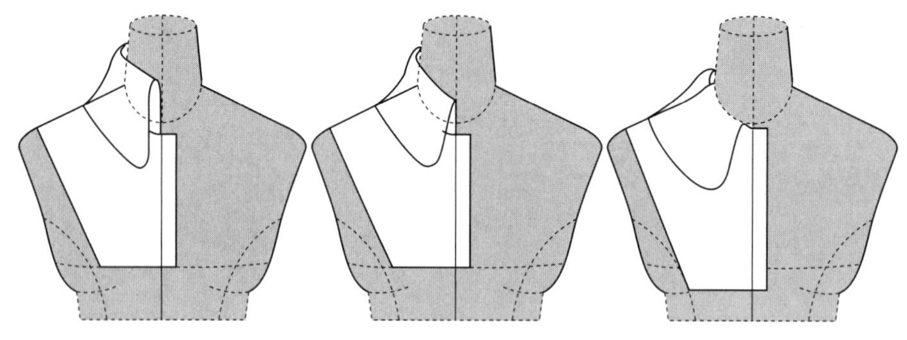

图 6-1-1 领子基本造型

二、领子结构名称

领子是服装的重要组成部分，它不仅影响服装的外观，还关系到穿着的舒适度。领子的具体构成通常包括以下几个部分。

（1）领面（Collar Face）：领面的前部，即领子的外表面，是领子的正面部分，通常与穿着者的脸部和颈部直接接触。

（2）领座（Collar Stand）：领座是领子与衣身连接的部分，位于领面的下方，起到支撑领面的作用，保持领子的挺括。

（3）领尖（Collar Points）：领尖是领面的两端，通常在翻领款式中可以看到，它们可以是尖形、圆形或其他形状。

（4）领圈（Collar Band）：领圈是围绕颈部的一圈布料，有时也称为领围，它决定了领子的舒适度和适合度。

（5）翻领（Lapel）：翻领是领面的扩展部分，通常在正式服装如西装中可以看到，它覆盖在领座上，并在前面形成 V 形。

（6）领底（Collar Base）：领底是领座与衣身连接的内侧部分，它支撑着领座，确保领子的稳定性。

这些部分共同构成了领子的基本结构，不同款式的服装可能会有所变化，但基本原理是相似的，具体可以参考图 6-1-2。

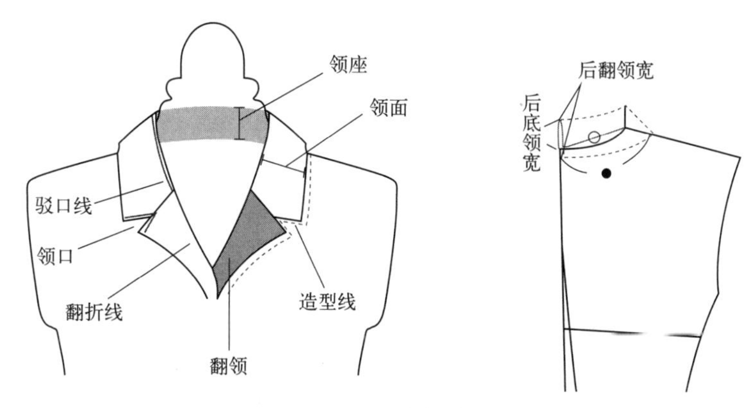

图 6-1-2　领子各部位名称

三、领子纸样结构中领圈的取值问题

领子的造型设计是以领圈为依据的。领圈又称领口，是根据人体颈部的立体形态，结合服装的造型特点形成的弧形结构线。领圈的取值很重要，常用的是定数法，但不是很精确。新文化式上衣原型基本以胸围进行一定的参考。例如标准上衣原型前片的领围为 $B/12$，后片为 $B/12+0.2$cm；在新文化式上衣原型中，其前领围计算公式为 $B/24+3.4$cm，后领围也是在前领围的基础上＋0.2cm，两者计算结果相似。如图 6-1-3 所示。

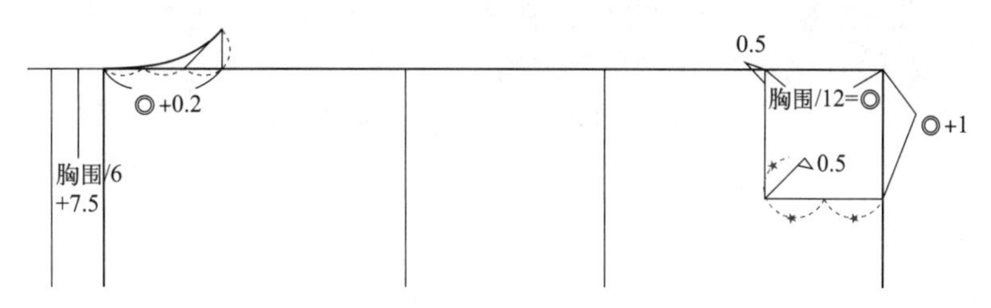

图 6-1-3　领子的取值和前后领围关系（单位：cm）

四、领子结构原理及起翘量的问题

传统中的领子设计是用一直条布片围在颈部而成，这样的直条布缝到领口弧线上就会产生领子上端与颈部之间较大的空隙，如图 6-1-4 中的直立式所示。而且，由于装领线为直线，领子在缝制后会呈稍向后倾斜的状态，不适应人体颈部及其活动。通过采取立体裁剪方法，将直条立领和颈部之间的空隙叠合后，就形成了吻合颈部倾斜形态的立领，纸样展开后发现被叠合后的领子上端线尺寸要明显短于装领线，并且装领线变成了向上弯曲的曲线。通过数据测量，可以得出这一部分起翘量一般为 2.5cm。然后依据起翘量绘制与领口弧长相等的装领线，这样就可以很好地解决起翘量不能完全控制立领放松度的问题以及调整与领窝的缝制精度问题。同时，从试验中可以看出，在领上端线处纸样被叠合的量越大，起翘量也就越大，领子上端和颈部的贴合状态就越紧密。

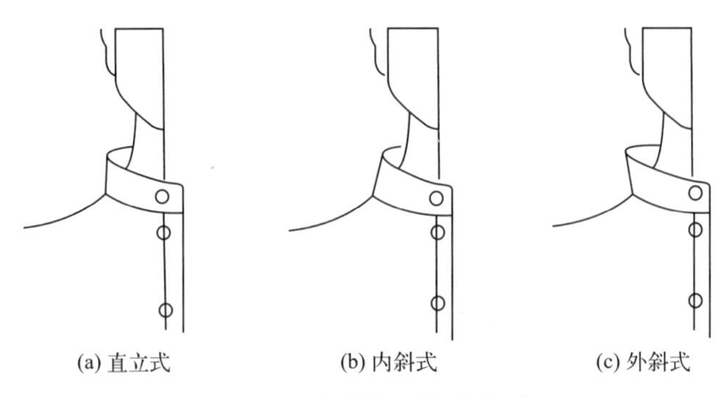

图 6-1-4　翻领与颈部的关系

1. 领围

绘制领子时，首先要测量前领围和后领围的尺寸，然后把两者叠加一定的构建水平线，作为领围的横坐标线。如图 6-1-5 所示。

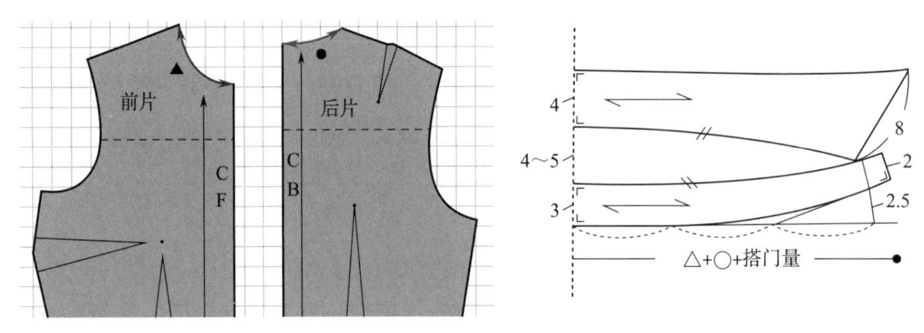

图 6-1-5　领圈和起翘量（单位：cm）

2. 起翘量与衣片的横领宽

（1）一般立领前中央起翘量为 0.6～1.5cm，衣片的领围线按照原型来绘制。

（2）若前中央起翘量为 3cm 左右，则原型的前后横领宽必须开大 0.3cm 左右。原因是起翘量增大后，领外口线变短，限制了脖子的活动，此时只有增加领脚线的长度，才能使领外口线变长。图 6-1-6 为领外口线与起翘度的关系。

（3）若前中央起翘量为 4cm 左右，则原型的前后横开领必须开大 0.6cm，原因同上。

五、领子的种类

领子可以添加到任意领口上，它们在纸样制作中有几种描述和分类的方式。

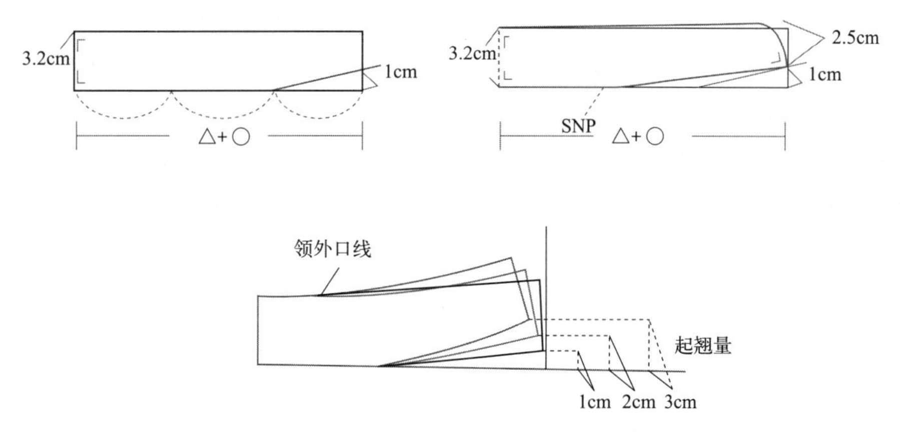

图 6-1-6　领外口线与起翘度的关系

1. 附加和连体领子

附加和连体领子指是否有单独的纸样部件通过缝线连接到衣身前片，或者领子是衣身的延伸（即不是单独的部件）。有些领子可以同时有附加和连体的款式。附加领子是与衣身分开的，领子将有一个或两个纸样部件。以下是一些附加和连体领子的类型。

附加领子：中式立领、衬衫领、可转换领、翼领、牧师领、水手领、清教徒领、伯莎领、朝圣者领、蝴蝶结领。

连体领子（图 6-1-7）：披肩领、有翻领的领子（或披肩领）、切尔西领等。

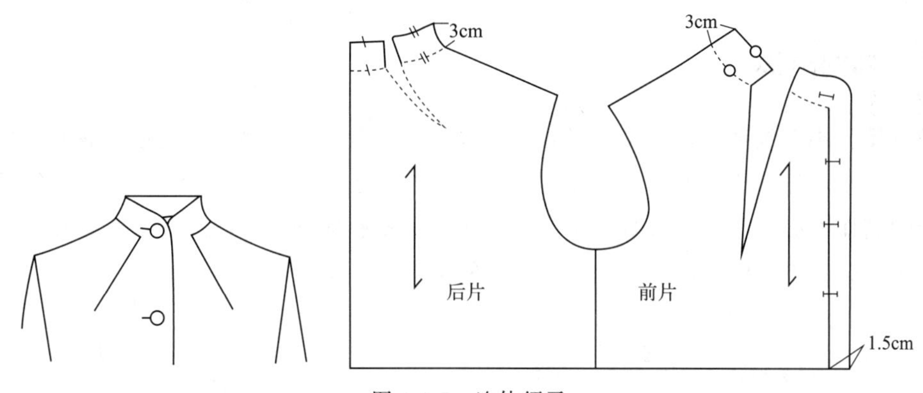

图 6-1-7　连体领子

2. 立领和平领

立领和平领指的是领子是跟随颈部曲线平放在肩部的。领子可以有高立领或低立领，或者是平的。有些立领是两者的混合，例如，彼得・潘领是一个平放在肩部的平领，但也可以给它一些立领，使其延伸到颈部后部。然而，即使彼得・潘领有高立领，它仍然平放在肩部。由于平领是平放在肩部的领子，转换领需要两者兼具：可以用纽扣扣起来变高，或者打开平放。立领的形状并不完全符合领线的形状——连接的领片有不同的形状，而平领则完全符合领线的形状。

低立领在肩部更为平放。然而，在高立领和低立领之间有一个范围。彼得·潘领、水手领、伊顿领、百慕大领、合唱团男孩领、清教徒领、主教领、伯莎领、朝圣者领等属于低立领。高立领可以由一片或两片制成，或者连体。最常见的高立领是两件式衬衫领。衬衫领实际上是由另外两种领子组成的：底部是中式立领，顶部是标准的单片领。标准单片领的形状变化很大。衬衫领及其变体有：纽扣领、别针领、标签领、展开领、燕尾领等。

3. 可转换领

单片可转换领也称为翻领、翻折领，可以在领线处有直边，也可以有凸曲线或凹曲线，使用哪种取决于想要实现的外观。

可转换或不可转换指的是领子在顶部扣子扣上或打开时是否会改变形状。不可转换指无论扣子是否扣上都保持相同形状。露营领、翻领和衬衫领（单件和两件）在扣上时围绕颈部立起，解开时平放在肩部。彼得·潘领、披肩领和披肩等（基本上是平领）总是平放在肩部，即使扣子扣上也是如此。

可转换衣领（基本衣领、翻领和双片领）的制作说明主要关注衣领，领口的构造需要与服装的衣身相匹配。这些可转换衣领的外边缘可以通过各种方式塑形，以创造出不同的线条风格，例如，尖形、圆形、高耸型、低矮型、宽阔型、狭窄型……，以及这些形状的组合。这与名称中直接包含形状的衣领有所不同，如果将彼得·潘领制作成尖形，那它就不再是彼得·潘领了；同样，如果将伊顿领制作成圆形，那它也不再是伊顿领了。

六、领的形状

露营领、小翻领和两片式领的形状可以根据设计需求进行调整，或根据需要将衣领的尖端形状更改为任何想要的形状。图 6-1-8 是一些改变衣领形状的方法示例。浅色形状是这些衣领制作所必须具备的形状，深色线条表示可塑性部分。除此之外，还有其他许多可能性，可以尝试不同的方法，变化出无数的领子领角造型。

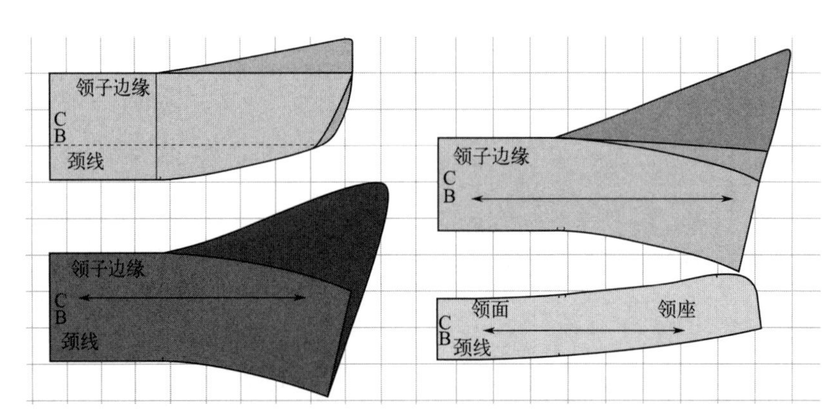

图 6-1-8　改变衣领形状的方法示例

除了领子形状的改变，领口边缘也可以变化。领口边缘是从后中线（CB）到肩点绘制的直线，当这条直线位于直纹线上时（图 6-1-8），由于直纹线的性质，领口边缘的灵活性较小。可以通过将领口点提高 0.5cm 来稍微调整领口，以使其更具灵活性和形状。图 6-1-9 展示了基础领和翻领的调整方法。同样的原理也适用于任何其他衣领。

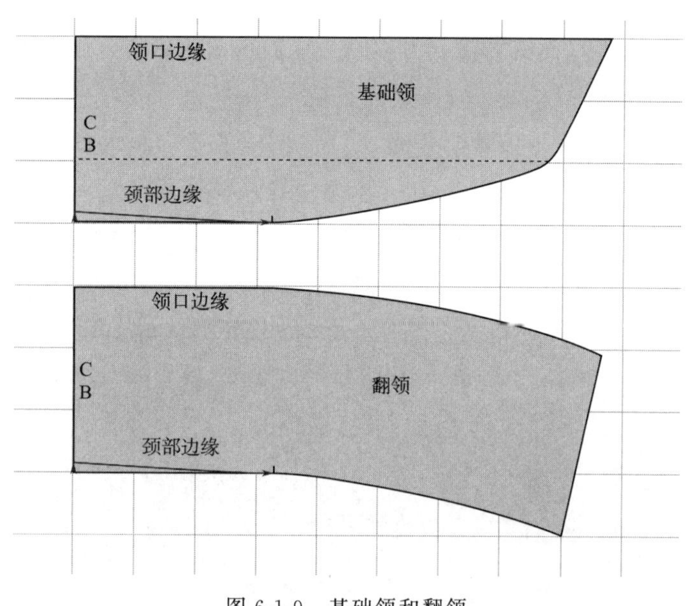

图 6-1-9　基础领和翻领

第二节 ▸ 领子样板制作

一、露营领

1. 概念

露营领（Camp Collar），是服装设计中常见的一种衣领款式，如图 6-2-1 所示，是一种可转换的衣领，可以敞开或闭合穿着。要制作这个衣领，只需要衣身基型的领口测量值，包括前领和后领的测量值。

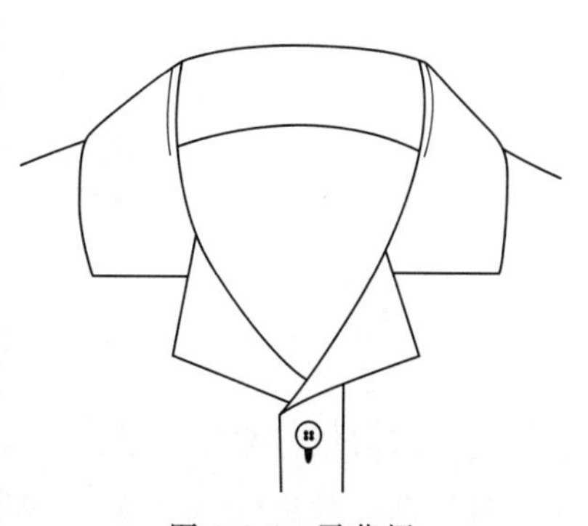

图 6-2-1　露营领

2. 基本特点分析

结构组成：露营领由领座和领面两部分组成，领座贴合颈部，领面则覆盖在领座之上，形成翻驳效果。

外观形态：领面通常比领座宽，且向外翻折，形成一定的角度和轮廓，使衣领看起来更加挺括、有型。

适应性：露营领适用于多种服装类型，如衬衫、外套、夹克等，既能体现正式感，也能展现休闲风格。

根据服装的领口尺寸和款式要求绘制衣领样板。样板应包括领座和领面的形状、尺寸及翻折线等。注意领座和领面的宽度比例，以及翻折线的位置和角度，这些都会影响衣领的最终效果。

图 6-2-2 展示了露营领的制作以及衣领和衣领衬叠加的显示：领子的上方重叠部分灰色形状是衣领衬，下方深色是衣领（未添加缝份）。请注意，衣领是以半衣领的形式绘制的。在这种情况下，布纹线是沿着后中线（CB）向下的或横跨衣领的宽度。衣领衬的宽度要稍小一些（在宽度上减少了一点点），以确保缝纫线被隐藏起来。露营领的衣领衬与上衣领相同，这意味着不需要单独的样板片。

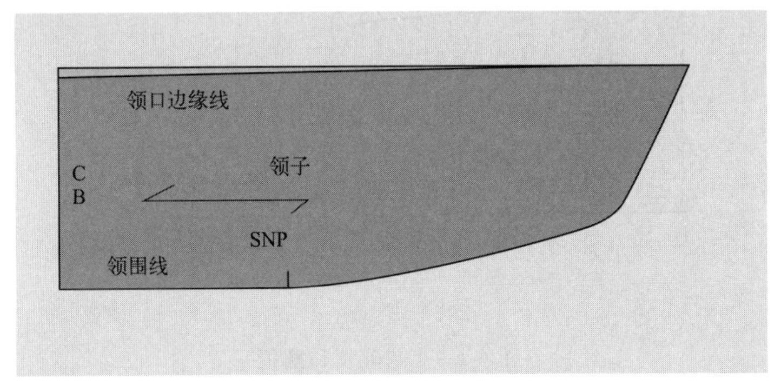

图 6-2-2　露营领制作

3. 制作步骤

测量衣身的后领曲线和前领曲线长度，如图 6-2-3 所示，将这两个测量结果相加。举个例子，前领长度为 11.6cm，后领长度为 8.2cm，因此，半个衣身基型的总领围测量结果为 19.8cm。

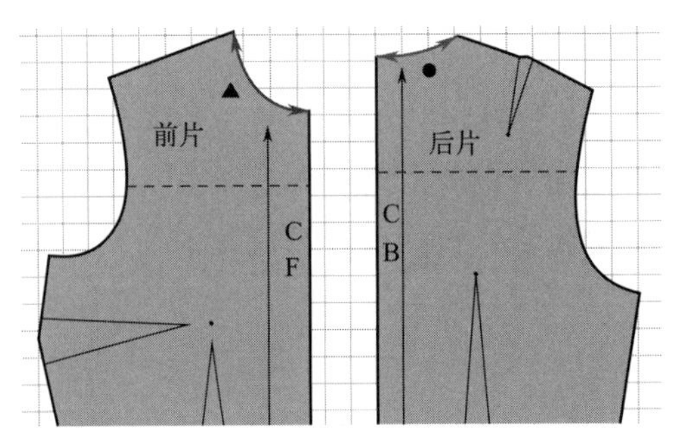

图 6-2-3　上衣原型前领围和后领围测量

这个露营领的宽度可以在 6～10cm 之间。它是一个整体式衣领，宽度包括衣领的立部和翻折部。翻折线（即立部结束和翻折部开始的地方）通常位于领口上方 2.5cm 处。领口边缘可以是直的或稍微凸出的。

具体的绘制步骤如下。

（1）绘制一个矩形，如图 6-2-4 所示。

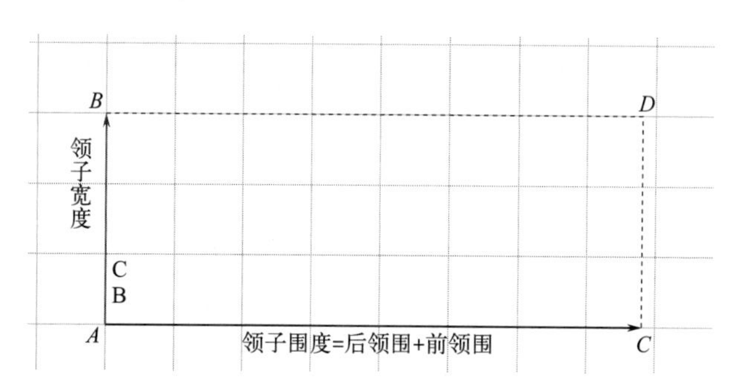

图 6-2-4　露营领衣领制作框架构建

矩形的高度为衣领宽度（A 到 B），将它设为 8cm。矩形的长度为总领围测量值（A 到 C），例子中为 19.8cm。

（2）使用后领的测量值，从点 A 开始测量并标记肩点 E（SNP）。

（3）将 BD 线延长 2.5cm 并标记点 F。

（4）从 C 点向上测量并标记点 G。点 G 可以在 C 点上方 1.2～2.5cm 左右（这取决于想要的衣领形状）。详情见图 6-2-5。

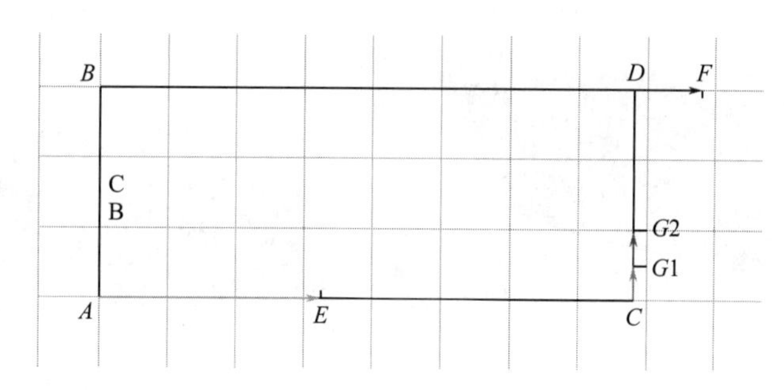

图 6-2-5　露营领制作（1）

（5）可以创建几种不同形状的衣领，请参阅图 6-2-6，以更好地了解这几种衣领的形状。

（6）对于领围线为直线的衣领，从 F 点画一条线到 C 点。

（7）对于领围线为曲线的衣领，从 F 点画一条线通过 $G1$ 点到 E 点。

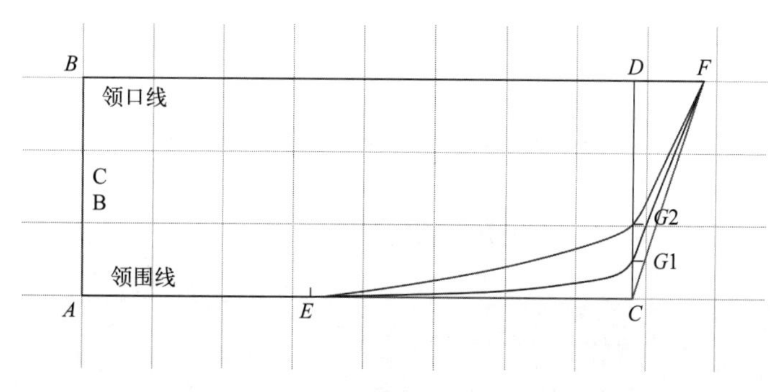

图 6-2-6　露营领制作（2）

(8) 对于领围线曲度更大的衣领，从 F 点画一条线通过 $G2$ 点到 E 点。

图 6-2-7 展示了图 6-2-6 中三种衣领的领围线处理方式。请注意，这只是基本形状。领围线可以以多种方式塑形，请参阅图 6-2-8 中的一些示例。

图 6-2-8 展示了多种方式塑造领围线的示例，此处使用上图的第三种领围线绘制衣领口边缘三种形状。以此类推，可以设计出众多领形。

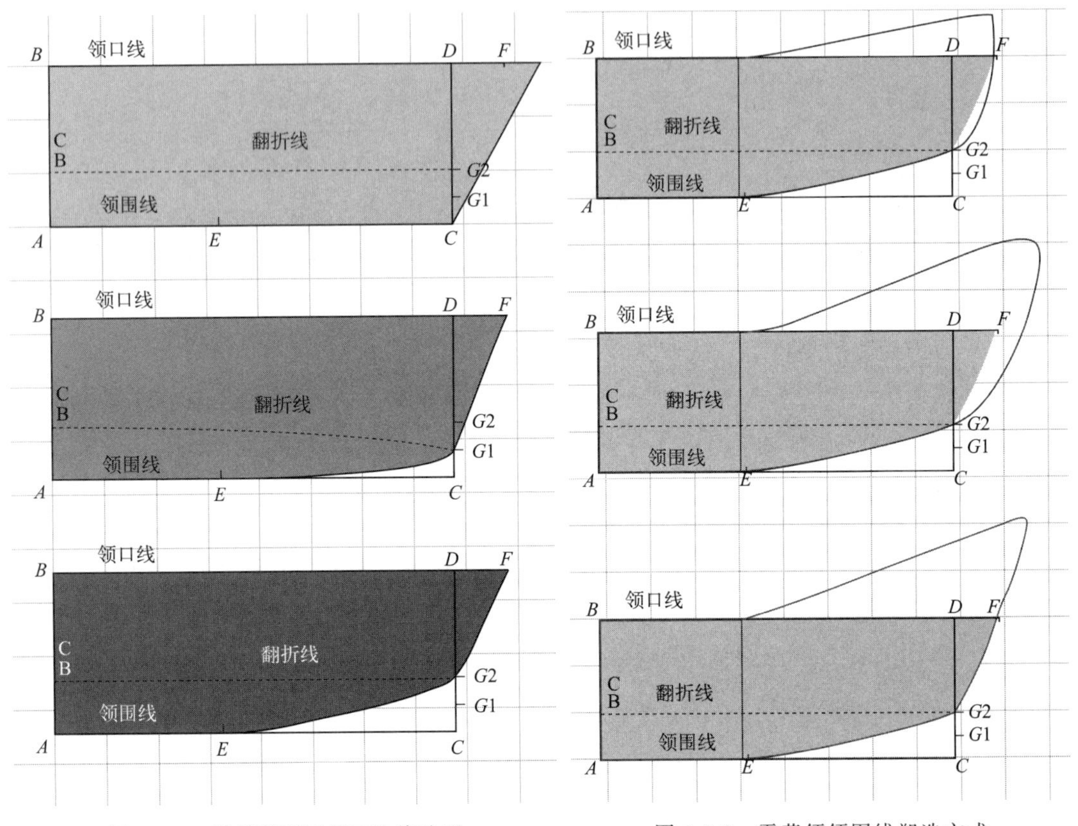

图 6-2-7 露营领不同领口边缘造型

图 6-2-8 露营领领围线塑造方式

接下来是底领制作，它比上领稍小，这样缝纫线就不会露出来。在服装生产行业中，出于各种原因，为衣领和底领分别制作独立的样板片是至关重要的。

描摹衣领样板片。从前中心线（CF）的衣领边缘向下标记 0.3cm，并画一条线到衣领尖端，如图 6-2-9 所示。

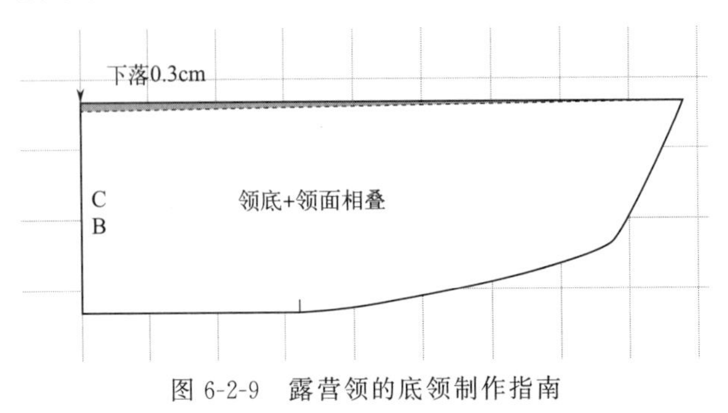

图 6-2-9 露营领的底领制作指南

移除这部分（图中以阴影显示），白色部分作为底领样板片。

注意：标记领口缺口（对位点）、标记样板片等，同时添加缝份等。图 6-2-10 展示了衣领、底领以及两者叠加的效果；底领为半透明白色，衣领为下面的灰色所示。

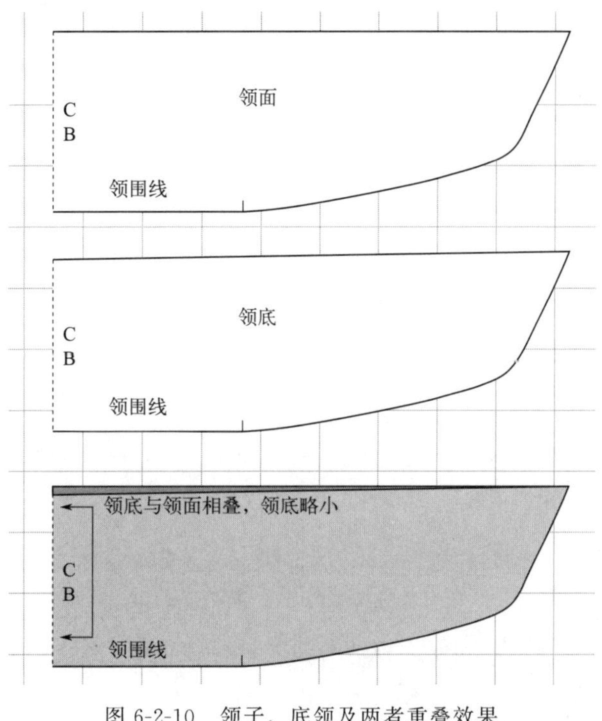

图 6-2-10　领子、底领及两者重叠效果

二、立领

立领（图 6-2-11）是一种紧贴颈部的直立领子。制作这种领子需要领线尺寸：前领和后领的尺寸。注意，立领也是衬衫领中的一部分（衬衫领由一个立领/领座和一个领面组成）。图 6-2-12 为立领纸样。

图 6-2-11　立领

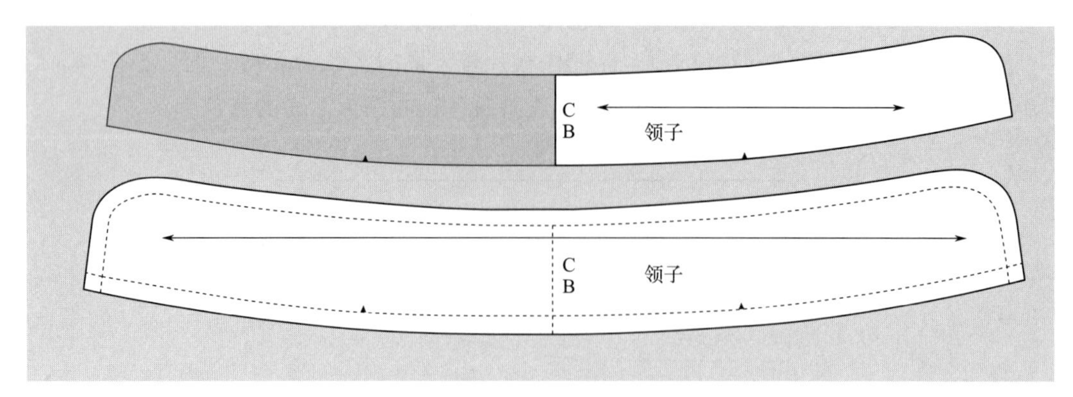

图 6-2-12 立领纸样

1. 测量前领和后领围的长度

这个中式立领的长度是前后领圈的曲线相加之和，宽度为 4cm。如果想得到整个领子的纸样部件（而不仅仅是半块，以便沿折叠线裁剪），将一张纸对折并将后中心线（CB）放在折痕上进行样板制作。

2. 搭建框架

（1）以后领围和前领围之和作为领子的长度，绘制一个矩形，如图 6-2-13 所示。

（2）矩形的高度是领子宽度（A 到 B）为 4cm。

（3）矩形的长度是总领口尺寸（A 到 C）。在示例中为 19.8cm。

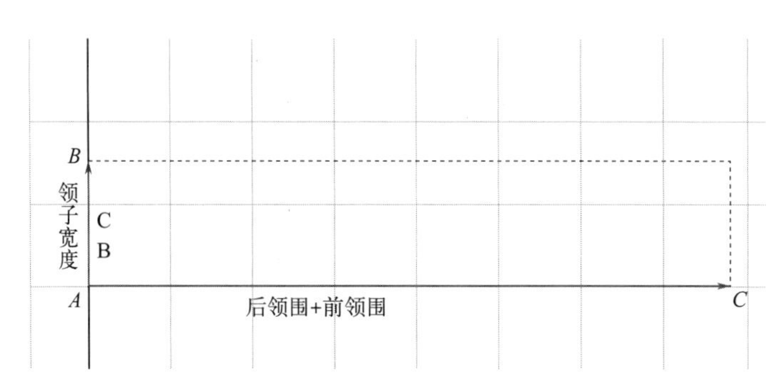

图 6-2-13 中式立领框架构建

（4）使用后领尺寸，从点 A 开始测量并标记肩点 D。

（5）从点 D 向上画线并在顶线上标记点 E。

（6）从点 C 向上测量 2cm 并标记点 F，如图 6-2-14 所示。

（7）连接 D 点和 F 点，并画一条直线。

（8）领子宽度尺寸（4cm），在 DF 线的 F 点上作垂线，垂直向上量取 4cm，并标记点 G，如图 6-2-15 所示。

（9）连接 E 点和 G 点。

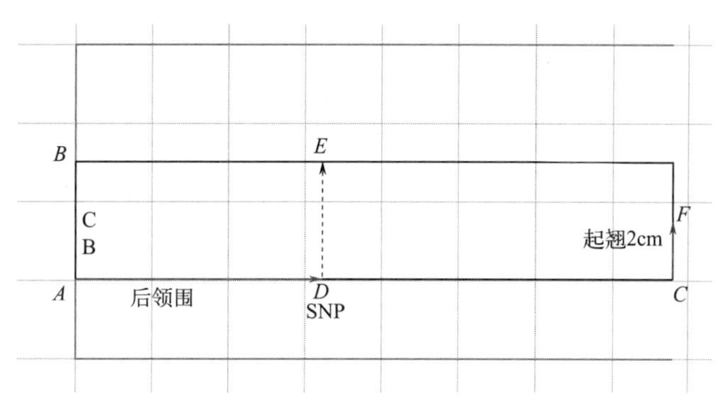

图 6-2-14　中式立领

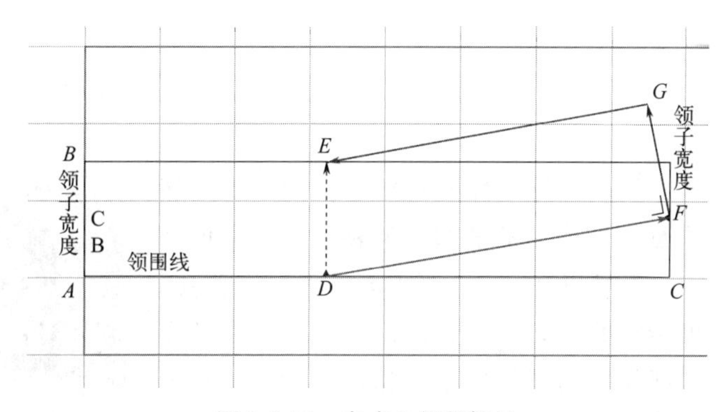

图 6-2-15　中式立领起翘量

（10）如图 6-2-16 所示，通过 B 点、E 点和 G 点画一条曲线，并画顺曲线。

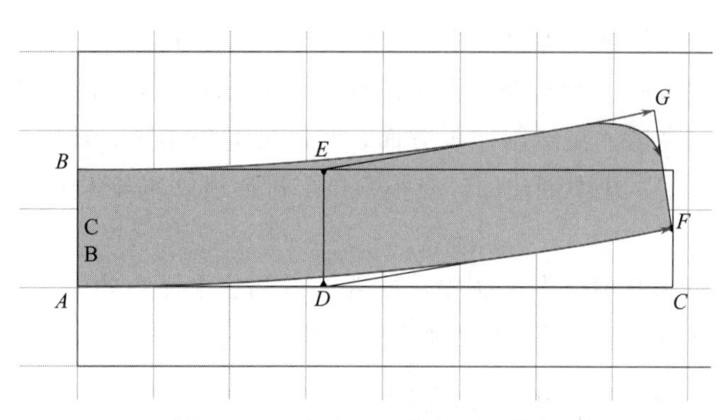

图 6-2-16　中式立领绘制领口曲线

（11）添加缝份，剪出领子并将其展开，确保肩部做好标记，检查标记并注明裁剪说明等。图 6-2-17 为中式立领完成图。

值得注意的是，立领起翘应保证立领上口不小于颈围。立领的曲度越大，上口与底边的差越大，颈部台体的特征就越明显。

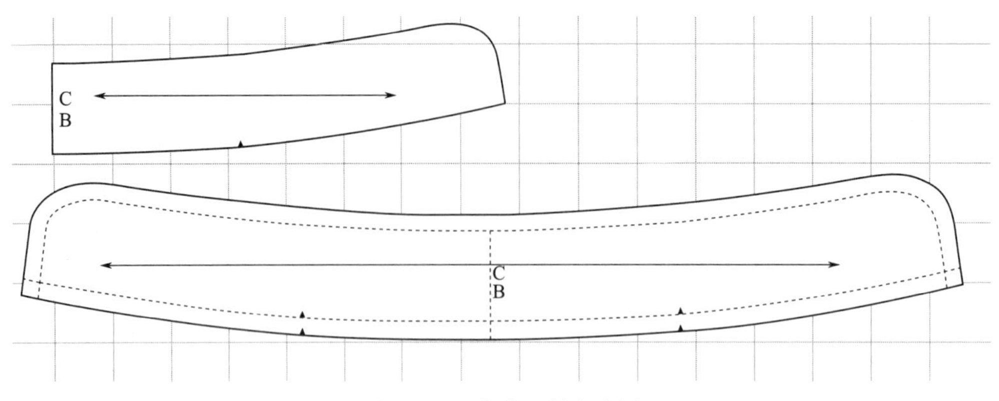

图 6-2-17 中式立领完成图

三、彼得·潘领

1. 彼得·潘领特征

彼得·潘领（图 6-2-18）是一种贴身的、平的、不可转换的领。彼得·潘领通常被认为是平的（低领）领口，但彼得·潘领口的高度实际上可以在 0.3（平的）～2.5cm 变化。彼得·潘领口是不可转换的，无论立领的高度如何，以及它是扣上还是解开，它都保持相同的形状。相比较而言，衬衫领口和其他可转换领口在扣上和解开时看起来会有所不同。注意，高立领且前领口尖形（而非圆形）的彼得·潘领口被称为伊顿领口。

图 6-2-18 彼得·潘领

伊顿领口基本上与彼得·潘领口相同，但高度为 2.5cm，且领口在颈线处呈尖锐的 V 形边缘，而非彼得·潘领口的曲线形状。伊顿领可以在 0.3～2.5cm 之间选择任何高度。在绘制样板方面，与高度立领不同，彼得·潘领口的样板是从前身片和后身片的基本块中创建的。旗袍领口、衬衫领口和可转换领口是根据颈线尺寸创建的。

图 6-2-19 为不同形状的彼得·潘领。彼得·潘领这个漂亮的领子形状经历了一个又一个的时尚时代，并且总是能给一件衣服带来既漂亮又优雅的外观。

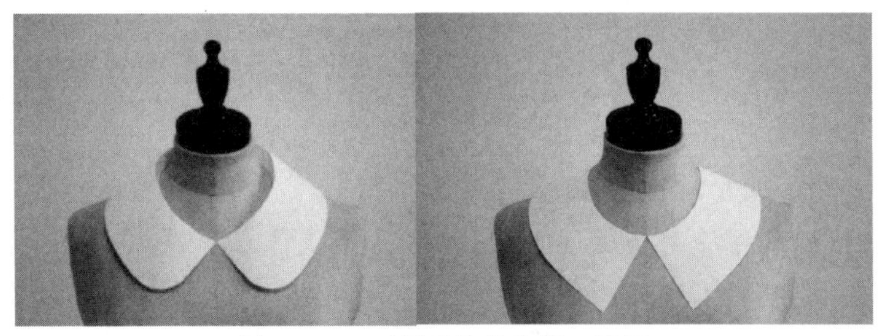

图 6-2-19 不同形状的彼得·潘领

图 6-2-20 展示了下面将要创建的彼得·潘领。

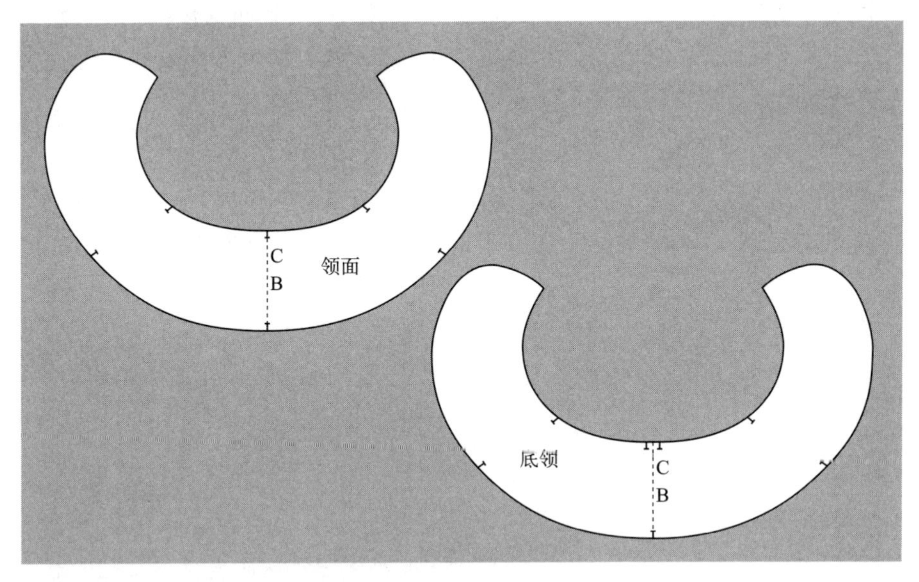

图 6-2-20　彼得·潘领

2. 彼得·潘领制作步骤

（1）描摹上衣前片的上部。

（2）将上衣后片放下，使肩线与前片在领点处匹配并接触。

（3）如图 6-2-21 所示旋转上衣后片，使基型在肩点处重叠 2cm。

（4）描摹上衣后片的上部。

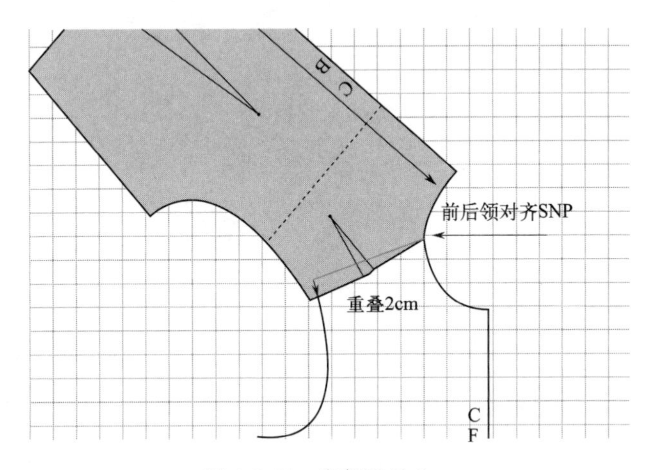

图 6-2-21　肩部重叠 2cm

领子的宽度由设计需要决定，这个例子的宽度为 8cm。

如图 6-2-22 所示，在基型上绘制领子线；在后中心线（点 *A*）向下 8cm 处、肩线（点 *B*）和前中心线（点 *C*）向下 8cm 处作了标记，并用曲线连接这三个点。

将前片和后片样板放在一起，使颈部点接触，两个样板的肩部对齐，然后画出所需的领深，这个例子中领深是8cm，并从领线边缘开始测量，沿着曲线移动。

在袖窿的肩部点重叠2cm，是为了防止“裙摆效应”。如果外部边缘略长，会在领子的外部边缘产生摆动，因此需要在肩部点重叠2cm。

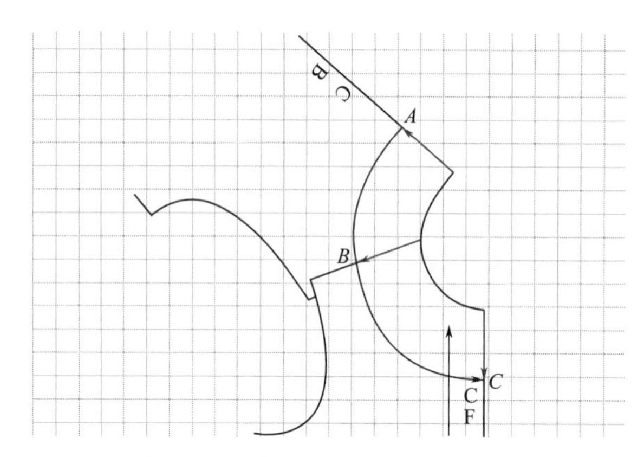

图 6-2-22　彼得·潘领领面宽度设计

如图6-2-23所示，标记两个记号：领口线和肩线，灰色部分所示就是领子纸样部件。

下一步需要对领口曲线进行一些调整，需要制作一个完整的纸样部件和一个领子的底片。这个过程需要几个步骤，并且有几种不同的方法可以完成。例如剪出半纸样，描摹它，如果需要调整，将其贴到另一张纸上，重新描摹底领，或者使用描图纸来描摹半纸样，翻转过来描摹另一半。

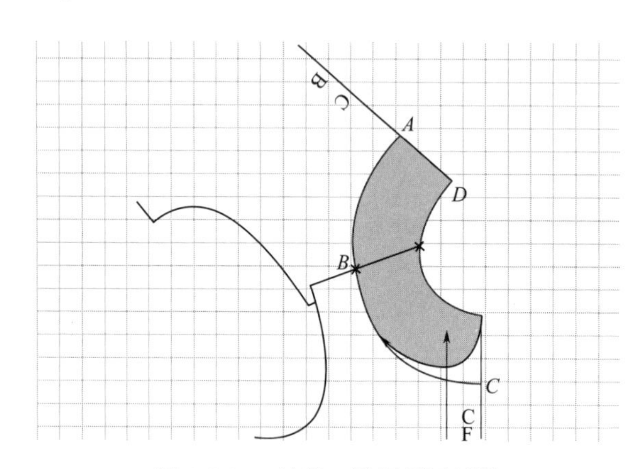

图 6-2-23　彼得·潘领领面纸样

描摹领子部件：将描图纸翻转过来，对齐后中心线（CB）。检查领口曲线和领子曲线，见图6-2-24。

修正和平滑领口曲线，如图6-2-25所示，在a处，需要将领口线调整得更加圆润流畅；b处，由于领中线位置略显内凹，需要同时调整领围线和领口线，使其过渡自然；c处则因领中线稍有外凸，需对领口线和领围线进行平滑处理。其实在绘制图纸时，只要确保领中线与领口线、领围线保持垂直（90°），就能有效避免这些问题的出现。

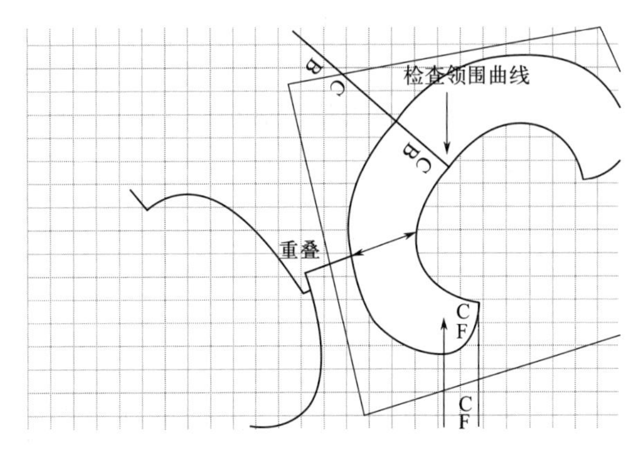

图 6-2-24　彼得·潘领纸样校对

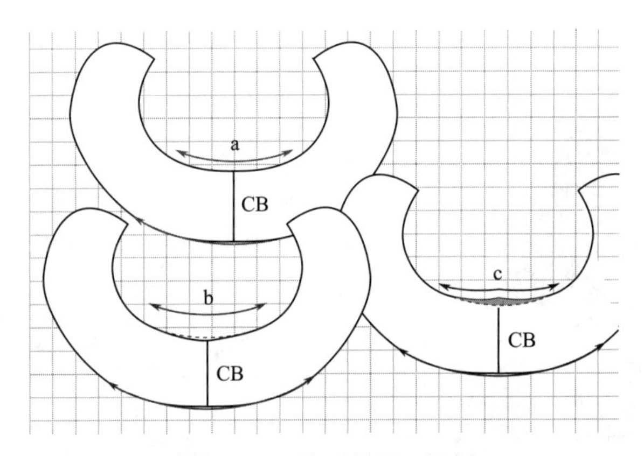

图 6-2-25　修正彼得·潘领

需要制作一个底领，以便不露出缝线；由于它较小，会将缝线拉到下面。

从领子外边缘（不是领口边缘）去除 0.3cm 的领子。也就是说，在后中心线（CB）处减少 0.3cm，当向前中心线（CF）移动时逐渐减少到零。

在后中心线（CB）领口边缘的两侧各标记两个记号：大约距离 CB 线 1cm，如图 6-2-26 所示。

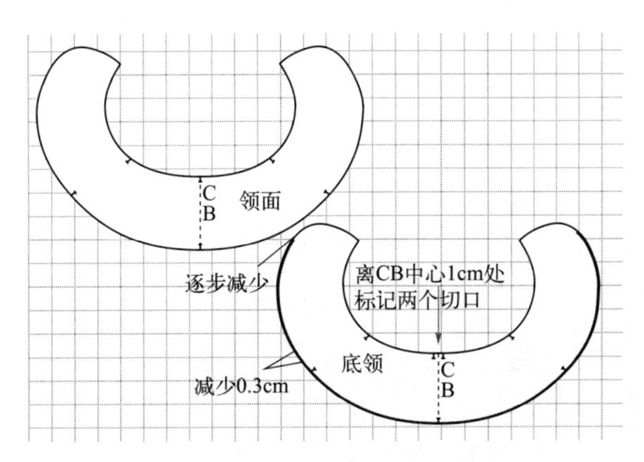

图 6-2-26　彼得·潘领底领制作

最后，标记布纹线或者丝缕线，确保标记好所有必要的记号；添加缝份。

注意：正如之前提到的，制作底领纸样部件在服装生产行业中是必要的。然而，如果只是为自己制作纸样，并且自己完成所有事情，那么只制作领子纸样部件并裁两片布料，然后从布料上修剪出底领的部件就可以了。

四、伊顿领

1. 伊顿领特征

伊顿领（图 6-2-27）是一种附加的、平直的、不可转换的衣领。伊顿领基本上就是彼得·潘领，但其立起部分有 2.54cm 高，领口边缘是直的，而不是彼得·潘领那样的圆形曲线。但整个制作过程与彼得·潘领相差不大。图 6-2-28 展示了伊顿领的样板制作过程。

图 6-2-27　伊顿领

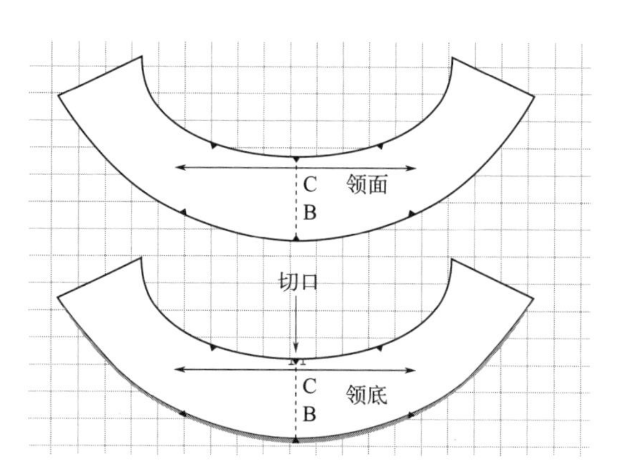

图 6-2-28　伊顿领样板

2. 伊顿领制作步骤

（1）描摹衣身前片的上半部分。

（2）将衣身后片放下，使前后片肩线在领点 SNP 处对齐。

（3）如图 6-2-29 所示，旋转衣身后片，使两块样板在肩点处重叠 10cm。

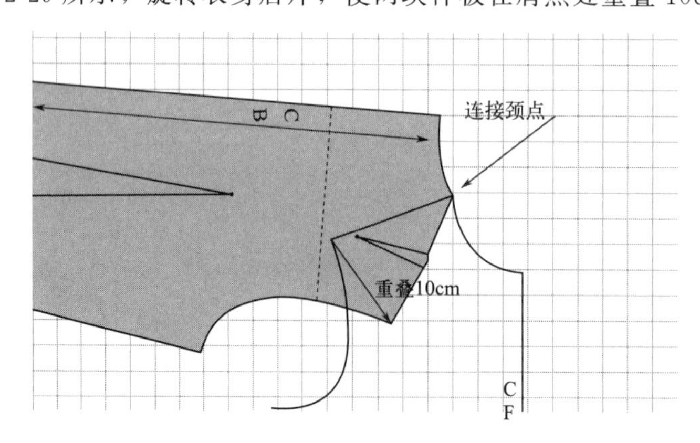

图 6-2-29　前后片相叠

（4）描摹衣身后片的上半部分。

（5）设计衣领宽度。由于伊顿领的宽度可以根据需要进行设计，但其不是很宽，因此8cm左右可能是最大宽度。

（6）在样板上画出衣领线，如图6-2-30所示；在后中心线（点A）上标记8cm，在肩线（点B）和前中心线（点C）上也标记了相同的长度，并用曲线连接这三个点。

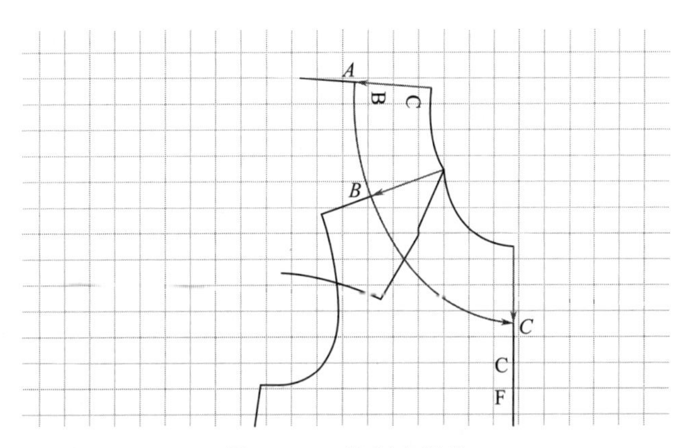

图6-2-30　绘制衣领线

（7）绘制前领口曲线（这个平滑的线条上会有一个突出的尖角部分，这是可以的）。

（8）如图6-2-31所示标记两个记号：领口线和肩线。

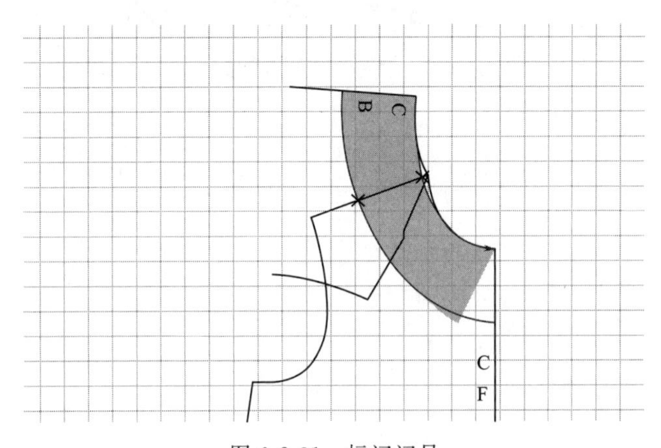

图6-2-31　标记记号

（9）纸样部件是阴影部分的灰色区域。

（10）接下来需要对领口曲线进行一些调整，需要制作一个完整的纸样部件和一个底领部件。这个过程将需要几个步骤，并且有几种不同的方法可以完成。例如剪出半纸样，描摹它，如果需要调整，可能需要将其贴到另一张纸上，重新描摹底领，或者使用描图纸来描摹半纸样，翻转过来描摹另一半，等等。

3. 检查核对领片纸样步骤

（1）描摹衣领片。将描图纸翻面，并使后中心线（CB）对齐；检查领口曲线和衣领曲线，见图 6-2-32。

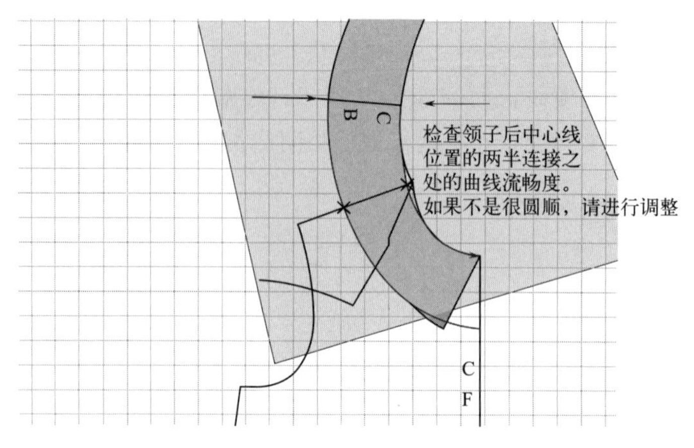

图 6-2-32 伊顿领绘制

（2）画顺后中心线（CB）领口，在 CB 处与领口边缘需要保持直角，同时需要平滑 CB 处的领子边缘。如图 6-2-33 所示。

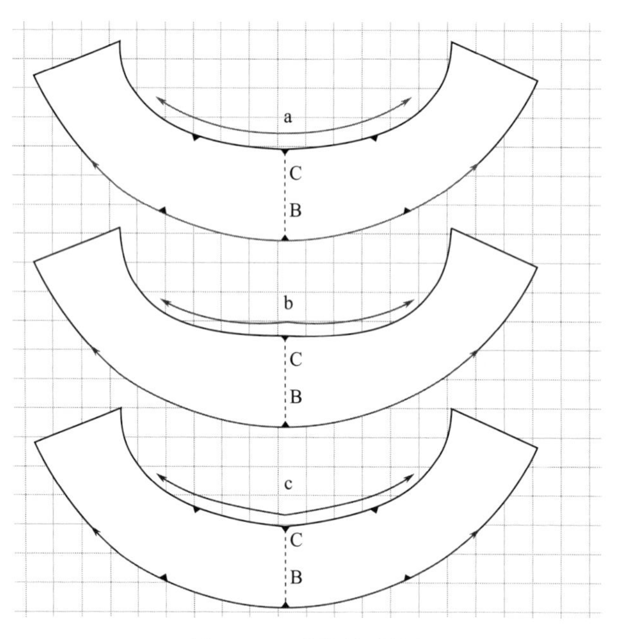

图 6-2-33 圆顺伊顿领

（3）制作底领。图 6-2-34 为伊顿领上下层。

（4）标记。标记布纹线并检查所有必要的记号。

五、小翻领

小翻领（图 6-2-35）是一种紧贴颈部的立领。制作这种领子所需的是基型上的领口尺寸、前领和后领的尺寸。请注意，翻领也是两件式衬衫领的基础，也就是说，这两部分由

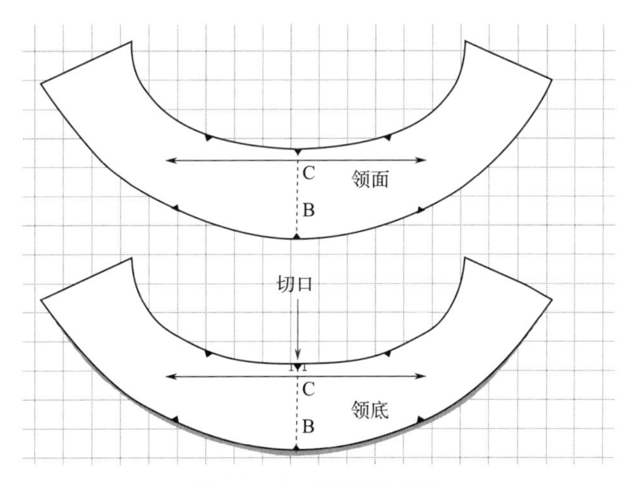

图 6-2-34 伊顿领上下层

一个立领和上领组成。上领部分就是翻领（而立领是带有 2.5cm 延伸用于扣子的中式立领），当单独制作翻领时，需要包含立领的宽度。

图 6-2-35 小翻领效果

1. 小翻领及其变化

制图原理：采用直角式制图方法，难点在于直上尺寸 X 值的确定，不同的 X 值会直接反映出不同的领外形。图 6-2-36 为小翻领纸样。

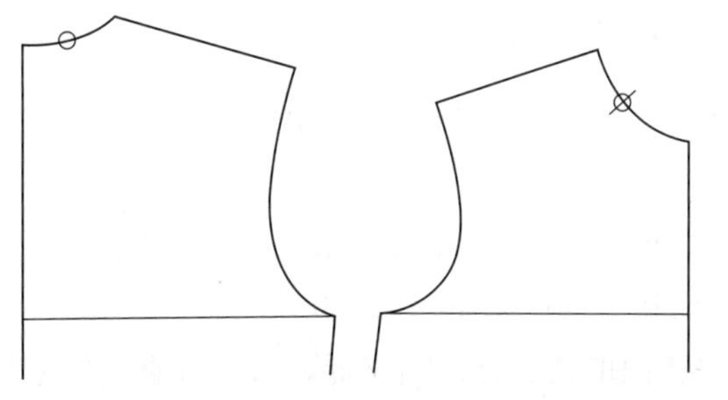

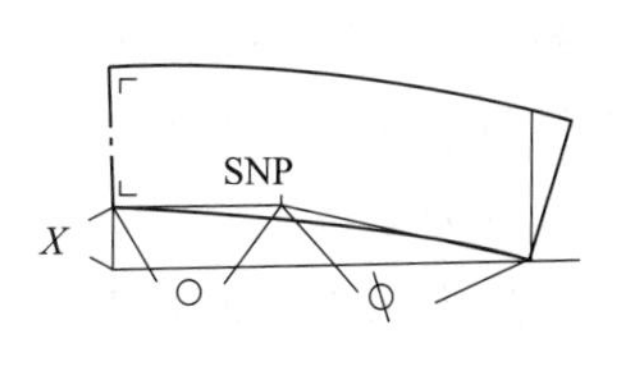

图 6-2-36 小翻领纸样

(1) 直上尺寸 X 的来源。假设先用一块直布条作领子，把它与衣片的领围线缝合，翻折领子后会发现因领外口尺寸不足，致使领面绷紧，使后领脚线外露，如图 6-2-37 所示。

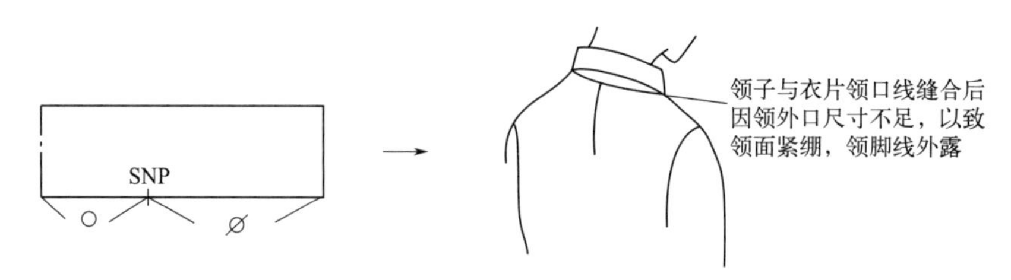

图 6-2-37 小翻领弧度原理对照

(2) 解决方法。以侧颈点 SNP 点为中心，在左右两边分别以 1/2 后领弧长尺寸为剪开点，剪开后原来紧绷的领面外口会自然张开，其外口线变长，将领外口张开的尺寸重新画在纸样上，可发现领子的领外口线由原来的直线变成了下弯的弧线，从而产生了后中线直上尺寸 X。剪开的量越多，领外口线越长。如图 6-2-38 所示。

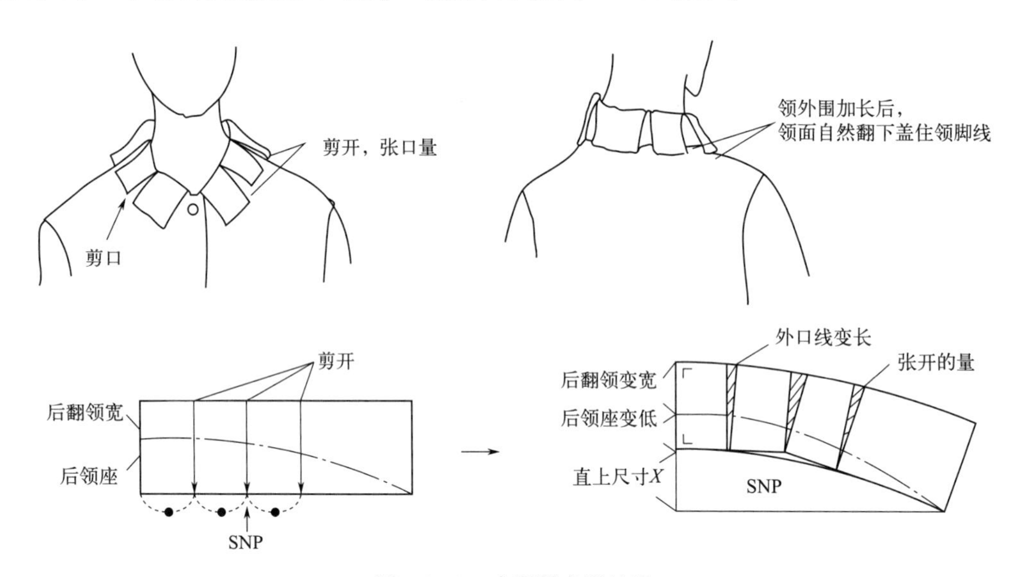

图 6-2-38 小翻领变形过程

2. 领座的高低对领外口线和直上尺寸 X 的影响

以后领面宽度为 6cm、前领面宽度为 6.5cm、前领脚形状相同的两款领子为例，说明领座的高低与领外口线和 X 值的关系。

(1) 领座为 1.5cm 时，直上尺寸 X 和领外口曲线图，如图 6-2-39 所示。

(2) 领座为 2.5cm 时，直上尺寸 X 和领外口线如图 6-2-40 所示。

从以上两款的分析中可知，在条件相同的情况下，领座低，后中线直上尺寸长，领外口线长，外形曲度大；领座高，后中线直上尺寸小，领外口线短，外形曲度小。从穿着外形上看，领座高，领子挺直一些；领座低，领子平坦一些，如图 6-2-41 所示。

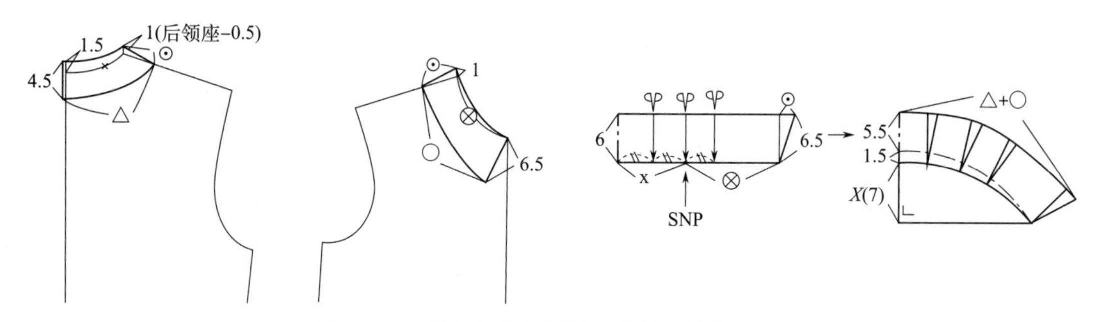

图 6-2-39　领座变化与领外口曲线（单位：cm）

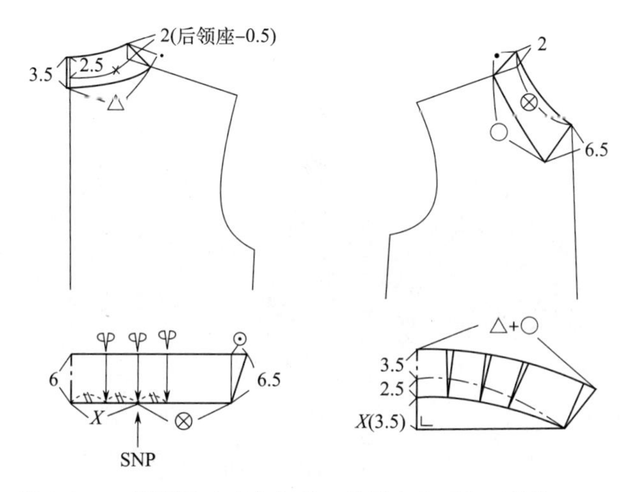

图 6-2-40　领座尺寸变化与外口曲线变化对比（单位：cm）

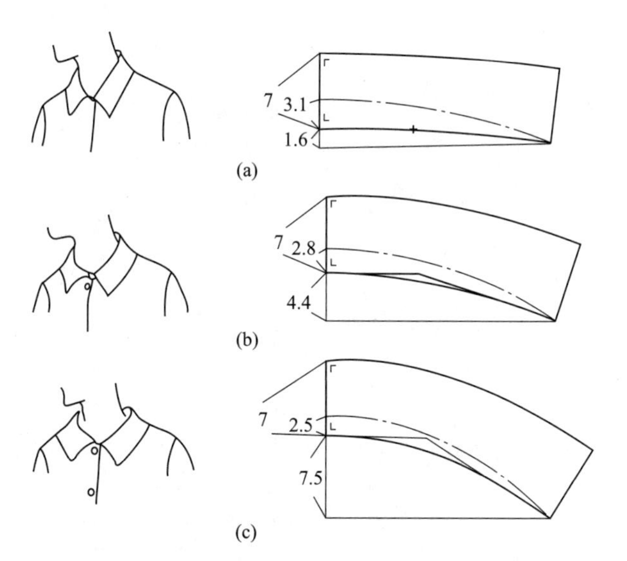

图 6-2-41　领座高低与领子起翘量关系（单位：cm）

3. 小翻领制作步骤

图 6-2-42 展示了将要创建的小翻领领子。由于领子是对称的，因此制作样板时，只要制作一个半领就可以了。将一张纸对折，并将后中心线（CB）放在那个折痕上，然后再绘制纸样部件。

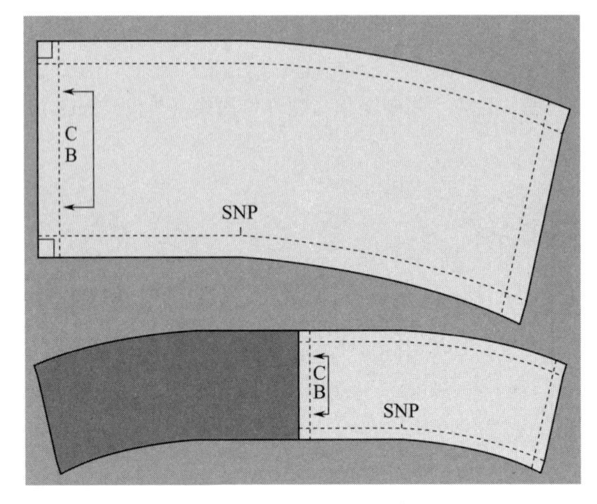

图 6-2-42 小翻领示例

制作步骤如下。

（1）测量衣身基型上的后领曲线和前领曲线，如图 6-2-43 所示。

（2）将这两个尺寸加在一起。在这个例子中，前领是 11.6cm，后领是 8.2cm，总领口尺寸（对半）为 19.8cm。

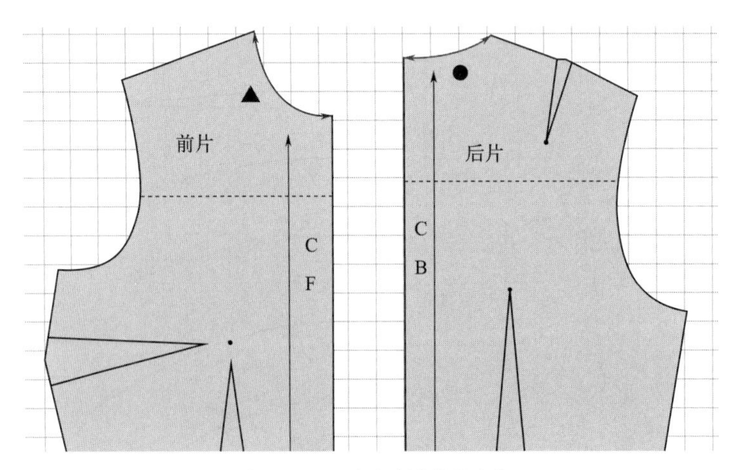

图 6-2-43 小翻领领围尺寸

（3）创建了一个宽度为 8cm 的一件式领子，包括立领和翻领部分。如果要将其绘制成两件式领子的上领部分，可将其创建为 5～7cm。绘制一个半纸样。可以选择将纸样绘制在折叠的纸张上，以便最终得到整个纸样部件。

（4）绘制一个矩形。矩形的高度是领子宽度（A 到 B）为 8cm。矩形的长度是总领口尺寸（A 到 C），即前领围和后领围的长度和，在下列示例中为 19.8cm。如图 6-2-44 所示。

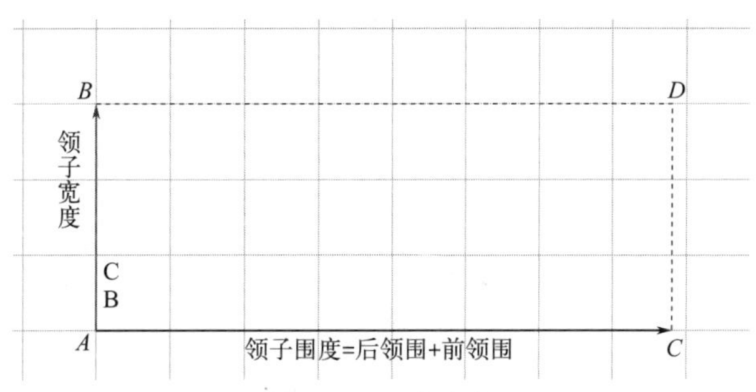

图 6-2-44　小翻领

（5）使用后领尺寸，从点 A 开始测量并标记点 E。

（6）从点 E 向上画线至 BD 线并标记点 F。

（7）画一条位于 AC 线下方 2.5cm 处且与 AC 线平行的线，并标记终点 G，如图 6-2-45 所示。

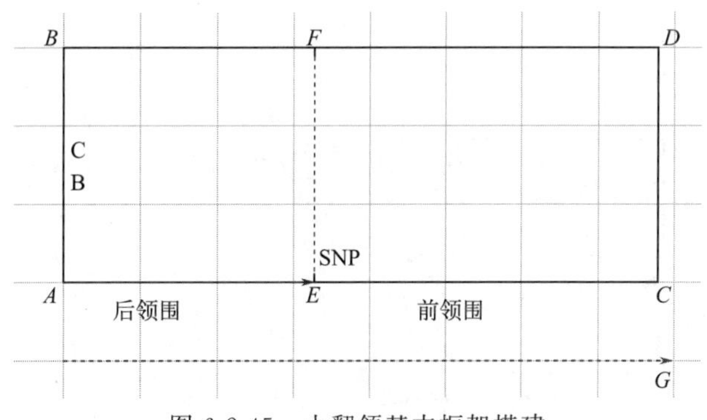

图 6-2-45　小翻领基本框架搭建

（8）从 E 点到 G 点画一条直线。

（9）从 G 点垂直于 EG 线画一条线，长度为领子宽度（在这个例子中是 8cm）。标记点 H。当然，这条线的长度应该与 AB 相同。

（10）从 H 点到 F 点画一条直线，如图 6-2-46 所示。

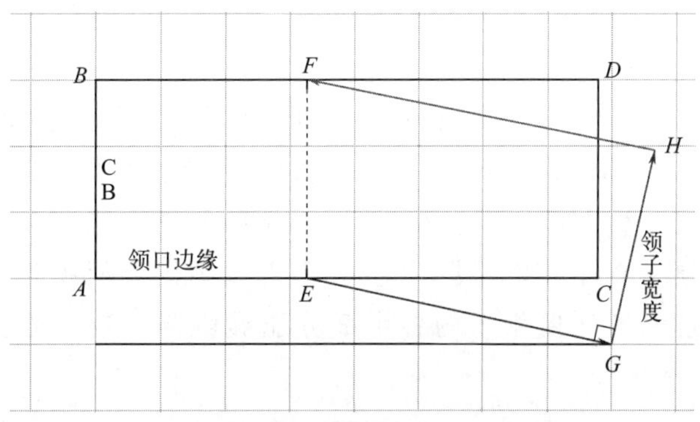

图 6-2-46　小翻领制作过程

（11）从 F 点到 H 点画一条曲线。

（12）从 E 点到 G 点画一条曲线，如图 6-2-47 所示。有很多种方法可以塑造领子的领边，也可以对领口边缘进行微调（使贴合度更好一些）。

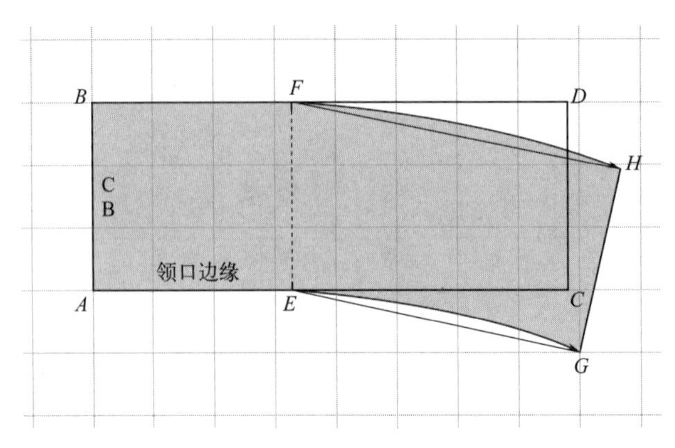

图 6-3-47 小翻领样板制作过程

（13）样板制作结束时，要确保肩部记号已标记，并注明裁剪说明。图 6-2-48 为一片式小翻领纸样。

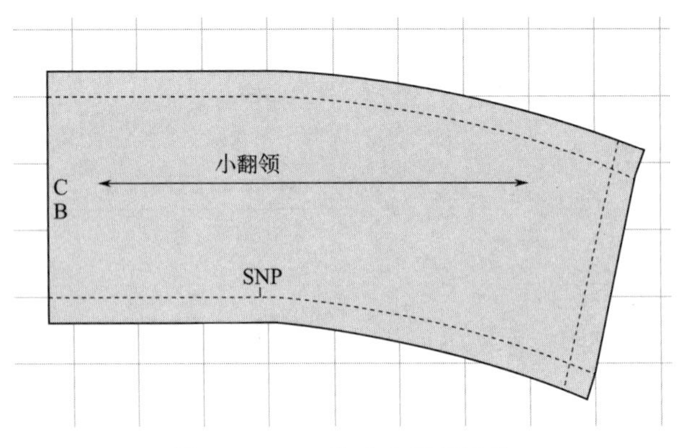

图 6-2-48 一片式小翻领纸样

六、衬衫领

1. 衬衫领款式

两件式衬衫领（图 6-2-49）由两个不同的领子组成：底部领座和顶部翻领，但领尖的形状不同，出现不同款式的衬衫领（图 6-2-50）。在制作两件式衬衫领时，需要分别制作领座（中式立领）和上领（翻领）。按照立领的制图方法画领座，但需要注意领座上钉有扣子的，领座会有重叠（叠门宽），而上领则需要根据设计要求调整领尖的形状。这些修改都是为了确保领子的各个部分能够协调一致，并且符合特定的设计需求。

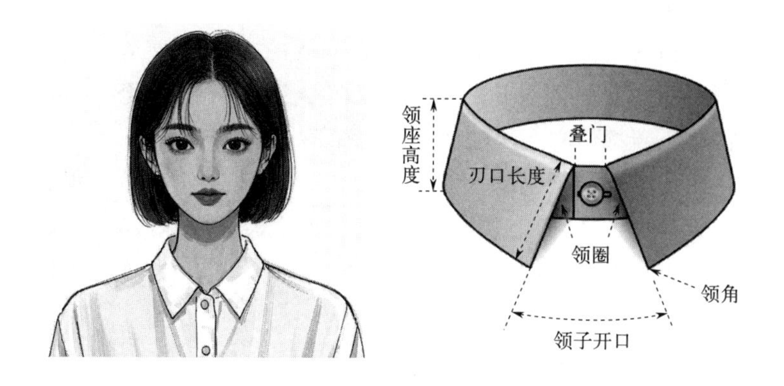

图 6-2-49　衬衫领

图 6-2-50　衬衫领结构与衬衫领款式

2. 衬衫式翻领及其变化

如图 6-2-51 所示，该类领型的结构和人体脖颈结构相吻合，特点是底领的领底线上翘，领面下弯，领面的领外口线大于底领的领底线而翻贴在底领上。

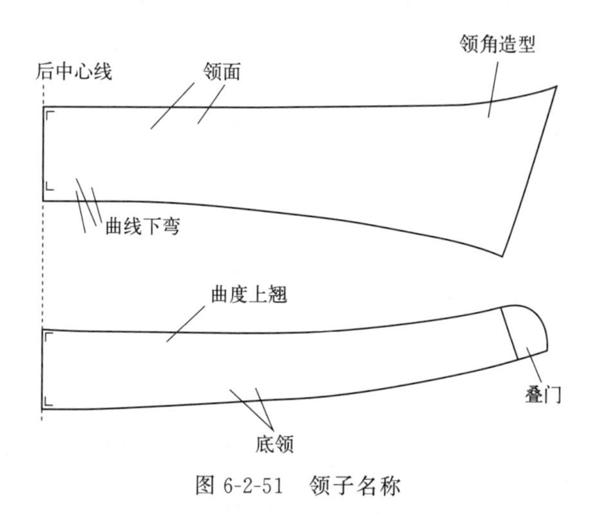

图 6-2-51　领子名称

若底领领线上翘弯曲度和领面底线的下弯曲度相等，这时底领和领面的空隙度恰当，一般标准型的领子都属于这种结构。

如果要改变领座和领面的空隙度，可以修正底领的领线和领面的领下线的弯曲度比例。根据立领原则，领面下弯度小于底领上翘度，领面比较贴紧底领；反之，翻折后空隙较大，翻折线不固定，领型便有自然随意之感，如风衣领。

修改领座：在图 6-2-52 中，可以看到中式立领的两侧在前中心线相遇。衬衫领的领座（深色阴影部分）是中式立领，但需要额外的长度来容纳纽扣/纽扣孔。因此，需要在图中的总领口测量值中加上纽扣贴边扩展的值。

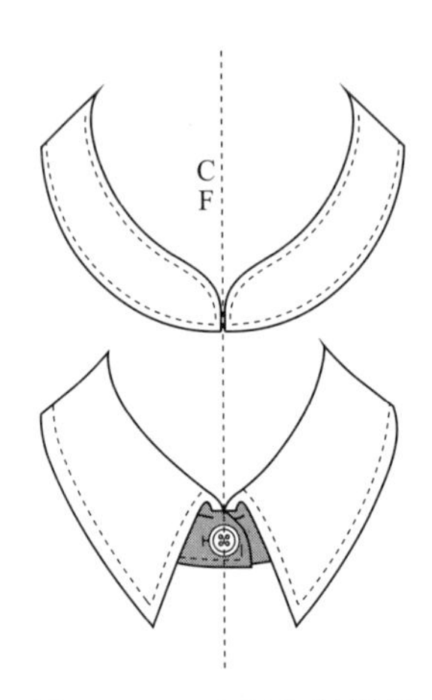

图 6-2-52　立领与衬衫领

图 6-2-53 展示了一个两片式衬衫领口，它是根据旗袍领口和翻领进行修改后绘制的。旗袍领口有一个 2.5cm 的延伸部分［注意，从前中心线（CF）开始，上领口将在 2.5cm 处结束，这里有一个切口标记］。翻领的边缘形状已经发生了改变，图 6-2-53 中白色是原始的翻领形状，而深色是重新绘制的衬衫领口形状。

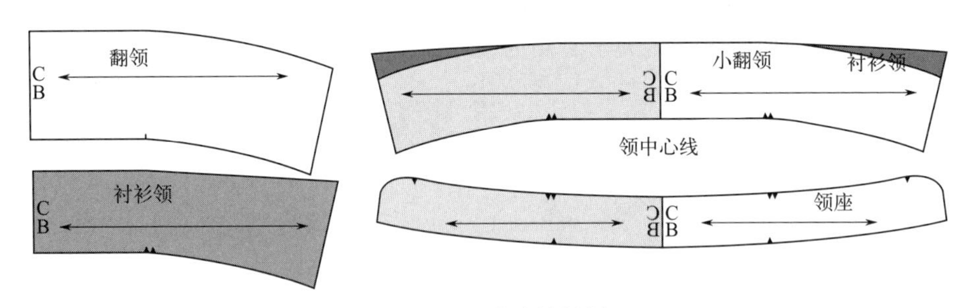

图 6-2-53　两片式衬衫领口

第七章

成衣结构设计案例

第一节 标准原型合体衬衫制图

一、合体衬衫概述

尺寸数据：身高 160，胸围 84，腰围 68，臀围 90，背长 38，腰长 18，手腕围 16，衣长 56，袖长 52，衬衫松量 $B+7/W+10/H+6$，单位：cm。图 7-1-1 为合体衬衫衣身纸样。

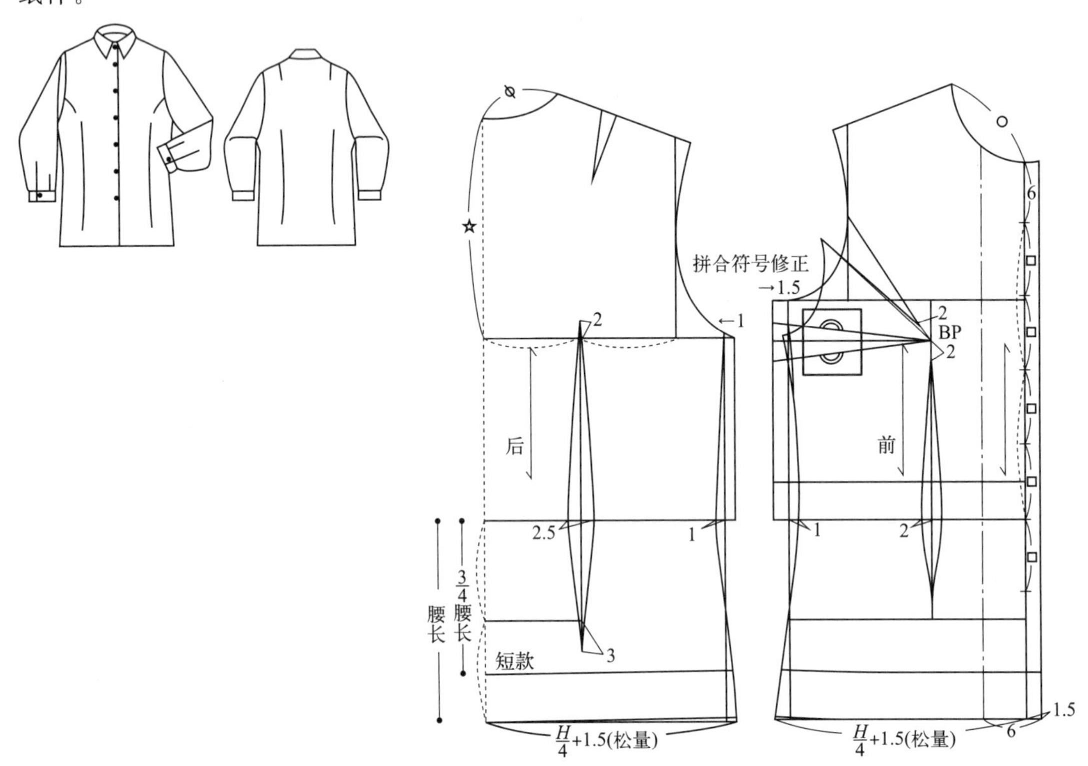

图 7-1-1 合体衬衫衣身纸样（单位：cm）

二、制图步骤

（1）松量设计。本款式制图主要在标准女上衣原型基础上进行胸省转换和腰省调整。由于标准原型有 12cm 的松量，为使该衬衫较为合体，调整成 7cm 的松量。比较简单易行的方式是在后片侧缝中进去 1cm，前片侧缝处进去 1.5cm，如图 7-1-2 所示。

（2）衬衫长度设计。取决于款式设计，如果是短款，从腰部开始加 3/4 腰长即可；如果是中长款，则从腰部开始加整个腰节长的长度即可。

（3）衣摆追加量。该中长款衬衫衣摆的侧缝追加量为 1.5cm，短款则相应地减少追加量，也可以根据设计需求进行衣摆的放量，最好圆顺衣摆，保持侧缝与衣摆构成的角度为 90°。如图 7-1-3 所示。

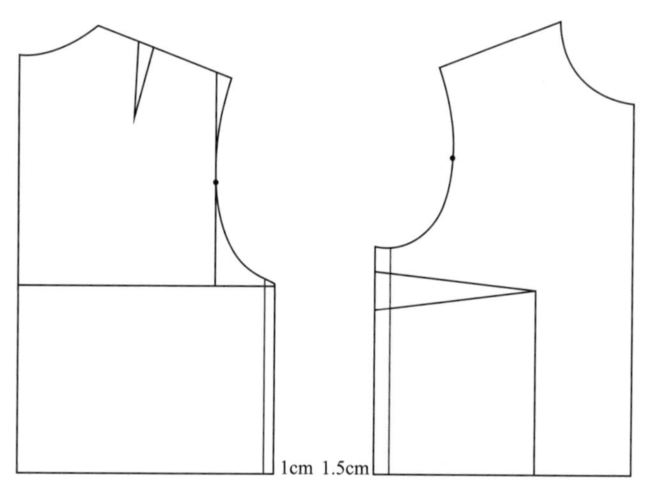

图 7-1-2　前后片侧缝修改

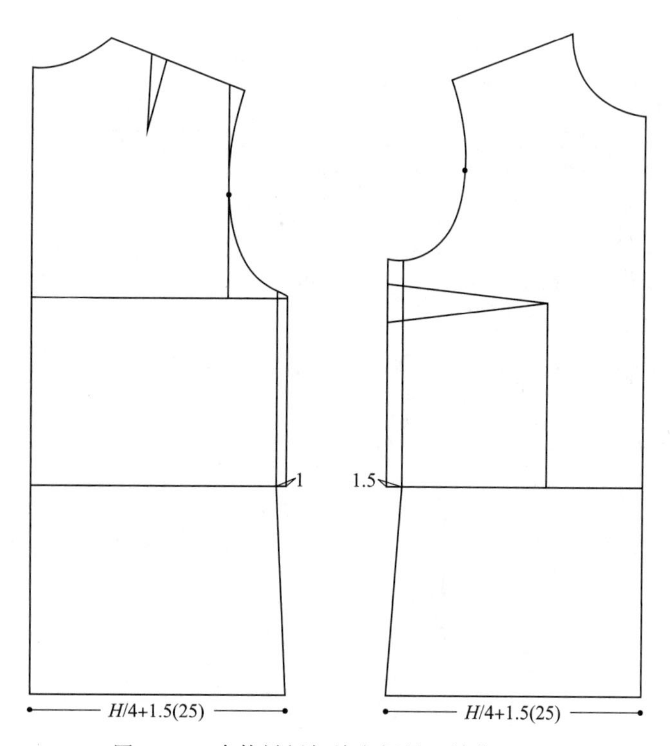

图 7-1-3　合体衬衫加放衣摆量（单位：cm）

（4）进行腰部省道计算。图 7-1-1 只是给出了一个参考值，可根据实际进行计算。

根据该案例的尺寸参数（臀围量为 90cm，松量为 6cm，腰围量为 68cm，松量为 10cm），具体计算方法如下。

① 后片计算步骤。

计算腰臀差：（1/4 臀围＋1.5cm）－1cm－（1/4 腰围＋2.5cm），即：（90/4＋1.5）－1－（68/4＋2.5）＝3.5cm。

省量分配：后腰省 2.5cm，后片侧腰收进 1cm，详见图 7-1-4。

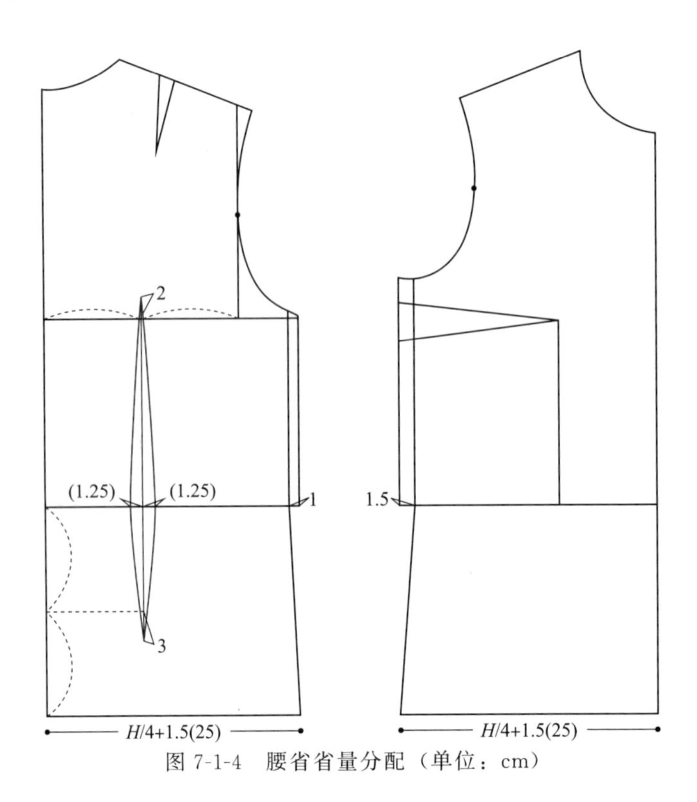

图 7-1-4 腰省省量分配（单位：cm）

② 前片计算步骤。

计算腰臀差：（1/4 臀围＋1.5cm）－1.5cm－（1/4 腰围＋2.5cm），即：（90/4＋1.5）－1.5－（68/4＋2.5）＝3cm。

省量分配：前腰省 2cm，前片侧腰收进 1cm，详见图 7-1-5。

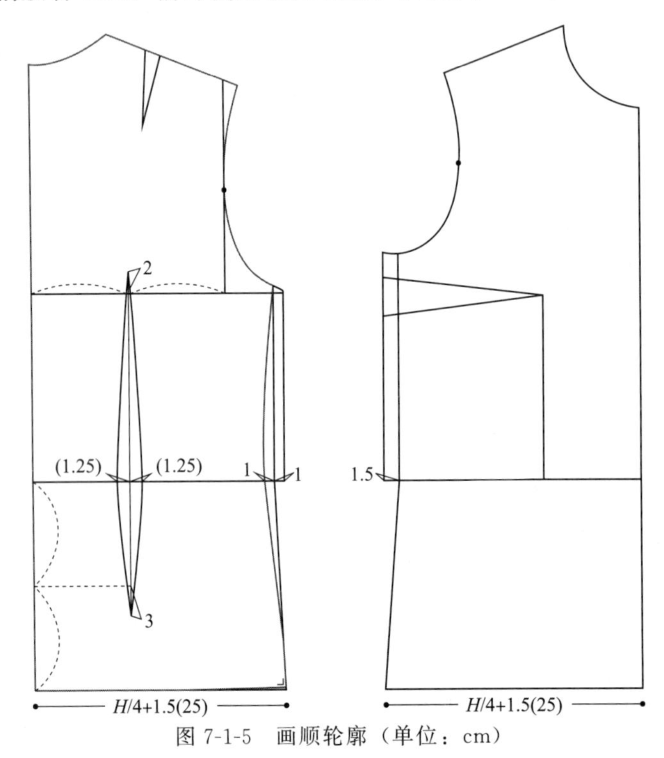

图 7-1-5 画顺轮廓（单位：cm）

（5）前片胸省省道进行合并转移，胸省省道转移到袖窿中，并重新绘制胸省（省尖离BP点2cm左右）以及相关的袖窿弧线，如图7-1-6所示。

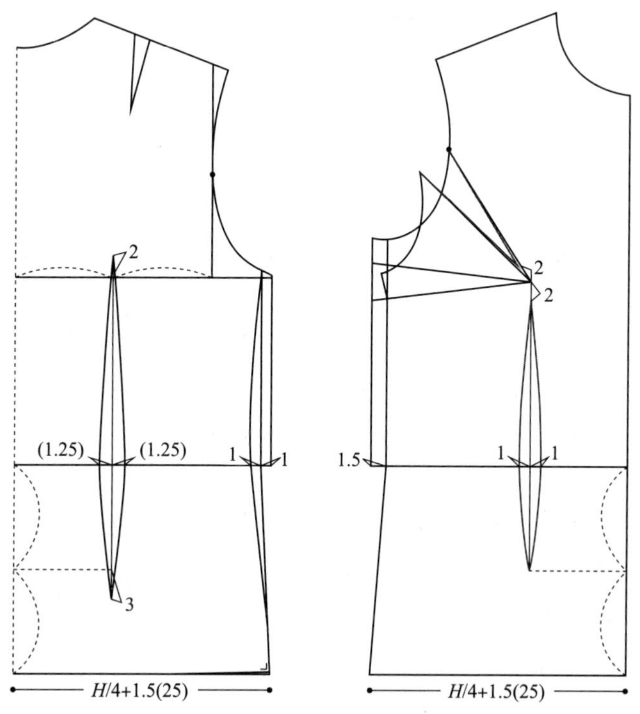

图7-1-6　胸省省道转移（单位：cm）

（6）在原型基础上增加衬衫门襟宽度1.5cm，如图7-1-7所示。

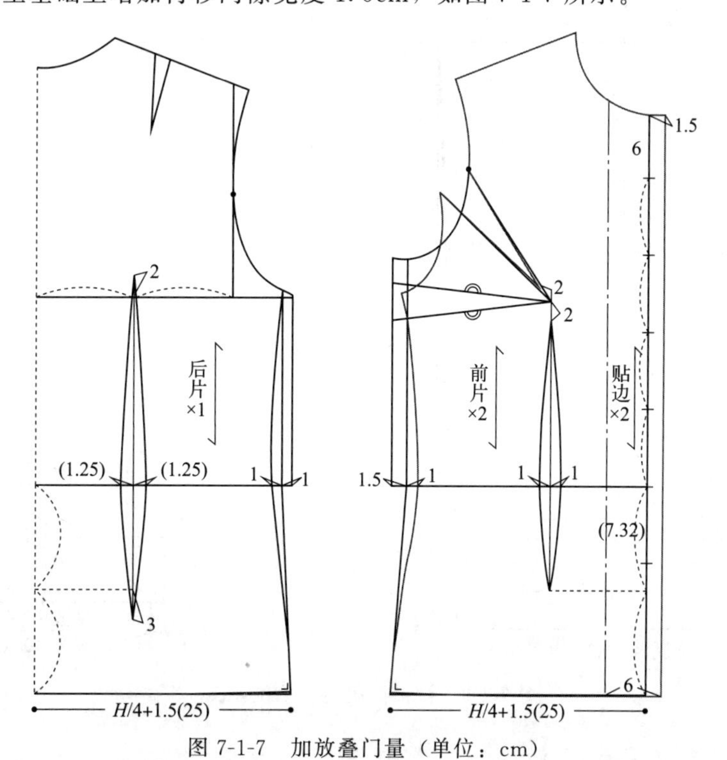

图7-1-7　加放叠门量（单位：cm）

（7）绘制衬衫领。如图 7-1-8 所示。

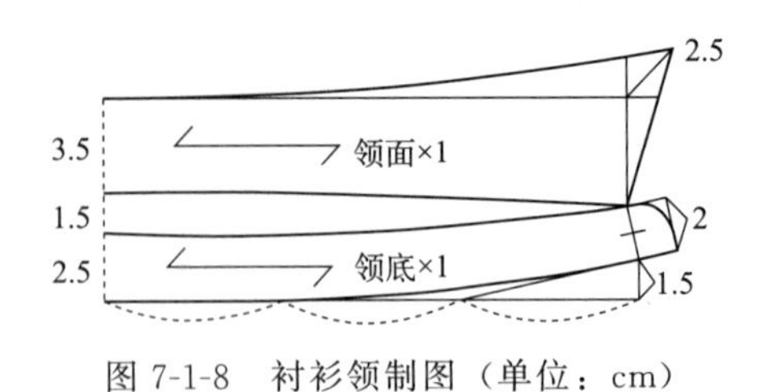

图 7-1-8　衬衫领制图（单位：cm）

（8）160cm 身高的袖子长度为 55cm，其包括袖身长度和袖克夫宽度，具体要根据款式进行设置。

（9）袖子袖窿长度的具体数值根据衣片袖窿进行测量，此处的数值仅供参考。在款式方面，该袖子由一个省和活褶裥组成，具体的量可以根据袖肥与袖克夫长度进行差值计算，该差值就是省和活褶裥的量。前袖肥减去 1/2 袖克夫，后袖肥减去 1/2 袖肥，分别得出差值。

（10）这里设置的袖子的袖克夫长度为 26cm，宽度为 3cm，如图 7-1-9 所示。合体衬衫袖子纸样如图 7-1-10 所示。

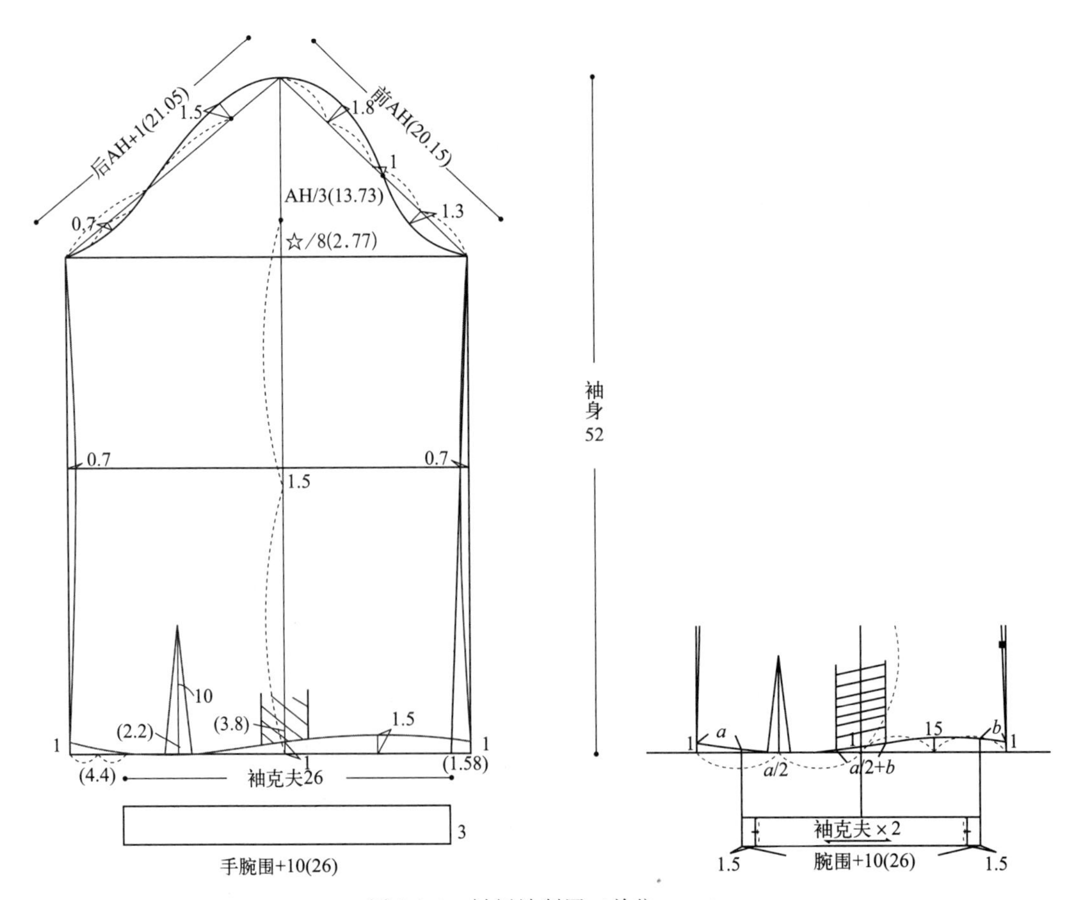

图 7-1-9　衬衫袖制图（单位：cm）

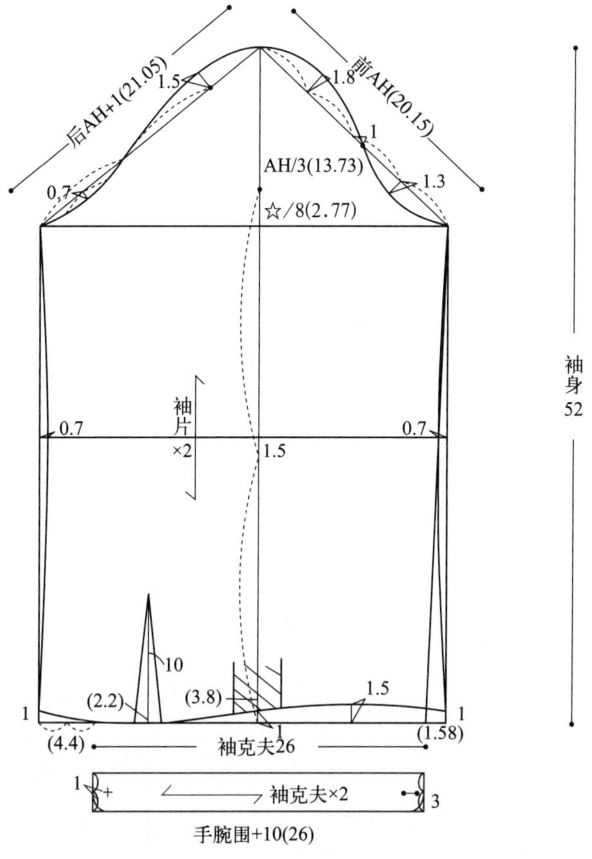

图 7-1-10　合体衬衫袖子纸样（单位：cm）

三、标准原型三片式合体衬衫款式变化

图 7-1-11 所示衬衫款式的变化，就是基于原先的纸样进行圆顺处理，形成了刀背缝。同理，也可以进行公主缝的纸样制作。

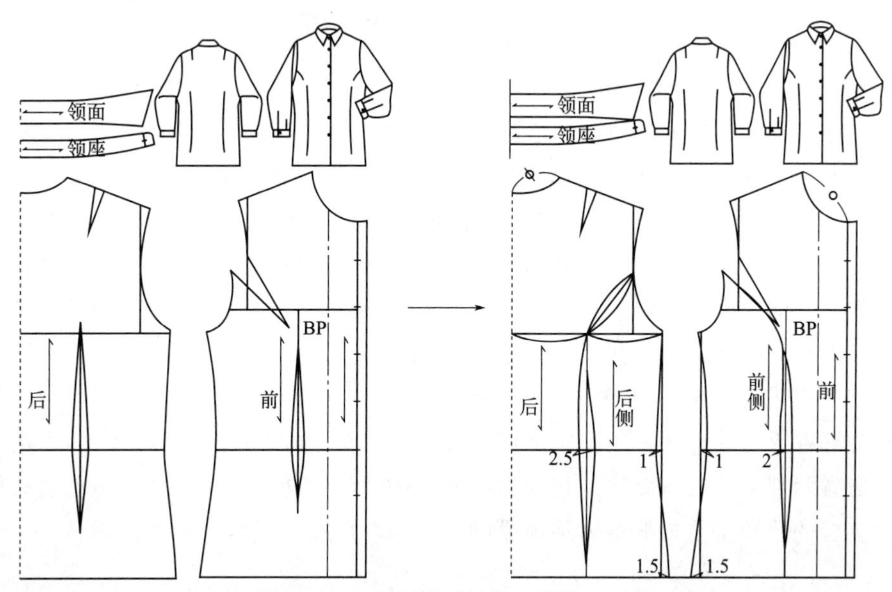

图 7-1-11　衬衫款式转换（单位：cm）

第二节 连衣裙结构设计

一、无腰线基本造型衣身纸样处理

（1）无腰线基本造型，腰省上下贯通，这时省量就小不就大，故全省要作分解处理，将侧省转移至肩线上。处理下装结构时，腰省和侧缝收省要作平衡处理。图 7-2-1 为无腰线连衣裙款式图。

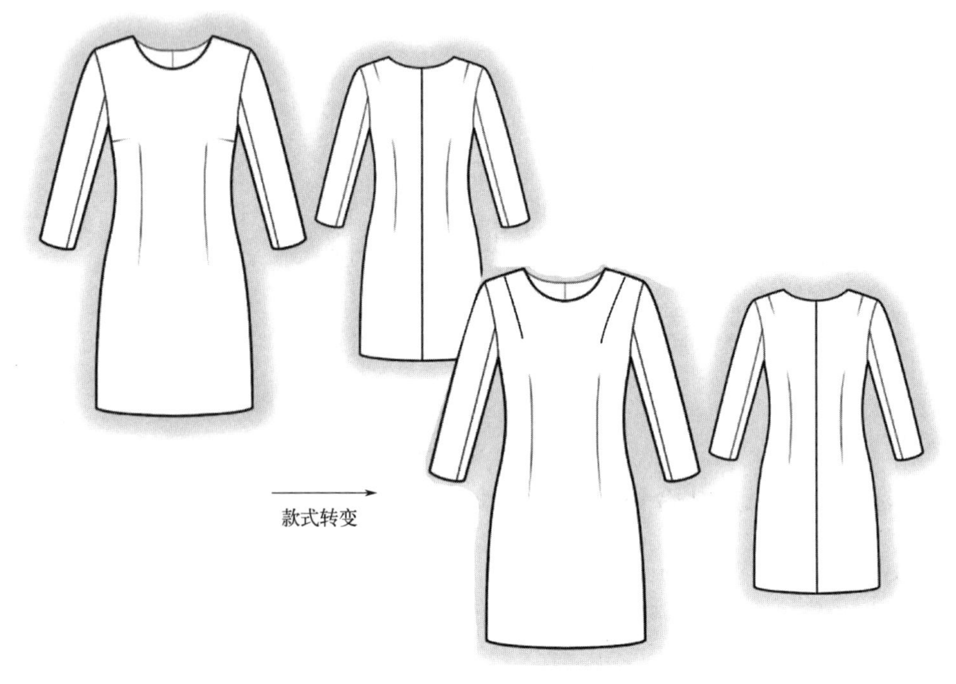

图 7-2-1 无腰线连衣裙款式图

（2）无论有腰线还是无腰线基本造型，作为成衣样板都要进行纸样修正、检验和追加缝份的毛板处理。缝份的大小依面料厚度、缝型、工艺等要求而定，通常厚型织物为 1.3～1.5cm，中厚型织物为 1cm 左右，薄型织物为 0.8～1cm。

在制作过程中，需特别注意腰省的处理：所有腰省在虚拟腰线处的对接必须保持上下对称。为确保合体效果，采取" 宁小勿大" 的原则，即前、后身的省量以腹凸和臀凸省合并后的尺寸为准。具体计算方法为：用衣身腰线长度减去（腰围/4＋3cm），所得差值再减去 1cm 即为腰省量（x），如图 7-2-2 所示。

对于胸部省道的处理，采用基本纸样分解法：将全省在 BP 点（胸点）的作用下分解为腰省和肩省两部分。具体操作是将基本纸样的侧缝胸省转移至肩线的中点位置。需要注意的是，侧缝的收腰量需根据整体平衡原则，与前、后腰省量统一协调考虑。

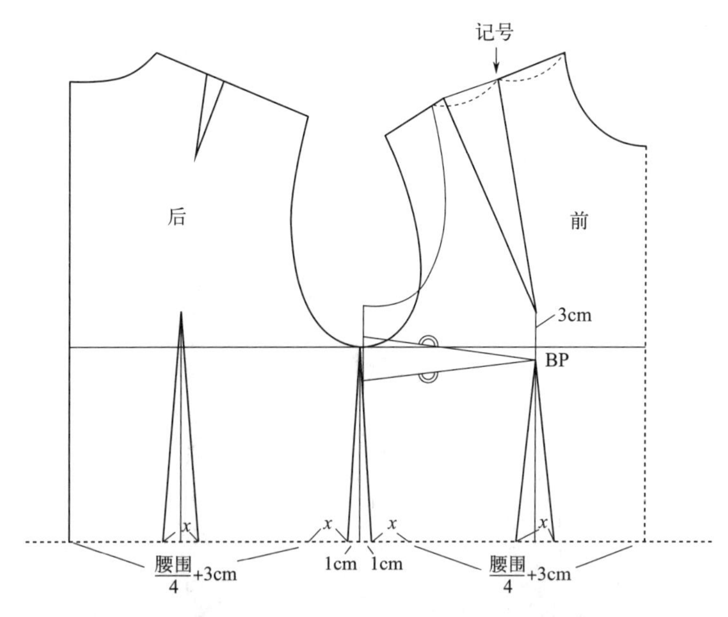

图 7-2-2 原型胸省转移及腰省省量分配

(3) 无腰线基本造型裙子纸样处理在上衣片确定之后直接延伸裙子部分完成设计。通过腰长尺寸确定臀围线，在臀围线上取臀围/4＋2cm 确定臀围宽度，并向下垂直至裙底边。省再按前、后侧缝收省 $x/3+1$cm，前、后菱形省 $2x/3$cm 调整。裙底边两侧各增加 3cm 翘量与臀围线以上部分用凸曲线连接。注意：初始纸样要通过假缝、试穿、修改纸样（主要对后中缝修正）确认。图 7-2-3 为无腰线连衣裙纸样。

这里的裙子袖子纸样和有腰线基本造型的一片袖纸样通用。

(4) 制成样板。基本造型纸样绘制之后，凡是要作省的边线都要修正。修正的原则：缝制省后的接缝处应达到圆顺自然。例如，修正纸样有腰线基本造型的各省，用最初纸样缝合后，接缝处有明显的亏缺，因此在缝制之前就要预估出亏缺的程度，然后加以补充，这是把握产品质量的重要技术之一。根据这种要求，需要修正的主要有肩胛省和有腰线基本造型纸样的各省。在以后的纸样设计中，凡遇到此类情况都要作此类纸样修正。

(5) 检验纸样。纸样检验是确保服装产品质量的关键环节，主要包含以下三个核心检验项目。

①对位检验。重点检查符合点、缝线的精准对位，确保缝合部位的两边长度完全一致；针对特殊造型需求，需合理设计接缝容量。另外，要注意面料伸缩性的限制，如袖山与袖窿的配合容量应控制在 3cm 左右。

②符号检验。严格检查排板方向的双箭头标识是否清晰，仔细核对所有定位符号（扣位、袋位、省尖等)；确认打褶符号、工艺符号等专业标记的准确性。

③全面复核。系统检查面布纸样的完整性，同步核查贴边纸样、里料纸样；仔细确认各类辅料纸样（包括贴布、衬布、袋布等）。

(6) 缝份处理。现在完成的纸样都不带有缝份（做缝），这种样板称为净样板，它有益于对纸样的修正和准确认定成衣造型的结构线，但它绝不能作为生产样板，特别是工业

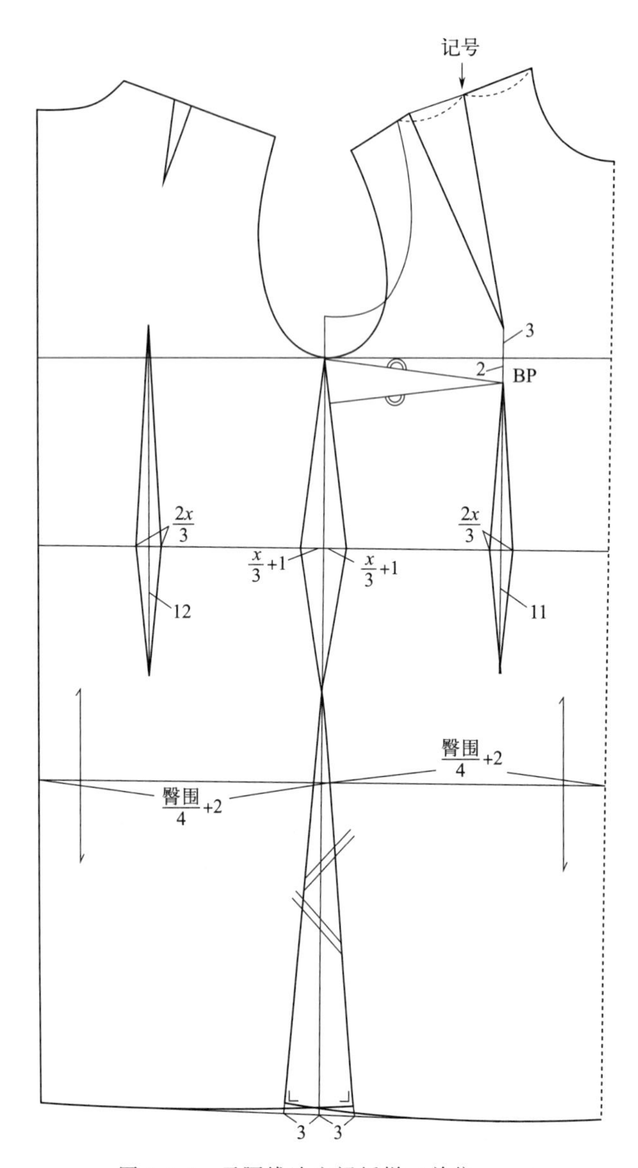

图 7-2-3 无腰线连衣裙纸样（单位：cm）

化生产。因此制图之后，要进行分解纸样，作出纸样的缝份，并剪下作为生产样板，即毛板，表示带有缝份的纸样。缝份的标准往往是根据所使用布料的薄厚而定，也考虑其他因素，如产品档次、缝型、特殊工艺要求、单件缝制修改量等。按布料种类制定缝份的标准，主要用于成衣生产。厚呢、粗纺呢等厚型织物的缝份为 1.3～1.5cm；花呢、薄呢、精纺毛织物、中长纤维织物等中厚型织物的缝份约为 1cm；棉、麻、丝、化纤织物、针织面料等薄型织物的缝份是 0.8～1cm。基本造型的布料一般采用中厚型织物，毛样做缝约 1cm。

二、无腰线连衣大摆裙制图

1. 无腰线连衣大摆裙（图 7-2-4）规格

规格设计为胸围 84cm，松量 4cm；腰围 68cm，松量 4cm；裙长 100cm。

图 7-2-4　无腰线连衣大摆裙效果图

2. 作图步骤

第一步：对原型进行变形，如图 7-2-5 所示，将后背的肩胛省省道进行分散处理，合并肩胛省，省量分配到领口、前中线、袖窿弧线和肩膀等。

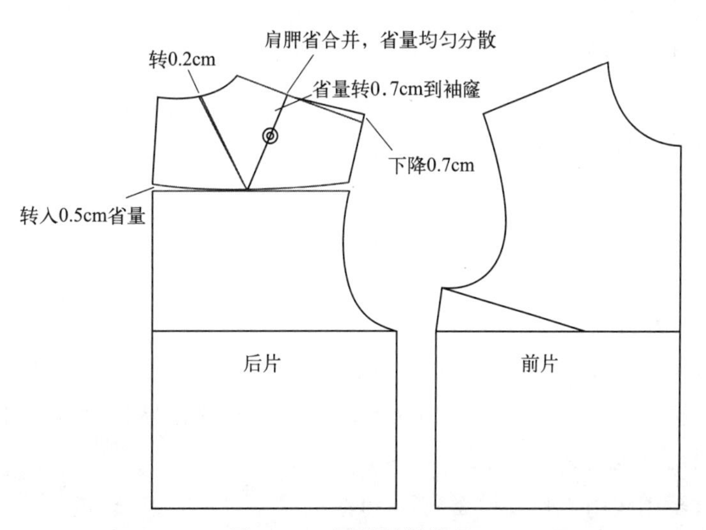

图 7-2-5　原型纸样处理

第二步：

（1）裙长设定。确定裙长：100cm。

（2）臀围线定位。从原腰线向下量取：身高/10＋2～3cm（见图 7-2-6）。

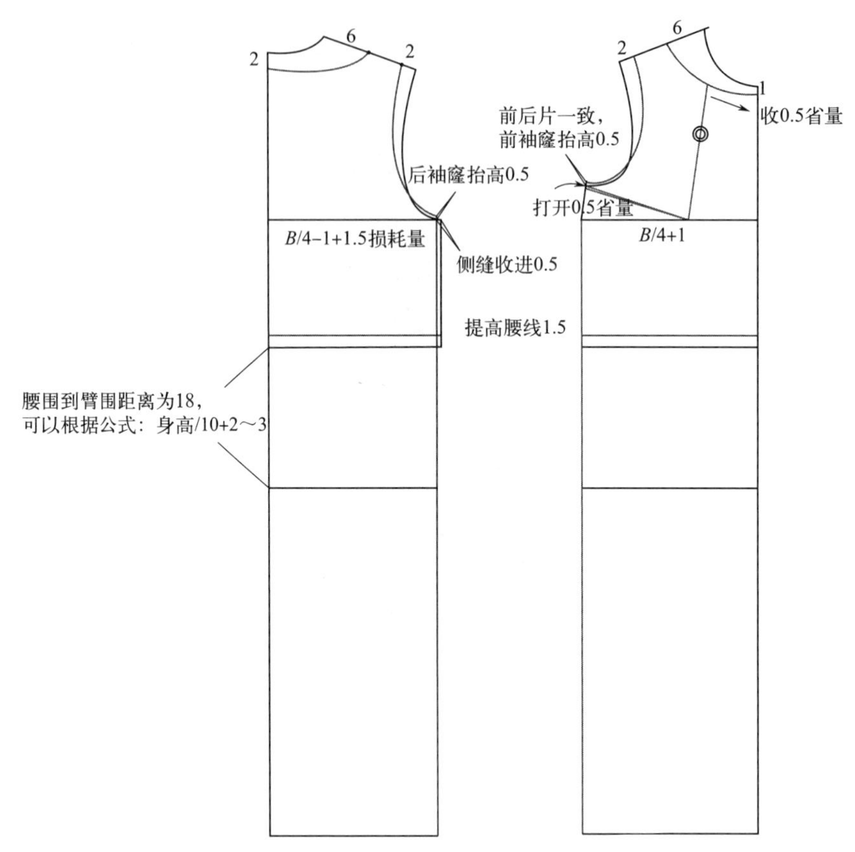

图 7-2-6　纸样基本尺寸设计（单位：cm）

（3）领口调整。适度开宽领口尺寸。

（4）肩线设计。精确设定肩长，确保前后肩线长度一致。

（5）领口省道处理。在前领口中点处收 0.5cm 省量，同步打开袖窿省。

（6）腰线调整。将腰线位置上移 1.5cm。

（7）胸围结构设计。

胸围规格：基础胸围＋4cm 松量＝88cm

后片胸围量：B/4－1＋1.5cm（损耗量）＝22.5cm

前片胸围量：B/4＋1＝23cm

（8）袖窿调整。前后袖窿均向上抬升 0.5cm，以优化袖型效果。

（9）腰部结构设计。采用前腰＋1cm、后腰－1cm 的差异化设计，使侧缝线自然后移，提升连衣裙的视觉美感。

腰围规格：基础腰围＋4cm 松量＝72cm

前腰围量：W/4＋1＝19cm

后腰围量：W/4－1＝17cm

（10）胸腰差计算。

前片：23cm（胸围）－19cm（腰围）＝4cm

后片：22.5cm（胸围）－17cm（腰围）＝5.5cm

（11）省量分配原则。在保持胸腰差总值不变的前提下进行微调。本案例最终分配：前片总省量 3.5cm，后片总省量 6cm。

（12）省道具体分布。

前片：侧缝省 1cm，前腰省 2.5cm。

后片：侧缝省 1cm，后中腰省 1.5cm，后腰省 3.5cm（图 7-2-7）。

（13）裙摆处理工艺。

加放处理：前后裙片在臀围线处各加放 1cm 松量，将加放点与腰线自然连接。

裙摆扩展：延长加放线至底摆线，同时每片裁片的裙摆量均匀加大 8cm，通过上述处理形成优雅的大摆裙造型（具体尺寸见图 7-2-7）。

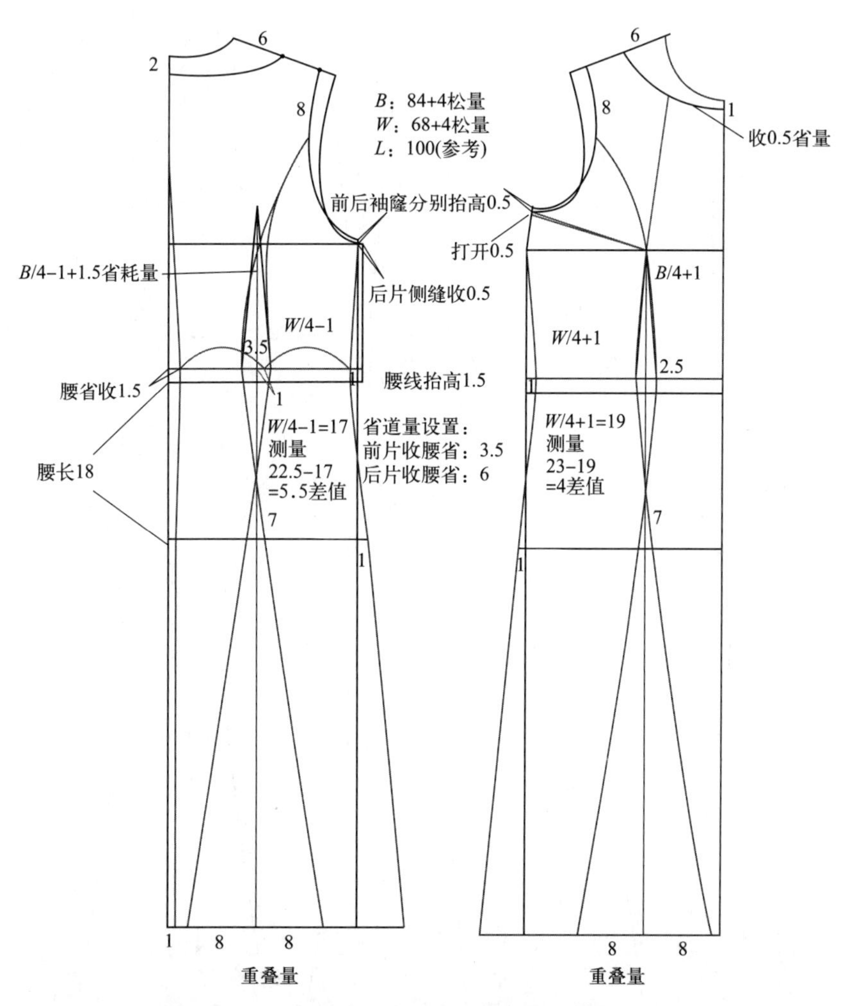

图 7-2-7 无腰线连衣大摆裙纸样制图（单位：cm）

（14）最终处理。画顺裙子刀背缝线与外轮廓线（图 7-2-7），进行裁片分解（图 7-2-8），标注符号与丝缕线（图 7-2-9）。

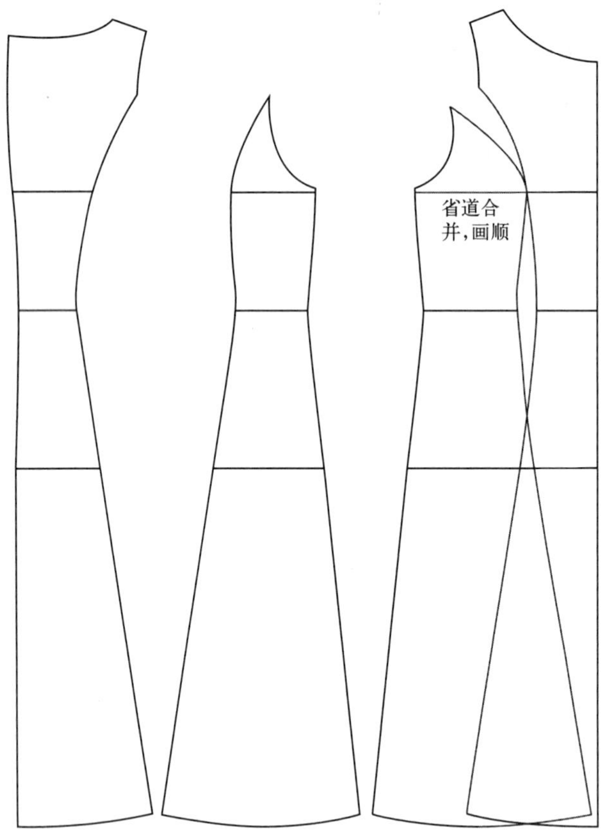

图 7-2-8　无腰线连衣大摆裙分解裁片

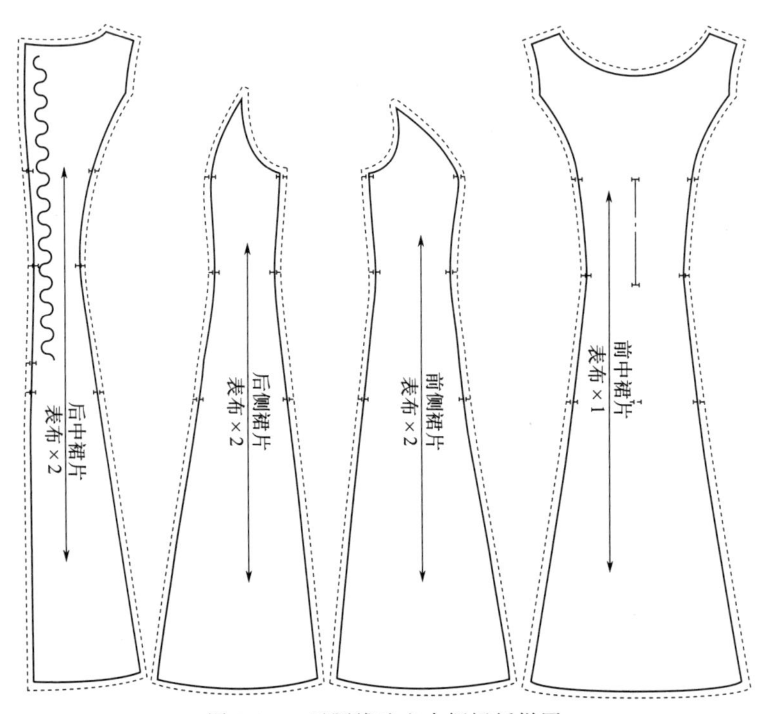

图 7-2-9　无腰线连衣大摆裙纸样图

参考文献

[1] 中屋典子，三吉满智子．服装造型学．技术篇Ⅰ［M］．孙兆全，刘美华，金鲜英，译．北京：中国纺织出版社，2004.

[2] 刘瑞璞．女装纸样设计原理与应用［M］．北京：中国纺织出版社，2017.

[3] 侯东昱．女装成衣纸样设计教程［M］．北京：中国纺织出版社，2015.

[4] 张文斌．服装制版．提高篇［M］．上海：东华大学出版社，2018.

[5] 中屋典子，三吉满智子．服装造型学．技术篇Ⅱ［M］．孙兆全，刘美华，金鲜英，译．北京：中国纺织出版社，2004.

[6] 威妮弗蕾德·奥尔德里奇．图解英国服装样板裁剪［M］．杨子田，译．北京：中国纺织出版社，2017.

[7] 中屋典子，三吉满智子．服装造型学．技术篇Ⅱ［M］．孙兆全，刘美华，金鲜英，译．北京：中国纺织出版社，2004.

[8] 赵甫华．服装结构设计与实战（艺术设计与实践）［M］．北京：清华大学出版社，2017.